反射型カラー液晶ディスプレイ技術
Technology of Reflective Color Liquid Crystal Displays

監修／内田龍男

シーエムシー出版

はじめに

　液晶ディスプレイ（LCD）は，近年，大型化，高精細化，カラー化が進み，ノート型パソコンのほとんどに使われるなど，フラットパネルディスプレイの中で最も広く利用されている。

　LCDは，当初，反射型として開発されたが，カラー化の進展に伴う，現在の直視型LCDは，バックライトを設けた透過型が主流となっている。

　しかし，最近，PDAなどの携帯情報機器に関心が高まり，それに伴って，消費電力，容積，重量の増大を招くバックライトを使わない反射型LCDが改めて脚光を浴びるようになってきた。中でも反射型カラーLCDの開発が盛んに行われるようになり，超薄型，軽量，高機能，低消費電力のディスプレイが実現されつつある。

　本書では，この反射型カラーLCDの基礎から各方式・各モードの反射型カラーLCDの技術開発動向および構成部材の開発動向について，各分野の第一線で活躍している研究開発者が分担して紹介する。

1999年2月

東北大学大学院　教授　内田龍男

普及版の刊行にあたって

　本書は，1999年に『反射型カラーLCD総合技術』として刊行されました。このたび，普及版を刊行するにあたり内容は，当時のまま手は加えておりませんので，ご了承ください。

2004年11月

㈱シーエムシー出版　編集部

執筆者一覧（執筆順）

内 田 龍 男	東北大学 大学院工学研究科 電子工学専攻 教授
溝 端 英 司	NEC 機能デバイス研究所 ディスプレイデバイス研究部 主任
	（現）NEC プラズマディスプレイ㈱ 開発本部 デバイス開発部 エキスパート
飯 野 聖 一	セイコーエプソン㈱ LD技術開発センター 部長
	（現）セイコーエプソン㈱ OLED技術開発本部 本部長
鵜 飼 育 弘	ホシデン・フィリップス・ディスプレイ㈱ 技術本部 参与
	（現）ソニー㈱ マイクロシステムズネットワークカンパニー モバイルディスプレイカンパニー 工学博士 担当部長
小 関 秀 夫	松下電器産業㈱ 液晶事業部 商品設計部 部長
岩 井 義 夫	松下電器産業㈱ 液晶事業部 開発部 主任技師
	（現）東芝松下ディスプレイテクノロジー㈱ 設計センター グループ長
曽根原 富 雄	セイコーエプソン㈱ 研究開発本部 表示技術開発室 主任研究員
小 川 鉄	松下電器産業㈱ 液晶事業部 開発部 開発3課 課長
	（現）東芝松下ディスプレイテクノロジー㈱ モバイルユース事業部 モバイル応用技術二部 部長
本 村 敏 郎	京セラ㈱ 薄膜部品事業本部 液晶開発部 液晶開発課 課長
	（現）京セラ㈱ 液晶事業部 液晶開発部 部長
関 秀 廣	八戸工業大学 工学部 教授
	（現）八戸工業大学大学院 工学研究科 教授
杉 山 貴	スタンレー電気㈱ 研究開発本部 プロジェクト推進部 主任技師
岩 倉 靖	スタンレー電気㈱ 研究開発本部 プロジェクト推進部
西 野 利 晴	カシオ計算機㈱ デバイス事業部 LCD1部設計室 室長
赤 塚 實	オプトレックス㈱ 開発部 技術開発課 課長
	（現）広島オプト㈱ 技術部 部長

橋 本 清 文	ミノルタ㈱　研究開発本部　画像メディア技術部　担当課長
	(現) コニカミノルタテクノロジーセンター㈱　デバイス技術研究所　電子メディア開発室　担当課長
田 中 征 臣	メルク・ジャパン㈱　液晶事業部　厚木テクニカルセンター
	(現) メルク㈱　液晶事業部　厚木テクニカルセンター　主任研究員
小 野 俊 彦	コーニングジャパン㈱　静岡テクニカルセンター　研究員
藤 井 貞 男	鐘淵化学工業㈱　電材事業部　基幹部員
疋 田 敏 彦	鐘淵化学工業㈱　電材事業部
吉 田 　 博	ジオマテック㈱　技術本部　開発室　開発2課　主任研究員
	(現) ジオマテック㈱　企画本部　R&Dセンター　主任研究員
田 口 貴 雄	凸版印刷㈱　総合研究所　材料技術研究所　チームリーダー
	(現) 凸版印刷㈱　総合研究所　ディスプレイ研究所　部長
栗 山 敬 祐	JSR㈱　四日市研究所　ディスプレイ材料開発室
小 柳 嗣 雄	触媒化成工業㈱　ファイン研究所　新技術開発室
中 山 和 洋	触媒化成工業㈱　ファイン研究所　第三研究室
石 窪 隆 文	触媒化成工業㈱　ファイン研究所
堀 江 賢 一	㈱スリーボンド　開発部　電気事業開発課
赤 坂 秀 文	㈱スリーボンド　開発部　電気事業開発課
岡 田 豊 和	住友化学工業㈱　メタアクリル・光学製品事業部　主席部員
	(現) 住友化学工業㈱　光学製品事業部　主席部員
内 田 輝 男	日本ポラロイド㈱　新規事業部　電子材料課　主事
	(現) コダック㈱　LCD Applications Management　担当マネージャー
渡 辺 伊津夫	日立化成工業㈱　筑波開発研究所

(執筆者の所属は，注記以外は1999年当時のものです。)

目 次

第1章 反射型カラーLCD開発の現状と展望　　内田龍男

1　はじめに……………………………… 3
2　反射型LCDの構成…………………… 3
 2.1　タイプA（拡散反射板方式）…… 5
 2.2　タイプB（後方散乱型液晶方式）………………………………… 6
 2.3　タイプC（前方散乱フィルム方式）………………………………… 7
3　反射型LCDカラー化の方法………… 8
4　まとめ………………………………… 10
5　おわりに……………………………… 10

第2章 反射型カラーLCDの開発技術

1　GHモード反射型カラーLCD
    ………溝端英司… 15
 1.1　GH液晶の種類と動作原理……… 15
  (1)　Heilmeier型 ………………… 17
  (2)　1/4波長板型………………… 17
  (3)　2層型………………………… 17
  (4)　相転移型……………………… 17
  (5)　PDLC型……………………… 17
 1.2　アクティブマトリクス…………… 18
 1.3　PCGH液晶のヒステリシス…… 19
 1.4　カラーパネルの光学設計………… 20
2　TNモードTFD駆動方式反射型カラーLCD………………飯野聖一… 25
 2.1　はじめに…………………………… 25
 2.2　なぜ反射型カラーLCDか……… 25
 2.3　TFDの構造と動作……………… 26
 2.4　反射型カラーディスプレイの実現方法……………………………… 28
 2.5　TNモード（2枚偏光板型）反射型カラーLCD…………………… 30
  2.5.1　カラーフィルタの色設計…… 30
  2.5.2　開口率………………………… 31
  2.5.3　ガラス厚と画素ピッチ……… 32
  2.5.4　反射板………………………… 33
  2.5.5　試作…………………………… 34
 2.6　SPD（1枚偏光板）モード…… 35
  2.6.1　内面反射板構造の反射型カラーLCD……………………… 35
  2.6.2　TFD内面散乱構造………… 36
 2.7　補助照明…………………………… 36
  2.7.1　半透過反射型………………… 37
  2.7.2　フロントライト……………… 38
 2.8　低消費電力………………………… 39
 2.9　まとめ……………………………… 39

3　TNモードTFT駆動方式反射型カラーLCD(1)……………鵜飼育弘… 41
　3.1　はじめに…………………… 41
　3.2　セル条件の最適化…………… 41
　3.3　テストセルによる実証……… 44
　3.4　フルカラー反射型TFT-LCDの開発…………………… 45
　　3.4.1　デバイス構造…………… 46
　　3.4.2　プロセス技術…………… 47
　　　(1)　TFTアレイ……………… 47
　　　(2)　カラーフィルター（CF）… 48
　　3.4.3　電気光学的特性………… 48
　　3.4.4　特長と用途……………… 49
　3.5　おわりに…………………… 51
4　TNモードTFT駆動方式反射型カラーLCD(2)…小関秀夫，岩井義夫… 52
　4.1　はじめに…………………… 52
　4.2　デバイス構成……………… 52
　4.3　反射型アレイ……………… 53
　4.4　光学構成設計……………… 53
　　4.4.1　設計手法………………… 53
　　4.4.2　視角特性………………… 54
　　4.4.3　視角改善………………… 56
　4.5　カラーフィルター………… 57
　4.6　試作パネル………………… 58
　4.7　おわりに…………………… 58
5　PDLCモード反射型カラーLCD……………曽根原富雄… 60
　5.1　はじめに…………………… 60
　5.2　並置加法混色型…………… 62
　5.3　積層加法混色型…………… 66
　5.4　YCM減法混色型…………… 67

6　R-OCBモード反射型カラーLCD……………内田龍男… 69
　6.1　はじめに…………………… 69
　6.2　新しい反射型液晶ディスプレイの構造と光学特性……………… 69
　6.3　R-OCBセルの応答特性……… 71
　6.4　反射型液晶ディスプレイに適した光散乱フィルムの光学特性…… 71
　6.5　フルカラーR-OCBセルの作製…………………… 72
　6.6　まとめ……………………… 72
7　STNモード反射型カラーLCD(1)………小川　鉄… 74
　7.1　はじめに…………………… 74
　7.2　パネル構成………………… 74
　7.3　低電力動作………………… 77
　7.4　フロントライト…………… 78
　7.5　まとめと今後の課題……… 79
8　STNモード反射型カラーLCD(2)………飯野聖一… 81
　8.1　はじめに…………………… 81
　8.2　モバイルアプリケーション… 81
　8.3　STN反射型カラーの検討… 82
　　8.3.1　STNモードの特性向上… 82
　　8.3.2　低消費電力化…………… 82
　　8.3.3　高コントラスト化……… 87
　　8.3.4　高反射率化……………… 88
　　8.3.5　試作……………………… 89
　8.4　YCMカラーフィルタの検討… 89
　8.5　まとめ……………………… 90
9　STNモード反射型カラーLCD(3)……………本村敏郎… 92

9.1	はじめに…………………………	92
9.2	反射型カラーLCDの現状と動向………………………………	93
9.2.1	反射型カラーLCDの構造…	93
9.2.2	高開口率技術の採用…………	94
9.2.3	高性能反射板の開発…………	94
9.2.4	反射型用カラーフィルタの開発………………………………	96
9.2.5	STNモード液晶セル設計の最適化……………………………	96
9.2.6	低消費電力化駆動技術の採用………………………………	97
9.3	フロントライト方式反射型カラーLCDの現状と動向…………	98
9.4	半透過反射型カラーLCDの現状と動向………………………………	99
9.5	おわりに…………………………	100

10 CSHモード反射型カラーLCD(1)
　　　　　　　………関　秀廣… 102

10.1	はじめに…………………………	102
10.2	R-ECB液晶素子の構造と動作原理…………………………	103
10.3	新素子における光学的取り扱い…	105
10.4	透過型CSHと反射型R-ECBモードの比較………………	106
10.5	角度依存性の改善……………	107
10.6	おわりに…………………………	108

11 CSHモード反射型カラーLCD(2)
　　　　　　　………杉山 貴, 岩倉 靖… 110

11.1	はじめに…………………………	110
11.2	CSH-LCDの特徴……………	110
11.2.1	広視角特性…………………	110
11.2.2	均一表示特性………………	112
11.3	反射型LCDへの応用…………	113
11.4	光配向法によるプレティルト角制御……………………………	117

12 ECBモード反射型カラーLCD(1)
　　　　　　　………西野利晴… 120

12.1	ECBモードとは………………	120
12.2	デバイス光学設計……………	122
12.3	反射型カラーLCDのワイドレンジ化………………………………	124
12.4	反射型カラーLCDの高色純度化………………………………	125
12.5	反射型カラーLCDの高デューティー化…………………………	127
12.6	今後の課題……………………	128

13 ECBモード反射型カラーLCD(2)
　　　　　　　………赤塚　實… 129

13.1	はじめに…………………………	129
13.2	SRCの設計……………………	129
13.2.1	開発方針とSRCの概要……	129
13.2.2	SRCの原理…………………	130
13.2.3	SRCの最適化………………	132
(1)	パネル………………………	132
(2)	駆動方法……………………	133
(3)	フレームレスポンスの抑制	134
13.3	量産上の留意点………………	135
13.3.1	駆動回路……………………	135
13.3.2	パネル特性…………………	136
13.4	今後の課題……………………	136

14 コレステリック選択反射モード・カラーLCD………………橋本清文… 138

14.1	はじめに…………………………	138

14.2 特徴 138	14.5 カラー化 140
14.3 原理 139	14.6 駆動方法 141
14.4 素子構成 139	14.7 応用と課題 142

第3章 反射型カラーLCDの構成材料

1 液晶材料 ……………………… 田中征臣 … 145
  1.1 はじめに 145
  1.2 反射型TN－TFT LCD 145
    1.2.1 高信頼性 146
    1.2.2 低電圧駆動 146
    1.2.3 高速応答 148
    1.2.4 低Δn化 148
  1.3 VA－LCD 150
  1.4 PCGH－LCD 154
  1.5 反射型PDLC 154
  1.6 まとめ 155
2 ガラス基板 ……………………… 小野俊彦 … 157
  2.1 はじめに 157
  2.2 ガラス組成 157
  2.3 熱的特性 158
    2.3.1 歪点 158
    2.3.2 熱膨張 158
    2.3.3 熱収縮 159
  2.4 化学的特性 160
    2.4.1 耐薬品性 160
    2.4.2 耐候性 160
  2.5 機械的特性 161
    2.5.1 破壊強度 161
    2.5.2 切断安定性 162
    2.5.3 たわみ 162
  2.6 ガラス基板製造プロセス 163
    2.6.1 溶融工程 163
    2.6.2 成形工程 163
      (1) フロート法 163
      (2) ダウンドロー（スロットダウンドロー）法 164
      (3) フュージョン法 164
    2.6.3 ガラス基板加工工程 165
    2.6.4 研磨，アニール工程 165
    2.6.5 洗浄工程 166
    2.6.6 検査工程 166
      (1) 寸法検査 166
      (2) 外観検査 167
      (3) 現在の検査技術：目視検査 … 167
3 プラスチック基板
  ……… 藤井貞男，疋田敏彦 … 170
  3.1 はじめに 170
  3.2 プラスチック基板の特長 170
  3.3 プラスチック基板の要求特性 171
    3.3.1 基材フィルム 172
    3.3.2 ガスバリア層，ハードコート層 174
  3.4 プラスチック基板作成技術 174
    3.4.1 基材フィルム 174
    3.4.2 ガスバリア層 175
    3.4.3 ハードコート層 176
  3.5 おわりに 176

4 透明導電膜………………吉田　博… 178
　4.1　はじめに……………………… 178
　4.2　ITO膜の歴史………………… 178
　4.3　ITO膜の作製方法…………… 178
　　4.3.1　基板………………………… 178
　　4.3.2　洗浄………………………… 179
　　4.3.3　成膜………………………… 179
　　4.3.4　測定検査・外観検査・耐久
　　　　　性検査……………………… 180
　4.4　ITO膜の特性………………… 181
　　4.4.1　シート抵抗値・膜厚・透
　　　　　過率………………………… 182
　　4.4.2　屈折率……………………… 183
　　4.4.3　表面形状…………………… 183
　　4.4.4　残留応力…………………… 184
　　4.4.5　組成………………………… 185
　4.5　今後の展開…………………… 185
5 カラーフィルタ……………田口貴雄… 186
　5.1　はじめに……………………… 186
　5.2　カラーフィルタへの要求性能… 186
　　5.2.1　色特性と明度……………… 187
　　5.2.2　ホワイトバランス………… 187
　　5.2.3　耐性………………………… 187
　5.3　カラーフィルタの構造と材料… 188
　　5.3.1　色の設計…………………… 188
　　5.3.2　製造方法…………………… 190
　　5.3.3　材料………………………… 191
　　5.3.4　構造の工夫………………… 193
　　5.3.5　YMC（イエロー，マゼンタ，
　　　　　シアン）カラーフィルタ… 194
　5.4　まとめ………………………… 195
6 配向膜材料………………栗山敬祐… 196

　6.1　はじめに……………………… 196
　6.2　LCDにおける配向膜の役割… 196
　6.3　配向膜の形成方法と配向膜材料
　　　の代表的構造…………………… 197
　6.4　配向膜の液晶配向機能……… 198
　　6.4.1　水平配向膜………………… 198
　　6.4.2　垂直配向膜………………… 200
　　6.4.3　配向規制力………………… 201
　6.5　配向膜の電気的特性………… 204
　　6.5.1　高電圧保持率……………… 204
　　6.5.2　低残留直流電界…………… 205
　6.6　配向膜の光透過性…………… 205
　6.7　おわりに……………………… 207
7 高精度スペーサ
　　………小柳嗣雄，中山和洋，石窪隆文… 209
　7.1　はじめに……………………… 209
　7.2　スペーサの種類と要求特性… 209
　7.3　スペーサの使用法…………… 214
　7.4　スペーサの圧縮特性とセルギャ
　　　ップについて…………………… 214
　7.5　低温気泡の力学計算………… 216
　7.6　高温色ムラについて………… 217
　7.7　機能性スペーサ……………… 217
　　7.7.1　接着性スペーサ（AW）…… 217
　　7.7.2　弾性シリカスペーサ（EW）… 218
　　7.7.3　遮光性スペーサ（NB）…… 219
　　7.7.4　シール用スペーサ………… 220
　　7.7.5　導電性スペーサ…………… 221
　7.8　おわりに……………………… 221
8 シール剤・封止剤
　　………………堀江賢一，赤坂秀文… 223
　8.1　はじめに……………………… 223

- 8.2 封止剤 ……………………… 223
- 8.3 メインシール ………………… 227
- 8.4 おわりに …………………… 232
- 9 偏光板・位相差板・拡散板・反射板
  ……… 岡田豊和 … 233
- 9.1 はじめに …………………… 233
- 9.2 偏光板での光の損失低減のための反射型ＬＣＤと必要な光学フィルム …………………… 234
  - (1) 偏光板フリーの反射型ＬＣＤと光学フィルム ……………… 234
  - (2) 偏光板１枚使用の反射型ＬＣＤと光学フィルム ……………… 234
  - (3) 反射型ＬＣＤ用高透過偏光板 …… 235
  - (4) 反射型ＬＣＤ用非吸収型偏光板 … 235
- 9.3 カラーフィルターでの光の損失低減のための反射型ＬＣＤと必要な光学フィルム ………………… 236
  - (1) 染料系カラー偏光板 …………… 237
  - (2) ＥＣＢ方式用高位相差板 ……… 237
- 9.4 拡散性反射板での光の損失低減のための反射型ＬＣＤと必要な光学フィルム …………………… 237
  - (1) 高性能拡散性反射板 …………… 237
  - (2) 鏡面性反射板を用いた反射型ＬＣＤに必須の前方散乱フィルム ………………………… 238
- 9.5 おわりに …………………… 241
- 10 反射板 ……………… 内田輝男 … 243
- 10.1 はじめに …………………… 243
- 10.2 液晶セル外部反射板 ………… 243
  - 10.2.1 アルミ反射板 ……………… 244
  - 10.2.2 銀反射板 …………………… 245
  - 10.2.3 半透過反射板 ……………… 246
  - 10.2.4 ホログラムを利用した反射板 …………………………… 247
  - 10.2.5 反射偏光子を利用した反射板 …………………………… 248
- 10.3 液晶セル内部反射板 ………… 249
- 10.4 おわりに …………………… 250
- 11 異方導電フィルム ……… 渡辺伊津夫 … 252
- 11.1 はじめに …………………… 252
- 11.2 接続原理 …………………… 252
- 11.3 ＡＣＦに用いられる接着剤 …… 253
- 11.4 ＡＣＦに用いられる導電粒子 … 255
  - 11.4.1 金属コートプラスチック粒子 ……………………………… 255
  - 11.4.2 Ｎｉ粒子 …………………… 256
- 11.5 接続特性に及ぼす導電粒子数の影響 ……………………………… 257
- 11.6 ＡＣＦを用いたＬＣＤでの実装例 ……………………………… 259
  - 11.6.1 ＡＣＦによるＴＣＰ接続 …… 259
    - (1) ＬＣＤパネルとＴＣＰの接続 ……………………… 259
    - (2) ＴＣＰとＰＷＢの接続 ……… 259
  - 11.6.2 ＡＣＦによるＣＯＧ接続 …… 260
- 11.7 おわりに …………………… 261

第1章　反射型カラーLCD開発の現状と展望

内田龍男*

1　はじめに

　近年情報化社会が急速に進展しているが，ハードウェアの面でその鍵を握っているのがCPUなどの半導体チップ，高密度メモリ，通信ネットワークおよびディスプレイである。中でもディスプレイは情報機器の顔であり，最も重要なデバイスである。また，情報化社会の進展はシステムのダウンサイズ化，パーソナル化を推進している。これに伴って，ディスプレイの薄型，軽量，低電力化が望まれて，液晶ディスプレイ（LCD）の開発が活発に行われるようになった。

　このLCDは，当初，英数字や簡単なパターンを表示する白黒表示の反射型ディスプレイとして開発され，実用されてきたが，セル内にマイクロカラーフィルタを設ける加法混色方式によってフルカラー化が達成された[1,2]。これによってLCDはラップトップパソコン用ディスプレイの主流を占めるようになった。

　しかし，この段階で，LCDはカラーフィルタによって透過率がかなり減少し，バックライトを付けなければ十分な明るさが得られなくなった。それ以後，カラーLCDとしてはバックライト付きの透過型が一般化して普及している。

　ところが，最近の通信ネットワークなどの進展に伴ってPDA（personal digital assistant）などの高度携帯情報システムの開発に強い関心が寄せられるようになった。このシステムでは超低電力のディスプレイが必要不可欠であり，そのために高品位の反射型LCDの開発が急務とされている。

2　反射型LCDの構成

　反射型液晶ディスプレイの基本的要件は，液晶パネルの内部に入射光を反射させる機能と散乱させる機能を合わせもたなければならないことである。これは，ディスプレイに対する観察者の方向はほぼ決まっているが，入射光の方向が一義的に決められないためである。このために，任

---

*　Tatsuo Uchida　東北大学大学院　工学研究科　電子工学専攻　教授

意の方向に点光源が存在することを想定して設計を行う必要がある。

これに伴って、明るさや視覚特性については、反射板の特性と液晶の特性の両方を考慮して最適設計する必要がある。したがって、透過型セルと比べると、両者の特性を良く対応させて設計しなくてはならない分、より難しい技術が必要とされることになる。

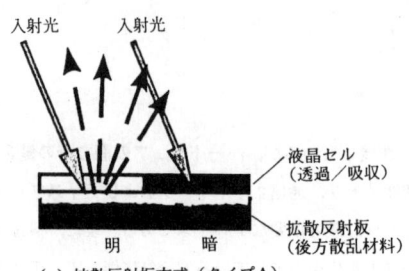

(a) 拡散反射板方式（タイプA）

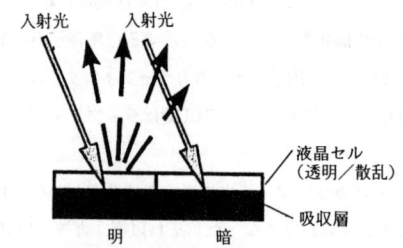

(b) 後方散乱型液晶方式（タイプB）

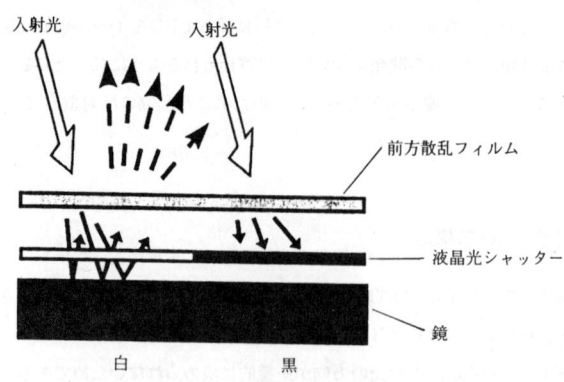

(c) 前方散乱フィルム方式（タイプC）

図1　反射型LCDの種類

ところで，反射型LCDを，上述のように入射光の反射と散乱の方式によって分類すると，タイプA～C（図1の(a)～(c)）の三つの方式に分類される[3]。

2.1 タイプA（拡散反射板方式）

タイプAは，液晶層の背後に散乱性の反射板を置く方式である。

最も簡単な方式としては，液晶セルに従来のSTN（super twisted nematic）[4,5]モードを用い，セルの背面に散乱性の反射板を置いたものがある。この方式は，通常のモノクロ反射型LCDに用いられる他，すでに3～4色の表示が可能なマルチカラー反射型LCDとしても一部実用化されている。

この方式には，比較的安価でマルチカラーが実現できるメリットがあるが，その色は複屈折による干渉色であるため，任意の色が表示できず，限られた表示色に限定される。また，液晶層と反射板との間に背面ガラスがあるために入射光と反射光が別々の画素を通過する可能性があり，解像度や色の混合などの問題が起こる。この問題はマイクロカラーフィルタによる混色型のカラー表示方式ではさらに深刻である。

このような問題を避けるためには，図2のように拡散反射板をセル内の液晶層の直後に入れる必要がある。

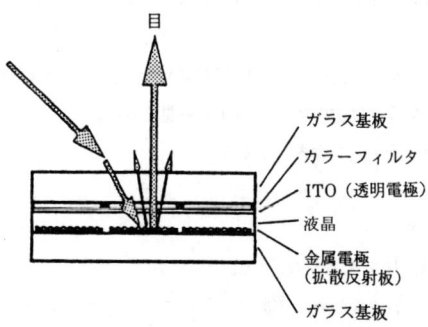

図2　反射型LCD（タイプA・セル内反射板型）の構成

ただし，この方式では液晶層の後ろに偏光板を置くことができないため，偏光子を2枚用いる一般的なTN（twisted nematic）モードやSTNモードを用いることができない。したがって，偏光子1枚のTNモード[8,9]やSTNモード[10]，ECB（electrically controlled birefringence）モード，CSH（color super homeotropic）モード[11~13]，OCB（optically compensated bend) モード[14~18]およびHeilmeier型GH（guest-host）モード[19]，あるいは偏光子を用いない二層型GHモード[20]，PCGH（cholesteric nematic phase change type GH）モード[21,22]，PDLC型GH（guest-host type polymer dispersed liquid crystal）モード[23,24]，λ／4波長板型GHモードなどが用いられる。

　これらの方式のうち，PCGHモードとマイクロカラーフィルタを組み合わせた反射型カラーLCD[25~28]が明るさや製造のしやすさの点で優れている。ただし，この方式では，ヒステリシスやメモリ効果のために中間調の表示ができないという問題がある。これについては，筆者らは最近λ／4波長板をセル内に挿入したGHモードを用いるもの（λ／4波長板型GHモード）で明るいフルカラーディスプレイが達成できることを示している[29,30]。

2.2 タイプB（後方散乱型液晶方式）

　タイプB（図1の(b)）は散乱と反射を液晶に行わせるものである。すなわち，液晶が散乱状態のとき明状態となり，電圧を印加して透明状態となったとき入射光は背面の吸収板によって吸収されるために暗状態となる。観測者側への光散乱は液晶自身によって行われ，吸収板には表示パターンの影が写ることはない。したがって，吸収板は液晶セルの後ろ側のガラス基板の裏に配置することができる。

　この方式に用いることができる液晶は，PCモード[31]とPDLCモード[32~34]およびPSCH（polymer stabilized cholesteric liquid crystal，コレステリック選択反射）モード[35,36]である。

　PCモードおよびPDLCモードを用いた方式で明るい表示を得るためには，off状態で強い後方散乱が必要となる。そのためには次のような条件が必要である。

① 媒質と散乱体との屈折率差を大きくすること
② 散乱体の密度を増すこと
③ 媒体の厚さを厚くすること

　最初の条件については，屈折率差を液晶の屈折率異方性と等しくする必要があるため，最大0.25程度までしかとることができない。2番目の条件については，散乱体の最適サイズが波長のオーダーであることから無条件に高くすることはできない。また3番目の条件を満足させると駆動電圧が高くなり，TFTを用いるアクティブマトリクスディスプレイには適さなくなる。したがって数字や記号のような簡単なディスプレイへの応用が中心となる。

　逆に，駆動電圧を低くしてTFT用に設計した液晶では，上述の条件を満足させることができないため，十分な後方散乱強度を得ることができず，紙のような明るいディスプレイを実現することは困難である。

また，PHSCモードはコレステリック液晶の選択反射を利用するものである。すなわち，らせんピッチをP，平均屈折率をn，屈折率異方性をΔnとすると，nPを中心として$\pm \Delta nP$の波長の光を50%反射する（らせんのねじれ方向と一致する円偏光成分を反射する）。ただし，コレステリック液晶単独では観察方向によって反射光の色が異なるために，高分子のネットワークを形成させて分子配向を適当にばらつかせることによって方向による色の変化を押さえ，同時にメモリー性を付与している。

この方式は，逐次書き込み型の直接マトリックス駆動方式によって高解像度を実現している。ただし，前述のように書き込みにある程度の時間を有するために動画表示にはならない。

2.3 タイプC（前方散乱フィルム方式）

タイプC（図1の(c)）は散乱と反射の機能を分離したものである。具体的な構造を図3に示す。すなわち，液晶パネルの手前に弱い散乱を示すフィルタを貼り，液晶の直後に鏡面反射用の平滑な金属電極を置いている。

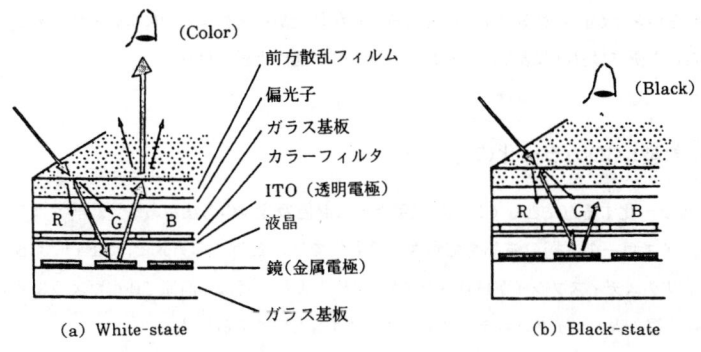

図3　反射型LCD（タイプC）の構成

フィルタの散乱が弱いために，入射光は，ほとんど後方には散乱せず，進行方向にのみ弱く散乱される。そして鏡面反射板によって正反射された光は再びフィルタによって散乱される。明暗の制御はシャッタ用の液晶に担当させている。

液晶表示モードについては，偏光子を1枚用いる方式としてSTNモード，ECBモード，OCBモード，Heilmeier型GHモードなどを使うことができる。また，偏光子を用いない方式としては二層型GHモード，PCGHモード，PDLC型GEモードなどを使うことができる。

このうち，STNモード，ECBモード，OCBモードなどは複屈折を用いるものであり，OCBモード以外は分子配向の対称性が悪いために視角依存性が強く，透過型では広い視野角が得られない。しかし，タイプCの反射型では，背面に鏡面反射板を用いるために，ミラーイメージ効果によってリターデーションの視角特性が補償され，透過型と比べて広い視野角が得られるようになる。

上述のような各種のモードのうちSTNモードとPCGHモード以外は中間調表示が可能である。また，特にOCBモードを反射型として用いるR-OCBモード[37～40]は，第2章6節で述べるように低電圧，広視野角，高速応答，中間調表示，高コントラストなどの点で優れた特性を有している。

一方，最近，このタイプCの変形として，前方散乱フィルムを用いずに液晶にその機能を持たせた方式，IRIS (internal-reflection inverted-scattering) が提案されている[41]。これは，前述のPDLCモードを用い，印加電圧のON，OFFによって散乱と透明状態を切り替えるものである。これによって光源からの光の反射・散乱角が変化するため，光源の方向と観察方向を選べば良好な明るさとコントラストが得られる。

IRISは，同じPDLCモードを用いるタイプBと比較して，強度の強い前方散乱光を用いているために明るい表示が得られる点が特長である。しかし光源が適当な方向にない場合，あるいは全面が明るい場所では良好な表示が得られなくなるのが難点と思われる。

3 反射型LCDカラー化の方法

LCDをカラー化する方法としては減法混色と加法混色の2つの方法がある[1]。前者はシアン，マゼンタ，イエローの3層の液晶を積層させるもので[1]，最近この方式で，TFTによるアクティブマトリクスディスプレイが試作されている[42]。また後者は，前節で述べたように液晶のセル内に赤，緑，青のマイクロカラーフィルタを設けるものである[1, 2]。

減法混色の方が原理的には明るくなるので反射型には有利であるが，TFTを付けた基板を3枚必要とするため大幅なコスト高となること，この基板の厚さの影響で斜めから見ると色ずれが生じること，などの問題がある。これと比較して，加法混色は構造が簡単で現実的である。駆動の容易さも考慮すると，マルチカラーあるいはフルカラーLCDとしては，当面マイクロカラーフィルタを使わざるを得ないと思われる。

ところで，反射型LCDにおいては，上述のようにマイクロカラーフィルタによる入射光のロス分をどこかで補わなければ必要な明るさを得ることができない。したがって，なるべく明るい表示モードを用いるとともに，反射光分布の最適設計によって特定の方向の明るさを稼がなけれ

ばならない。

　この点で，タイプAの方式が最も優れている。反射板の表面のミクロな形状を最適に設計すれば反射特性を自由に制御することができるためである。たとえば，視野角をある範囲に限定し，図4のように，その範囲内で反射光の明るさが角度によらず，ほぼ一定となるように設計することができる。一例として，視野角を40°程度とすれば，紙よりかなり明るいカラーLCDを実現できる[43,44]。

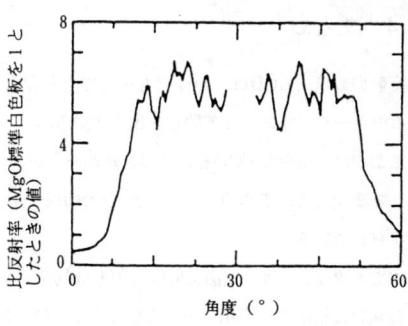

図4　有効視野角内で一定の反射率をもつよう設計された反射板の特性

　一方，タイプCでは，前述のように，下側に鏡面反射鏡を用いているために光学的には鏡面対称構造を有していることと等価であり，広い視野角が得られるという特長がある。また鏡面反射板は背後の電極に平滑な金属薄膜を用いるために製造も容易である。さらに，鏡面反射板のために偏光解消が起こる心配がないため，位相差フィルムを適切に設計すれば，1枚偏光板方式で100：1以上の高いコントラストを得ることができる。

　問題は前方散乱フィルムを用いて，どこまで理想的な反射率分布をもたせることができるかである。通常の微粒子散乱ではガウス分布型の散乱特性しか得られないために視角依存性が強いこと，大きい角度まで散乱光の裾野が広がるために中心付近の明るさが低くなること，散乱を強くすると後方散乱が強くなってコントラストが低下するとともに画像が若干ボケることなどの問題がある。

　これを解決するために，筆者らは，特定の視角範囲に散乱特性を有するライトコントロールフィルム（住友化学製のルミスティ）を他の散乱フィルムと組み合わせることによって良好な特性を得ている。この最適化をもうし少し進めれば，上述のようなタイプAの理想的な反射特性にかなり近いものが得られる見込みである。

　なお，この方式では前述のように各種の液晶表示モードが使えるが，中でもECBモードやR-OCBモードでは広視野角と高速応答性，良好な中間調表示，低電圧化（2V程度）など，優れた性能が得られ（詳細は第2章6節を参照），将来のフルカラー反射型動画表示素子として有望である。

4 まとめ

　反射型カラーLCDは，いつでもどこでもどのような情報をも送受可能な高機能携帯情報システムのキーデバイスとして関心を集めている。

　本章では，反射型LCDとしての基本的概念をまとめるとともに，その構造をタイプA～Cに分類して概説した。このうちタイプAとCが明るさ，視角特性，コントラストなどの点で優れた性能を有している。

　中でもタイプCは，鏡面反射板と前方散乱フィルムを組み合わせた簡単な構造で，コントラストの高い複屈折方式を用いることができる。特にR-OCBモードは広視野角，高速応答性，中間調およびフルカラー表示の点で優れた特性を有している。

　一方，タイプAは，拡散反射板表面の微細形状を精密に設計すれば任意の反射光強度分布を実現することができる。製造に高度な技術を必要とするが，明るく，視角特性の一様な高品位の反射型カラーLCDを実現できる点で優れている。

　なお，タイプAでは，表面の凹凸をそのまま残せば，液晶層の厚さが不均一となるために，これに敏感な複屈折方式を用いることはできず，GHモードとの組み合わせが中心となる。しかし，TFT-LCDで用いられているような透明な平滑剤を塗布して凹凸を平滑化すれば複屈折方式を用いることができる。この場合，偏光板を1枚用いるために明るさはやや低下するが，コントラストや応答スピードなどの点で良好な表示特性を得ることができる。

5 おわりに

　反射型LCDは，バックライト付きの透過型LCDと比較して，室内での明るさでは劣るものの，将来的には印刷物やカラー写真程度の表示品位が得られるものと思われる。

　著者は，以前からディスプレイを主として情報表示用と映像表示用に分けるべきであると主張してきた。映像表示用ではバックライト付きとして高輝度・高コントラストを得る必要があるが，情報表示用では目の疲労の少ないことが最も重要である。この点で紙（印刷物）にできるだけ近い表示特性をもつ反射型LCDが最も適していると考えられる。

　現在，スペースファクターの点からコンピュータ用のCRTモニターをバックライト付きのLCDで置き換えようと努力が行われているが，将来的にはモニターディスプレイは反射型LCDで置き換える方向に進むものと考えられる。図5はそのイメージを示したものである。

　卓上には反射型LCDが何枚か重ねて置かれているが，必要に応じて複数の画像を並べて見ることができる。また不用なディスプレイは本立てに置かれている。このような使われ方をするた

図5 反射型LCDのモニターディスプレイへの応用のイメージ

めにLCDはコードレスとしているが，これも反射型LCDの超低電力の特長が生かされている。なお，より鮮やかな画面として見たい場合は卓上の電気スタンドを点灯すれば良い。

このように考えると，反射型LCDと従来のバックライト付き透過型LCDは本質的には大きな違いは無いことがわかる。照明光が手前にあるか背後にあるかの違い，反射光を制御するか透過光を制御するかの違いだけである。ただし，反射光を制御する方が関係する因子がはるかに多く，制御条件が複雑になり，設計が難しくなる点は大きな違いではある。

以上述べたように，反射型カラーLCDは，当面，高度携帯情報端末のキーデバイスとして発展するものと予想されている。しかし，将来的には高品位のモニターディスプレイとして大きな用途が開かれており，今後急速な発展が期待される。

文　献

1) T.Uchida: Proc.Eurodisplay '81, p.39（1981）. *Optical Eng.*, 23, 247（1984）
2) T.Uchida, S.Yamamoto and Y.Shibata : *IEEE Trans. Electron. Devices*, ED-30, 503（1983）
3) T.Uchida: SID Symp. Digest, p.31（1996）
4) T.J.Scheffer and J.Nehring: *Appl. Phys. Lett.*, 45, 1021（1984）
5) K.Kinugawa, Y.Kano and M.Kanasaki : SID Symp.Digest., p.122（1986）

6) T.Kinugawa and O.Okumura: Proc.Japan Display, p.192 (1989)
7) T.Maeda, T.Matsushima, E.Okamoto, H.Wada, O.Okumura, A.Ito and S.Iino: Proc.IDRC, p.140 (1997)
8) 福田一郎, 坂井栄治, 小谷勇慶雄, 内田龍男: 信学技法, J-77CⅡ, 355 (1994)
9) E.Sakai, H.Nakamura, K.Yoshida and Y.Ugai: Digest of AM-LCD '96/IDW '96, p.329 (1996)
10) 坂井栄治, 小谷勇慶雄, 福田一郎, 内田龍男: 第19回液晶討論会予稿, p.294 (1993), 福田一郎, 北村晶亮, 坂井栄治, 川田隆之, 内田龍男: 信学技法, EID94-15, p.1 (1994)
11) S.Yamaguchi, M.Aizawa, J.F.Clerc, T.Uchida and J.Duchene : SID Symp.Digest, p.378 (1989)
12) H.Seki, M.Itoh and T.Uchida : Proc.Eurodisplay, p.614 (1996)
13) Y.Iwakura, T.Sugiyama, S.Inoue, T.Miyashita and T.Uchida : The 17th International Liquid Crystal Conf., p.1-209 (1998)
14) Y.Yamaguchi, T.Miyashita and T.Uchida: SID Symp.Digest, p.277 (1993)
15) T.Miyashita, P.Vettery, M.Suzuki, Y.Yamaguchi and T.Uchida: Proc.Eurodisplay, p.149 (1993)
16) C-L.Kuo, T.Miyashita, M.Suzuki and T.Uchida: SID Symp.Digest, p.927 (1994)
17) T.Miyashita, Y.Yamaguchi and T.Uchida: *Japan.J.Appl.Phys.*, 34, L177 (1995)
18) T.Miyashita, C-L.Kuo, M.Suzuki and T.Uchida: SID Symp.Digest, p.797 (1995)
19) G.H.Heilmeier, L.A.Zanoni : *Appl.Phys.Lett.*, 13, 91 (1968)
20) T.Uchida, H.Seki, C.Shishido, M.Wada: *Proc.SID*, 22, 41 (1981)
21) D.L.White, G.N.Taylor: *J.Appl.Phys.*, 45, 4718 (1974)
22) T.Uchida and M.Wada: *Mol.Cryst.Liq.Cryst.*, 63, 19 (1981)
23) J.L.Fergason, A.Daliska, S.Lu and P.Drzaic: SID Symp.Digest, p.126 (1986)
24) P.Jones, W.Montoya, G.Garza and S.Engler: SID Symp.Digest, p.762 (1992)
25) T.Uchida, T.Katagishi, M.Onodera and Y.Shibata: *Trans.IEEE*, ED-33, 1207 (1986)
26) T.Koizumi and T.Uchida: Proc.Eurodispay, p.131 (1987)
27) T.Koizumi and T.Uchida: *Proc.SID*, 29 (2), 157 (1988)
28) S.Mitsui, Y.Shimada, K.Yamamoto, T.Takamatsu, N.Kimura, S.Kozaki, S.Ogawa, H.Morimoto, M.Matsuura, M.Ishii, K.Awane and T.Uchida: SID Symp.Digest, p.437 (1992)
29) 杉浦規生, 内田龍男: 信学技法, EID96-93, 53 (1997)
30) N.Sugiura and T.Uchida: SID Symp.Digest, p.1011 (1997)
31) 内田龍男, 宍戸千代子, 和田正信: 電子通信学会論文誌, 57-C, 351 (1974)
32) J.L.Fergason : SID Symp.Digest, p.68 (1985)
33) T.Fujisawa, H.Ogawa and K.Maruyama : Proc.Japan Display, p.690 (1989)
34) J.W.Done, A.Golemme, J.L.West, J.B.Whitehead and B.G.Wu:*Mol.Cryst.Liq.Cryst.*, 165, 511 (1988)
35) D.-K.Yang, L.-C.Chien and J.W.Done: Proc.Intl.Display Res.Conf., p.49

(1991)
36) X.Y.Huang, D.-K.Yang, P.J.Bos and J.W.Doane : SID Symp.Diges, p.347 (1995)
37) T.Uchida, T.Nakayama, T.Miyashita, M.Suzuki and T.Ishinabe: Digest of AM-LCD 95, p.27 (1995)
38) T.Uchida, T.Nakayama, T.Miyashita, M.Suzuki and T.Ishinabe: Proc.Asia Display 95, p.599 (1995)
39) T.Uchida, T.Ishinabe and M.Suguki : SID Symp.Digest, p.618 (1996)
40) T.Ishinabe, T.Uchida, M.Suzuki and K.Saito : *Proc. Eurodisplay*, p.119 (1996)
41) T.Sonehara, M.Yazaki, H.Iisaka, Y.Tsuchiya, H.Sakata, J.Amako and T.Takeuchi : SID Symp.Digest, p.1023 (1997)
42) K.Sunohara, K.Naito, M.Tanaka, Y.Nakai, N.Kamiura and K.Taira : SID Symp.Digest, p.103 (1996)
43) N.Sugiura and T.Uchida : Digest of AM-LCD, p.92 (1994)
44) N.Sugiura and T.Uchida : Digest of AM-LCD, p.553 (1995)

第2章 反射型カラーＬＣＤの開発技術

1 GHモード反射型カラーLCD

1.1 GH液晶の種類と動作原理

溝端英司*

GH（Guest Host）液晶ディスプレイには，Heilmeier型，1／4波長板型，2層型，相転移型，PDLC型などがある。図1に各方式の動作原理図を示す。ネマティック液晶などをホス

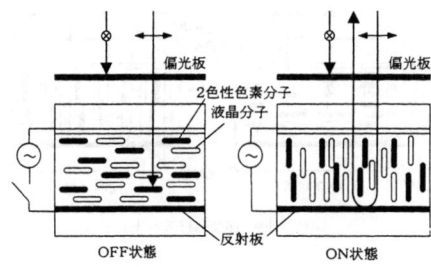

(1) Heilmeier型GHモード

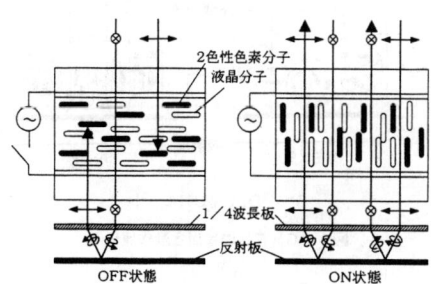

(2) 1／4波長板型GHモード

図1　GH液晶の種類と動作原理(1)

＊　Eishi Mizobata　NEC　機能デバイス研究所　ディスプレイデバイス研究部　主任

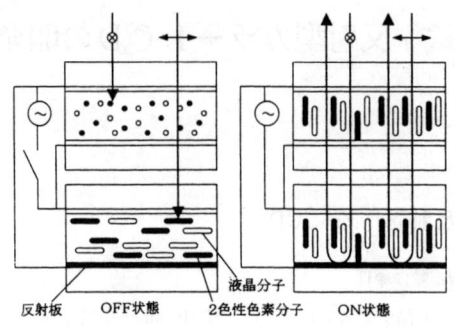

(3) 2層型GHモード

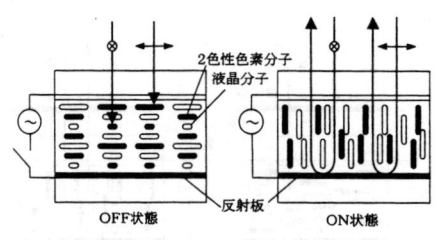

(4) 相転移型GHモード

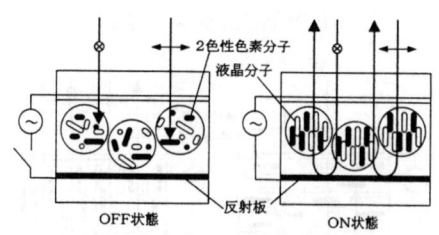

(5) PDLC型GHモード

図1　GH液晶の種類と動作原理(2)

トとして，その中にゲストとなる2色性色素を数％添加してある。2色性色素は，通常液晶分子と同様な棒状分子であり，GH液晶中では液晶の配向に沿って配向している。電圧の印加に対して液晶分子の配向が変化すると，2色性色素も液晶の配向に追随して配向を変化させる。2色性色素はその吸収係数が長軸方向（αe）と短軸方向（αo）で異なり，分子の向きにより吸光度

が変化する。αeとαoの比を2色性比といい，αe／αo＝10～15のものが開発されている。したがって2色性色素分子の長軸方向がパネルの基板に対して平行のときは，長軸方向の偏光が吸収され，垂直のときは光が透過する。この色素分子の切り換えを，液晶分子に印加する電圧をON，OFFすることにより制御することができ，白黒表示が可能となる。2色性比が高いほどコントラストは高くなる。各方式の特徴を以下に示す。

(1) Heilmeier型[1, 2]

偏光板によって電圧無印加時に色素の吸収する方向に偏光した光を入射させている。偏光板を用いているために，この部分だけですでに光利用効率が1／2に低下する。

(2) 1／4波長板型[3]

液晶層と反射板の間に1／4波長板を挟み込み，入射光と反射光の偏光方向を90度変化させており，電圧無印加時には，入射時か反射時のどちらかで光は液晶層で吸収される。偏光板を利用していない分Heilmeier型よりも明るい表示が可能であるが，1／4波長板で偏光方向を変えているので，反射板に光散乱特性を持たせることができない。

(3) 2層型[4]

2色性色素の配向方向が直交するように2枚のGH液晶パネルを張り合わせている。偏光板は使用していないが，構造が複雑であり，大容量高精細のマトリクスディスプレイには適していない。

(4) 相転移型[5~7]

液晶層が電圧の印加によりコレステリック相からネマティック相に相転移することを利用して表示を行っている。電圧無印加時は，液晶分子と同様に，2色性色素が螺旋を描いて配列しており，どの偏光光も吸収することができる。偏光板を必要とせず明るい表示が可能である。

(5) PDLC型[8~10]

高分子分散液晶に2色性色素を混入させている。電圧無印加状態では，2色性色素は液晶分子同様，ランダムに配向し，光を吸収する。偏光板を必要としない，さらに他の方式と違い配向制御を必要としないなどの利点はあるが，駆動電圧が高いこと，コントラストが低いことなどが課題として挙げられる。

本節では，以降さらに相転移型GH（PCGH：Phase Change Guest Host）モードについて特に詳しく説明する。前述の通り，PCGHモードは，偏光板を必要としないディスプレイとして明るい表示が可能な反射型LCDのモードとして期待されている。また，偏光板を必要としないということは，裏面の反射板を液晶パネルの外側に貼り付けるのではなく，パネル内部に作ることができるため，反射板と表示像との間で視差が発生しないというメリットもある。このことは高精細ディスプレイを実現する上で見やすさに対して重要なメリットと言える。

1.2 アクティブマトリクス

PCGHモードはネマティック液晶をホストとして用いているため、パソコンなどのマトリクス表示用ディスプレイにするためにはTFTやMIM素子などと組み合わせてアクティブマトリクスディスプレイとする必要がある。実際にこれらの素子と組み合わせてVGAクラスの表示を実現したディスプレイが報告されている。図2にGH液晶をTFT素子と組み合わせた場合のカラー反射型ディスプレイの断面構造図の一例を示す。通常のTFT素子の上にPR工程などで凹凸を形成したポリイミド絶縁層を介して、画素電極基板を兼ねたAl反射板が設けられている。TFT素子と反射板が異なる層にあるのは、画素電極の開口率を上げ、できるだけ明るさを確保するためである。反射板は光を散乱させるために凹凸が形成されており、この反射特性が表示の明るさに大きく影響する。表示に用いられる入射光はカラーフィルタと液晶層を通過した後、反射板で拡散反射し、再度液晶層とカラーフィルタを通過して反射光として表示される。少ない光量を最大限に生かして、明るさ、コントラスト、色度を確保するためには、これら反射板、GH液晶、カラーフィルタの設計が重要となってくる。これらの設計については後述する。

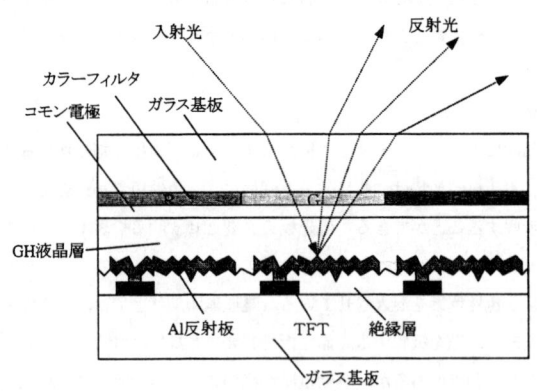

図2　TFTと組み合わせたGH液晶ディスプレイ

さらに、反射型ディスプレイの最大のメリットである低消費電力を生かすには、携帯端末用ディスプレイとしての応用が期待される。携帯端末はパソコンなどに比べ単価が安いため、ディスプレイの単価も下げる必要がある。しかし、アクティブ素子はその分製造工程が多くなるため、その工程数を少しでも少なくすることが要求される。TFT素子と反射板の工程を短縮した例[11]を図3に示す。TFTでは通常7〜8回のPR工程が必要であり、それに反射板の凹凸形成、パ

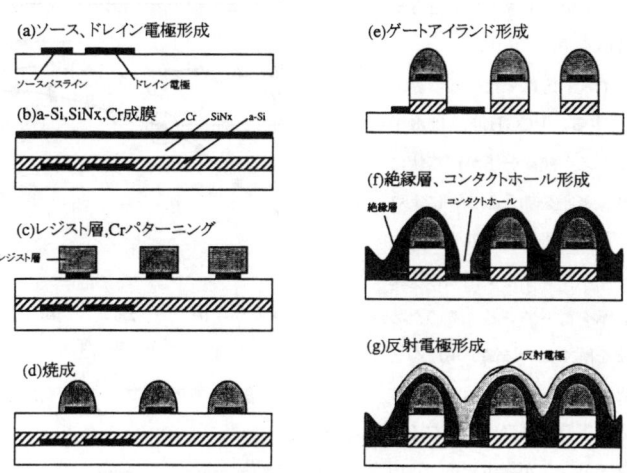

図3　TFT素子と反射板の工程数を短縮した例

ターニング，コンタクトホールの形成などの工程を加えると10回以上のPR工程が必要となってくる。図3の例では，この工程を4回のPR工程で作成している。TFT素子は，ソース，ドレイン電極形成とゲート電極及びアイランド形成の2回のPR工程で作成している。このTFT素子の形成と共に，反射板の凹凸の下地となる凹凸を同時に形成している。はじめにソース及びドレイン電極を形成した（図3(a)）後，a-Si層，SiNx層，Cr電極層を形成している（図3(b)）。その後，レジスト層を塗布し，パターニングし，このパターンを用いてゲート電極をエッチングしている（図3(c)）。さらに凹凸の形状を最適化するために，焼成によりレジスト凸部の上端をまるくし（図3(d)），その後，ゲートアイランドを形成している（図3(e)）。最後に絶縁層にコンタクトホールを形成した（図3(f)）後，反射板となるAl層を形成している（図3(g)）。凹凸の形状を最適化することにより，明るさ$L^*=83$という明るい表示特性を実現している。

1.3　PCGH液晶のヒステリシス

　PCGH液晶の表示コントラストを上げるには色素濃度を上げる方法と，ツイスト角を上げる方法がある。色素濃度についてはコントラストと共に明るさも変化するので，後述の全体設計のところで議論することにする。図4にツイスト角と表示性能の関係を示す。コントラストは透過時のコントラストで示してある。電圧印加時の透過率はツイスト角に依存しないのに対し，コントラストはツイスト角の上昇と共に増加している。したがって，表示性能のうちコントラストか

らするとツイスト角を大きくしたほうがよいことが分かる。

しかし，ツイスト角はそれ以外の表示性能にも影響する。PCGH液晶は電圧無印加状態でホスト液晶分子が螺旋状に配列しており，電圧を加えることにより螺旋が解け，基板に垂直に配列する，コレステリィクーネマティック相転移現象を利用して表示を行っている。そのため，駆動時に螺旋を解くために高い電圧を必要とするのとともに，図5に示すように電圧上昇時と降下時で透過率が異なる，いわゆるヒステリシスが発生する。このヒステリシスは，階調表示を行う場合に問題となってくるので，フルカラー表示ではなくす必要がある。そのためには，GH液晶の液晶材料や配向処理などを最適化する他に，ツイスト角をある一定以下にする必要がある。図6に50％透過率時のヒステリシス電位差とツイスト角の関係[12)]について示す。ヒステリシス電位差はツイスト角250度を超えたあたりから急激に増加しており，それ以下ではほぼゼロである。また，ツイスト角を大きくすると，GH液晶の電圧－透過率特性の立ち上がりの勾配が急峻になる。この勾配が急峻過ぎると，階調表示の電圧制御が難しくなることからもツイスト角は250度以下がよいことが分かっている。

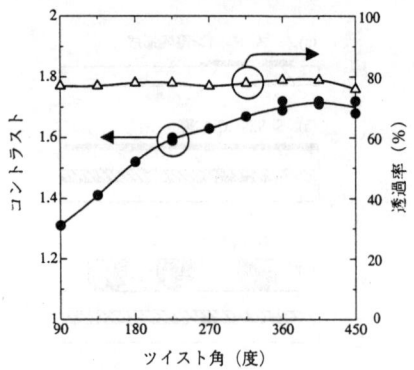

図4　表示性能のツイスト角依存性

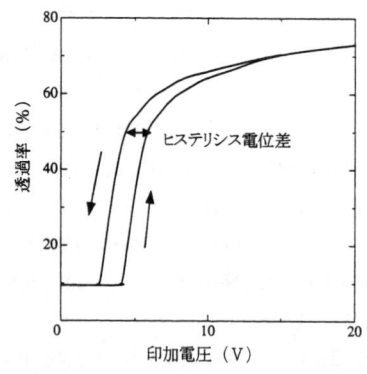

図5　GH液晶の電圧－透過率特性

1.4　カラーパネルの光学設計

ここでは，パネルの2色性色素の濃度，反射板の凹凸の平均傾斜角，カラーフィルタの膜厚についての設計方法[13)]について述べる。パネルの光学設計を行うには，反射型LCDの光源となる周囲光が，ディスプレイを使用している状態で，どの角度からどれだけの光量が入射してくるの

かを知ることが重要[14]である。図7にある
会議室の机上での周囲光の測定結果を示す。
周囲光は天井灯から来る強いスポット光と，
それ以外の壁，天井，床などから反射する拡
散光に大別できる。拡散光は強度は小さいが，
周囲全体から入射してくるので，図7の例で
は合計強度はスポット光とほぼ同等となった。
この他にさまざまな場所でのスポット光と拡
散光を測定した結果[15]を表1にまとめる。
合計強度のスポット光と拡散光との比は晴天
時の日向以外では，おおむね1：0.5〜5で

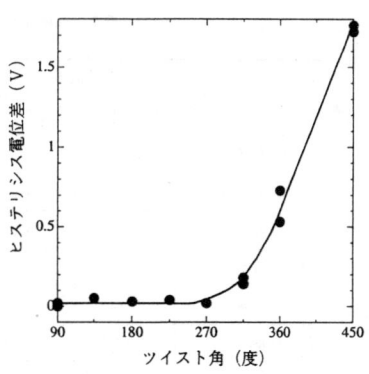

図6　ヒステリシス電位差のツイスト角依存性

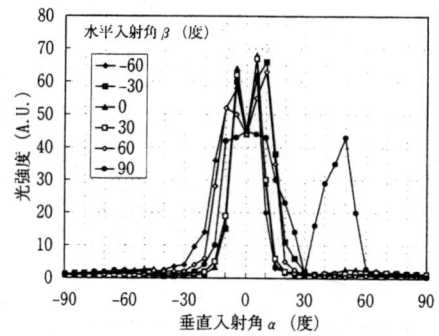

図7　周囲光の光強度の入射角依存性

ある。ここでは，オフィスの会議室でよく使用する携帯端末用のディスプレイを想定し，スポッ
ト光と拡散光が1：1の場合について設計を進めることにする。

　設計は，明るさ，コントラスト，彩度の3つの表示性能の観点から検討する。はじめにコント
ラストの条件よりGH液晶の色素濃度を最適化する。コントラストはほとんど色素濃度に依存す
る。ヒステリシスが発生しないように，ツイスト角を230度に設定した場合の色素濃度とコント
ラストの関係を図8に示す。コントラストの許容範囲を4以上とすると色素濃度は3 wt％以上
必要であるが，明るさを最大限に確保するためには3 wt％程度がよいと考えられる。次に反射
板の反射特性であるが，反射板表面の凹凸形状の平均傾斜角度kにより反射光の光散乱性が異
なってくる。kが小さいと反射板表面は平坦になり散乱性は小さく，kが大きくなるにつれ散乱

表1 拡散光とスポット光の光強度

	拡散光		スポット光		合計光強度比 スポット光/拡散光
	平均光強度	合計光強度	平均光強度	合計光強度	
(a) 晴天（日向）	39.7	125	10973	1790	14.4
(b) 晴天（日陰）	31.0	97.3	149	109	0.97
(c) 曇天	107	336	533	339	1.01
(d) 会議室	2.40	7.55	45.4	7.40	0.98
(e) 事務所	1.48	4.65	44.0	7.18	1.54
(f) 食堂	0.21	0.66	71.7	2.96	4.48
(g) 居間	0.99	3.11	38.8	6.37	2.70
(h) ロビー	1.53	4.82	14.5	2.38	0.49

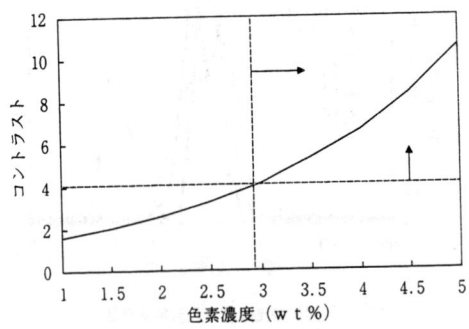

図8 コントラストの色素濃度依存性

性は大きくなる。前述の周囲光に対し，平均傾斜角kの違いによる反射特性の違いをBeckannの式を用いてシミュレーションした結果を図9に示す。シミュレーションではスポット光が30度方向から入射すると想定している。これは，スポット光が直接画面に映り込まないようにするためである。図9の反射特性のディスプレイを垂直方向から見るとすると，図10に示すように平均傾斜角kによって明るさL^*が異なってくる。kの値はコントラストや色の彩度には影響しないので，最も明るくなるk＝7が最適値ということになる。最後にカラーフィルタの膜厚である。カラーフィルタの膜厚は，薄くなれば明るさは増大するが，彩度は低下する。図11にカラーフィルタ膜厚を変化させたときの明るさと彩度の変化をシミュレーションした結果を示す。膜厚は一般的な

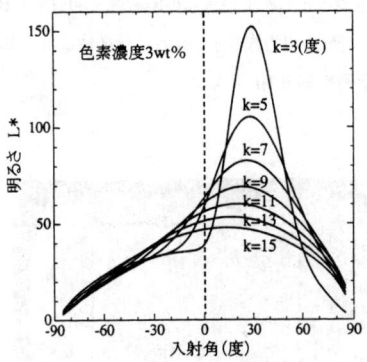

図9 反射特性の平均傾斜角k依存性

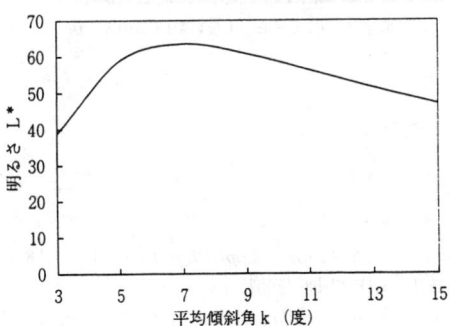

図10 明るさL*の平均傾斜角k依存性

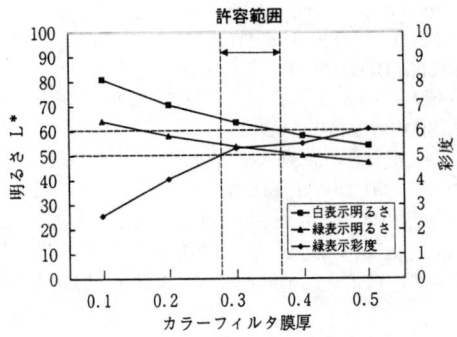

図11 明るさと彩度のカラーフィルタ膜厚依存性

透過型カラーフィルタの膜厚を1とした。白表示の明るさを60以上，RGBの彩度を5以上とすると，膜厚は0.27～0.37の範囲が適切であるといえる。最後にこれらの設計をもとに試作した対角17cmのVGAパネルの表示例を写真1に示す。

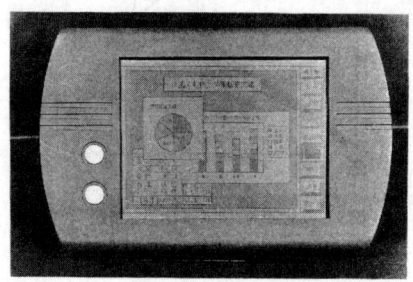

写真1　PCGHモード反射型LCDの表示例

文　　献

1) G.H.Heilmeier and L.A.Zanoni, *Appl.Phys.Lett.*, **13**（1968），p.91
2) 朴，内田，信学技報，EID87-58（1987）
3) H.S.Colo and R.A.Kashnow, *Appl.Phys.Lett.*, **30**（1977），p.619
4) T.Uchida *et al.*, *Proc.SID*, **22**（1981），p.41
5) D.L.White and Taylor, *J.Appl.Phys.*, **45**（1974），p.4718
6) K.Tadokoro *et al.*, Japan Display '86 Digest, p.312
7) S.Mitsui *et al.*, SID '92 Digest, p.437
8) 内田ほか，信学技報，ED85-40（1985）
9) 内田ほか，テレビジョン学会誌，**40**（10），（1986），p.984
10) P.John *et al.*, SID '92 Digest, p.762
11) Y.Yamaguchi *et al.*, SID '98 Digest, p.297
12) H.Ikeno *et al.*, SID '97 Digest, p.1015
13) E.Mizobata *et al.*, SID '96 Digest, p.149
14) E.Mizobata *et al.*, Asia Display '95, p.657
15) 溝端ほか，ディスプレイ アンド イメージング，Vol.5（1997），p.173

2 TNモードTFD駆動方式反射型カラーLCD

飯野聖一[*]

2.1 はじめに

コンピュータネットワークの急速な発展とディジタル通信インフラの整備に伴い，情報化社会が個人のレベルにまで浸透し始めようとしている。企業では電子メールやグループウェアが普及しはじめ，個人でも携帯電話やPHSなどが当たり前になってきた。従来の電子手帳のように単に個人のスケジュールを管理するだけでなく，外出先から電子メールに接続してデータを送受信したり，データベースを検索するといったことが可能になってきている。

このような背景のなかで，コンピュータと通信と映像をベースとした新たなコンセプトの携帯情報機器が提案されはじめている。これら機器の顔，情報収集・発信の窓となるキーデバイスがLCDである。求められているのは，高画質な明るい反射型カラーLCDである。特に屋外での使用と可搬性を想定した携帯情報機器においては，屋外での視認性の良さ，低消費電力，薄型・軽量という観点から反射型カラーLCDへの関心が高くなっている。

ここでは，これら携帯情報機器に適した駆動素子としてTFDを用いたTNモード反射型カラーの現状について述べる。

2.2 なぜ反射型カラーLCDか

反射型カラーＬＣＤがモバイル機器を実現する上で重要なのは以下の３つの理由からである。その第１は，消費電力である。図１に透過型カラーＬＣＤの消費電力の概内訳を示す。 実にその95％近くがバックライトによって消費されている。従って反射型カラーＬＣＤを採用することにより，消費電力を一桁下げることが可能となる。電池で動くモバイル機器にとって，これは大きな魅力である。

第２の理由は，屋外視認性の高さである。市販の反射型ＬＣＤと透過型ＬＣＤのコントラストを様々な環境下で測定した結果を図２に示す。測定環境は，暗室（ 0 lx），居間（300 lx），オフィス（800 lx），晴天の屋外（60000 lx）の４箇所である。反射型ＬＣＤと透過型ＬＣＤを比較すると，暗い環境では透過型ＬＣＤの方が優れているが，明るい環境では反射型ＬＣＤ

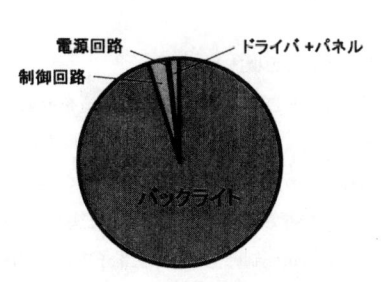

図１　透過型カラーLCDの消費電力

---

[*]　Shoichi Iino　セイコーエプソン㈱　LD技術開発センター　部長

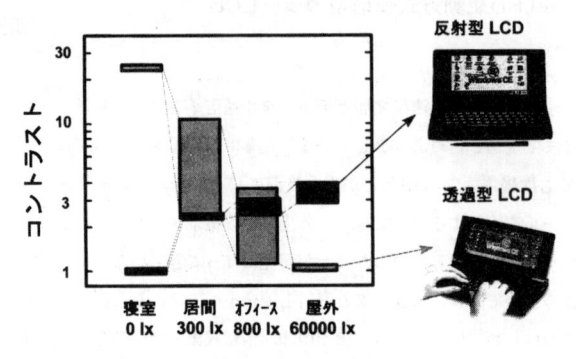

図2 表示の環境依存性

の方が逆に優れている。屋外で利用する機会が多いモバイル機器にとって，屋外でほとんど見えない透過型LCDは使い物にならない。屋外での視認性を少しでもよくするために，さらにバックライトの輝度をあげれば電池寿命はさらに短くなる。

一方，反射型LCDは，暗闇で見えないが，暗闇で使う機会がどれだけあるかということと，最低限の情報を認識するのにどれだけの明るさが必要であるかということを慎重に議論する必要がある。やみくもに照明を付加したのでは，せっかくの反射型液晶ディスプレイの利点が無くなってしまう。

第3の理由は，薄型，軽量になるということである。反射型LCDの場合，バックライトが必要ないため，薄型化が図れ，軽量化も図れる。また，バックライトを点灯するためのインバータ回路等もなくなり，その分の軽量化も図れる。

2.3 TFDの構造と動作

図3にTFD-LCDのパネル構造を示す。液晶層を挟む2枚のガラス基板の一方にTFD素子と直列に接続された表示単位である画素電極を含んだマトリクスパターンを持ち，他方のガラス基板にはカラーフィルタともう一方の駆動用電極パターンを持つ構造である。TFD素子は2つの金属で厚さ数十nmの絶縁膜を挟んだ，いわゆるMIM（Metal - Insulator - Metal）構造をしている電圧制御型の非線型素子である（図4）。その特性は，次のプールフレンケル則で近似できるダイオード特性を示し，印可電圧vに対する電気伝導度は

$$\rho(v) = S \cdot \exp[\kappa + \beta\sqrt{v}]$$

ただし，Sは素子の面積，κ，βは定数で表される。

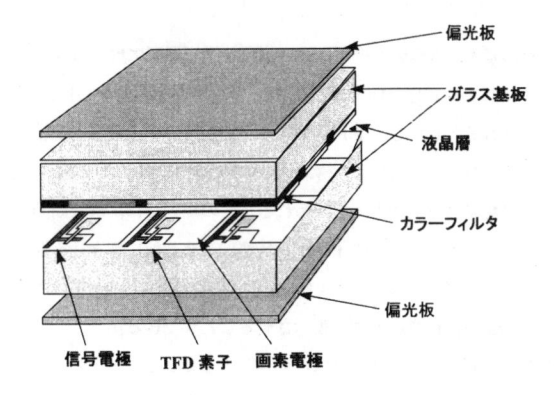

図3　TFDパネル構造

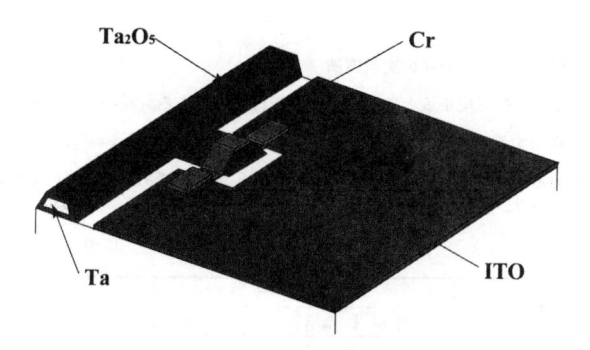

図4　TFD素子構造

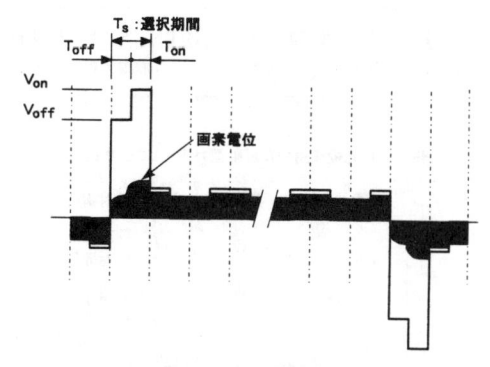

図5　TFD駆動波形

TFD－LCDの基本的な駆動波形を図5に示す。選択期間には，書き込み電圧が印加される。この時TFD素子には高い電圧が印加するため，素子の抵抗は極めて小さくなり（オン状態），画素は急速に充電される。しかし，TFD素子に印加される電圧がある電圧まで下がると素子の抵抗は極めて大きくなり（オフ状態），その後は極めてゆっくりした充電となる。

階調表示はパルス幅階調駆動によって行われる。この駆動では，選択期間の途中でセグメント電圧を変化させ，TFD素子の印加電圧がオン状態に達する前に書き込み期間が終了する。よって，画素電圧はオン画素の電圧より小さくなる。これを利用してオン電圧が印加される時間を適当に制御することにより，任意の階調を表示させることができる。

TFD－LCDの特長は，素子プロセスが簡単であることと，ダイオード構造であるために配線面積が少なく開口率が高くとれること，また，低消費電力に向いたデジタル駆動方式に対応しやすいことである。

2.4 反射型カラーディスプレイの実現方法

反射型カラーLCDを実現する上でモードの選択は重要である。反射型カラーLCDを実現する方法は偏光を利用する／しない，カラーフィルタを使用する／しないで表1のように分類される。偏光板を用いる方式は，液晶層がTNあるいはSTN配向であり，従来のセル製造技術がそ

表1 反射型カラーLCDの実現方法

		カラーフィルタ	
		利用しない	利用する
偏光	利用しない	(1)GH3層構造 HPDLC3層構造	(3)PC-GHモード PDLCモード
	利用する	(2)STN複屈折カラー PSCT3層構造	(4)TN／STN2枚偏光板 1枚偏光板モード

表2 偏光板を用いた反射型カラーLCDの分類

液晶モード	偏光板	反射構造
TN	1枚	前方散乱 内面散乱
	2枚	反射偏光子
STN	1枚	前方散乱 内面散乱
	2枚	反射偏光子

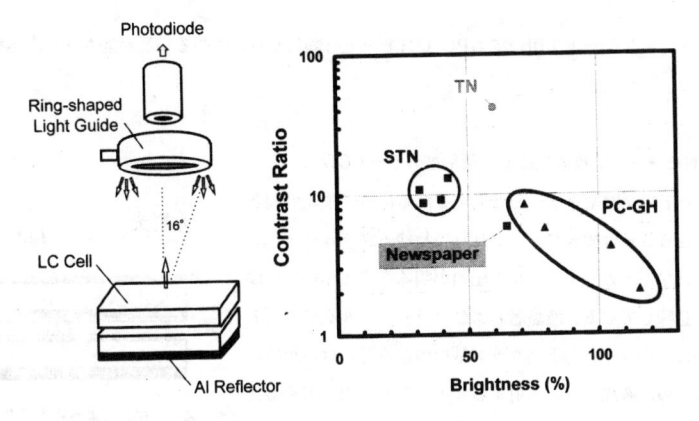

図6　各種液晶表示モードの比較(1)

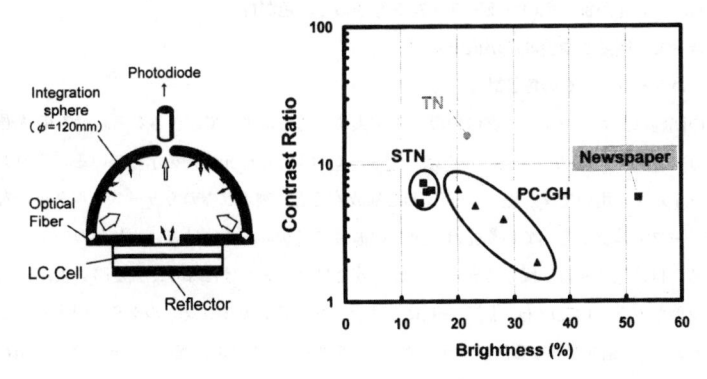

図7　各種液晶表示モードの比較(2)

のまま応用できるという利点があるため実用化が他方式に比べ進んでいる。偏光板とカラーフィルタを用いる方式は，液晶モード，偏光板，反射構造からさらに表2のように分類される。

　図6，図7に様々な液晶表示モードの明るさとコントラストを，同一の環境で測定した結果を示す。一般に偏光板を用いない方式は明るいので反射型に適すると言われているが，実モジュールを考えた場合，例えば，ＰＣ－ＧＨモードは確かに明るい表示を得られるが，十分なコントラストを得ようとすると，ＴＮモードと大差ない明るさになってしまう。これには二色性色素の二色性比が十分でないことなどが影響している。さらに，ＴＮモードは，ＰＣ－ＧＨモードの4倍以上のコントラストがある。コントラストが高いと，オフドットからの光漏れに起因する混色がなく，同色を表示する場合，より明るいカラーフィルタを用いることができる。これらのことを

29

考慮すると，TNモードを用いてもPC-GHモードと同じくらいに明るい反射型カラー表示が可能となる。

2.5 TNモード（2枚偏光板型）反射型カラーLCD

TNモードで反射型カラーを実現するためには，視差の問題を避けて通ることはできない。これはいわゆるダブルイメージの問題ではなく，カラーフィルタ配列が明るさや表示色に及ぼす影響を意味している。液晶層およびカラーフィルタ層と反射板との間に，少なくとも下側ガラス基板の厚み分だけの距離が存在するため，液晶セルに入射する光と反射して戻ってくる光が，必ずしも同じ色のカラーフィルタを通るとは限らない（図8）。このため，入射光が別の色のカラーフィルタを通ると，色が打ち消し合って，明るさや色純度が低下する。

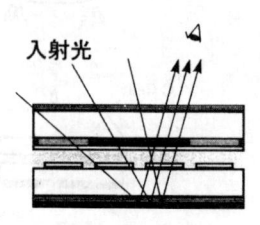

図8 視差による色の打ち消し

2.5.1 カラーフィルタの色設計

視差の問題は，カラーフィルタの色設計を工夫することによって改善される。通常の透過型カラーLCDに用いられるカラーフィルタは，図9−(a)のような分光特性を示している。このようなカラーフィルタを用いて反射型カラーLCDを構成すると，例えば赤のカラーフィルタから入って青のカラーフィルタから出ていく光は，全ての波長の光が赤あるいは青いずれかのフィルタに吸収される。目に届く光は，同じカラーフィルタを2度通る光だけになり，大変暗い表示になる。そこで反射型カラーLCDでは，図9−(b)に示すような明るいカラーフィルタを利用する。こうすると，入射光と反射光が異なる色のカラーフィルタを通ったとしても，光のロスが小さくて済む。また，カラーフィルタによって明るさが1／3になるという根本問題も，ある程度解消できる。

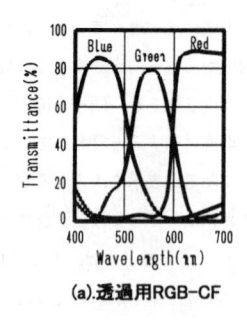

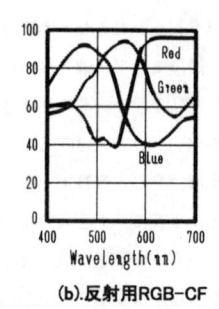

(a).透過用RGB-CF　　(b).反射用RGB-CF

図9 反射型用カラーフィルタ

2.5.2 開口率

　反射型LCDでは，光が入射するときに開口率に応じた一定の光だけが透過し，散乱し反射した後にもう一度一定の光だけが透過するので，可能な限り開口率を高くしておく必要がある。TNモードは電気光学特性の急峻性がなだらかで，単純マトリクス駆動ができないため，アクティブ素子と組み合わせて駆動する必要がある。反射型カラーLCDにはアクティブ素子としてより開口率を高くとれる素子構造が適している。この点からは，3端子のTFT（Thin Film Transistor）より2端子のTFD（Thin Film Diode）のほうが好ましい。この理由は図10に示すように，2端子素子のTFDは，縦横に金属配線が必要なTFTと異なり，金属配線が一方向だけで済むので，配線が占有する面積が小さく，圧倒的に高い開口率を得られるからである。参考に，設計ルールを同じ条件にし，VGAカラー（640×3×480）を例に計算した開口率の比較を図11に示す。サイズが小さいほど，2端子素子が開口率的には有利であることがわかる。

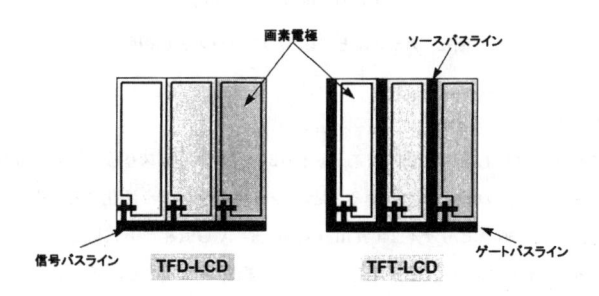

図10　TFT/TFD画素拡大図

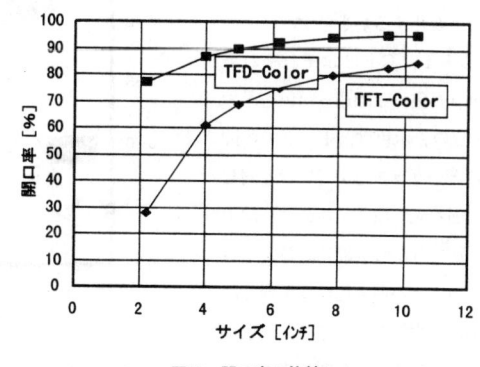

図11　開口率の比較

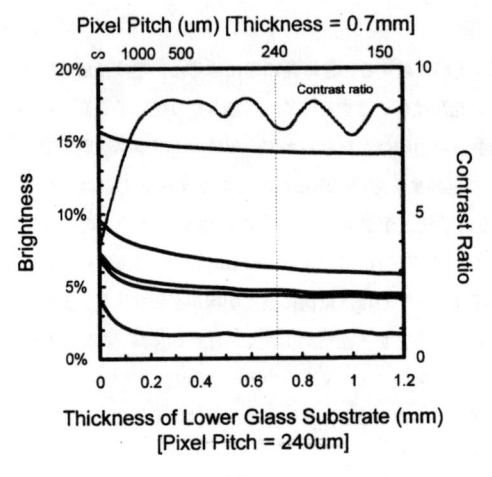

図12 ガラス厚と明るさ/コントラストの関係

2.5.3 ガラス厚と画素ピッチ

下側ガラス基板の厚みも重要な要素である。図12に，下側ガラス基板の厚みを変化させた場合に，白，緑，赤，青，黒の各表示の，明るさとコントラストがどう変化するかを計算した結果を示す。計算の際には，画素ピッチを240μm（対角7.6"ＶＧＡ相当）に固定した。参考のため，逆にガラス厚を0.7mmに固定したと考えたときに，相当する画素ピッチの値を，上の横軸に示す。ガラス厚が薄いほど明るい表示が得られるが，薄すぎると視差の影響を受けずに直接光がぬけてくるためコントラストが低下する。

図13に同じくガラス厚を変化させた場合に，赤，緑，青の各表示色がどう変化するかを示す。

図中2つの三角形ＣＦ１，ＣＦ２はそれぞれカラーフィルタを1回通った色，2回通った色を示す。ＴＮ反射型カラーＬＣＤの表示色は，1，2の中間にある。単純に考えると，ガラス厚が薄いほど同じカラーフィルタを2度通る光が増え，色純度が向上するように思える。しかしながら実際に計算してみると，ガラス厚がゼロのときが最も色純度が悪く，画素ピッチと同じ0.2mm程度で最も鮮やかな色になり，さらに厚くなると再び色純度が悪化する。た

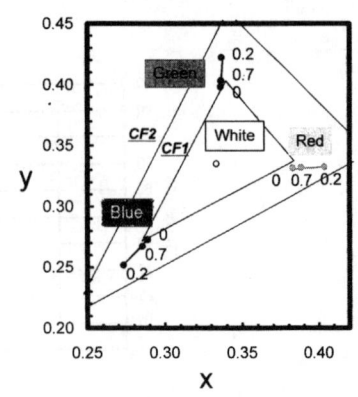

図13 ガラス厚と表示色の関係

だし0.7mm厚のガラスでも，その表示色はガラス厚ゼロの場合より鮮やかである。この現象もドット間の光漏れに関係がある。ドット間の光漏れは，ある程度のガラス厚があると，視差によって隠れる。ドット間は平均すれば無彩色であるので，この領域が隠されると色純度が向上する。

　以上のように計算してみると，ガラス厚としては，0.2～0.3mmが最適値となる。アクティブ用のガラスでは（ＳＴＮ向けでは0.4～0.3mmも可能），工業的実現性を考慮すると現在のでは，0.7mm厚のガラスが利用できる下限である。この厚さならば，明るさ，表示色ともに大きく損なわれずに済む。また本来の表示にその影が重なる「ダブルイメージ」という現象も，気にならないレベルに抑えられる。将来的に薄板ガラスの取り扱い技術が進歩し，より薄い0.55，0.5，0.4，0.3mmといったガラスが利用可能になれば，より高画質になっていく。0.2mm以下のプラスチックフィルム基板になれば，こういった問題は無くなる。

2.5.4　反射板

　外側反射板構造のＴＮモード反射型カラーＬＣＤの反射板には，反射偏光子が適する。反射偏光子は，図14に示すように，特定の偏光成分を反射し，残りの偏光成分を透過する機能を持つ偏光子である。代表的な反射偏光子に，複屈折性の誘電体多層フィルムとコレステリック液晶ポリマー・フィルムがある。前者は直線偏光反射板，後者は円偏光反射板で，一般的な用途には前者の方が適している。こうした反射偏光子は，本来バックライトの光量アップを目的に開発されたものであるが，これを反射型カラーLCDの下側偏光板と反射板の代わりに利用することにより，明るい表示が得られる。明るい表示が得られる理由は，二つある。一つは反射偏光子が誘電体多層膜ミラーであるため，反射軸方向に振動する光のほぼ100％を反射率すること。Al膜の反射率が90％弱ということを考えると，これだけでも格段に明るくなる。もう一つは，通常の偏光板に利用されているヨウ素等のハロゲン物質や染料等による余分な吸収が無いことである。

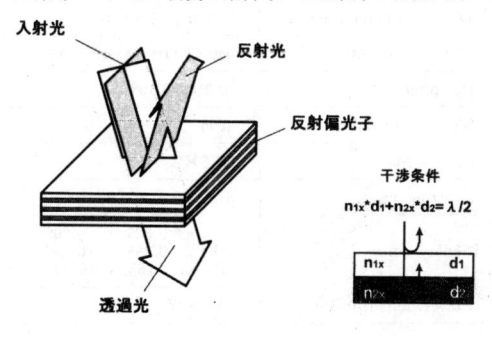

図14　反射偏光子

2.5.5 試 作

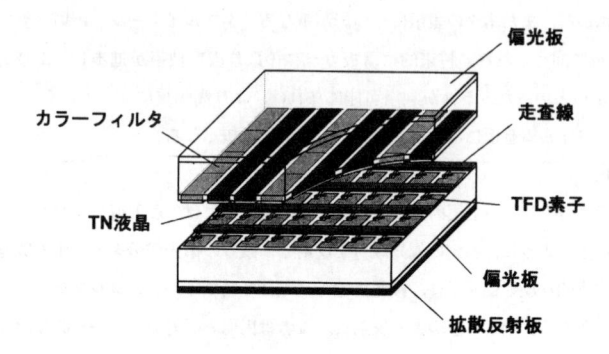

以上を考慮して試作した反射カラーの構造を図15に，仕様を表3に示す。その特徴は，アクティブ素子にＴＦＤを採用し，ドット間にブラックマスクを設けないことによって，93％という高開口率を達成していることである。このパネルの明るさをリング型ライトガイドで照明して測定したところ，従来の反射型モノクロSTN-LCDに匹敵する標準白色板の28.6％という明るさが得られた。また消費電力は6″ＶＧＡで150mWと，同クラスの透過型カラーＴＦＴ－ＬＣＤの1/10～1/40という低パワーを実現している。

図15 TN反射型カラーLCDの構造

表3 試作ＴＮ反射型カラーLCDの仕様

TN Reflective Color LCD	
Driving method	TFD active matrix
Diagonal screen size	15.8cm(6.2inch)
Number of dots	640×RGB×480(VGA)
Dot pitch	0.066×0.198
Number of colors	4096
Brightness	28.6%
Contrast ratio	8.7
Display color	R : x=0.326, y=0.309 G : x=0.285, y=0.356 B : x=0.265, y=0.305
Power consumption	150mW

2.6 SPD（1枚偏光板）モード

TNモードを用いた反射型カラーLCDは，明るさの面では，PC-GH反射型カラーLCDと比べても全く遜色ない。問題は，視差の影響である。

この問題を解決するためには，下側ガラス基板の厚みを薄くしたり，画素ピッチを大きくする方法が有効となる。しかしながら，視差の問題を根本的に解決するためには，液晶セル内に反射板を設け，偏光板を1枚だけ利用する新たな液晶表示モード（SPD : Single Polarizer Display）を採用することが不可決になってくる。

2.6.1 内面反射板構造の反射型カラーLCD

SPDモードは，1枚の偏光板が偏光子と検光子を兼ねているため，高コントラストが得難い。高コントラストを得るためには，電圧オンあるいはオフのいずれかの状態で，入射光が円偏光に変換されて反射板に到達するように構成しなければならない。そこで最近主流となっているSPDモードでは，図16のように1/4波長板を備えた構造を採用している。このような構成にすると，液晶層に高電圧を印加してその複屈折を失わせたときに，入射光が1/4波長板の作用で円偏光に変換されて，そのまま反射板に到達する。広帯域1/4波長板を使えば，ほとんど着色の無い黒表示が得られる。また，この1/4波長板は，界面における反射を防止する効果もあるので，コントラストも高くなる。一方白表示は，液晶層のツイスト角を60〜90度，Δn×dを$0.25\mu m$程度とし，偏光板の角度を適切に設定することによって得られる。$0.25\mu m$というΔn×dは，よく利用されるTNモードよりも小さいため，高速応答も期待できる。

内面反射板構造を採用する場合，何らかの光散乱手段を備えて表示を明るくする必要がある。現在までに，図17に示した前方散乱板構造と，図18に示した内面拡散反射板構造の二種類が提案されている。前方散乱板構造では，パネル内面に設けた鏡面反射板が光を反射し，散乱はパ

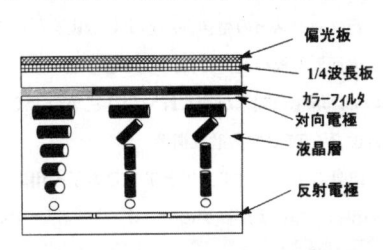

図16 SPDモード反射型LCDの構造

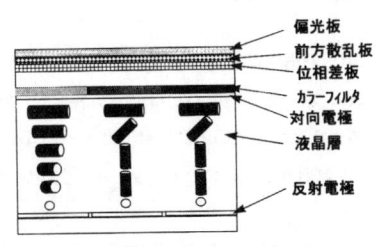

図17 前方散乱SPDモードの構造

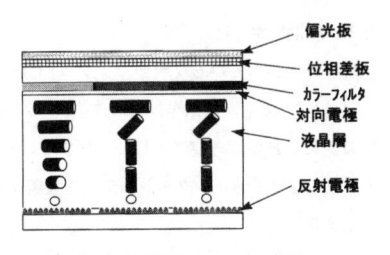

図18 内面散乱SPDモードの構造

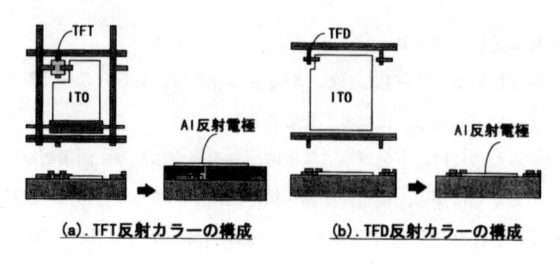

図19 反射カラーの構造比較

(a). TFT反射カラーの構成　(b). TFD反射カラーの構成

ネル外側に設けた前方散乱板で行う。前方散乱板は，後方散乱が弱く，主として前方に散乱するフィルムで，フィラータイプと回折タイプが知られている。

前方散乱板構造の長所は，下側基板の電極をITOから金属膜に代えただけの簡単な構造であること。短所は，表示がボケることである。このボケは，前方散乱板と反射板との間隔に基づく視差に起因する。ボケを少なくするために散乱の弱い前方散乱板を用いると，今度は明るく見える視角範囲が狭くなる。ボケの無い表示と広視角の両立が重要な課題である。

内面拡散反射板構造では，パネル内面の反射板自体に凹凸を設け，光の反射と散乱を同時に行う。内面拡散反射板構造の長所は，ボケの無いクリアな表示が得られることであり，反射型カラーLCDとして理想的な表示が得られることである。短所は，パネル構造が複雑であること，現行プロセスとの整合性が必ずしも良くないことである。

内面反射板構造には様々な課題も残っているが，光が同じカラーフィルタを必ず2回透過するので，混色の問題が無く鮮やかな色が表示できる。

2.6.2　TFD内面散乱構造

駆動素子としてTFTとTFD素子を用いた場合の内面散乱構造の比較を図19に示す。TFDの場合，開口率が高いので，オーバーレイヤ構造を用いなくてもオーバーレイヤ構造に近い明るい表示が得られる。

2.7　補助照明

現在，使われている反射型モノクロLCDの多くは半透過構成になっている。携帯電話でも，モバイルPCでも，反射型LCDを採用している製品には，必ずといって良いほどバックライトが装着されており，必要に応じて点灯することができるようになっている。反射型カラーLCDにどのようなライティング・システムを装着するかは，反射型カラーLCDモジュールの重要な要素である。

反射型ディスプレイで用いられるライティング・システムの役割はあくまで補助光である。必

表4 反射偏光子の効果

	Reflectance(Gain)	Transmittance (Gain)
Usual Pol.＋Transfl.A	28.7%(1.0)	19.4%(1.0)
Usual Pol.＋Transfl.B	39.0%(1.4)	11.5%(0.6)
Usual Pol.＋Refl.	57.7%(2.0)	0.7%(0.0)
Reflective Polarizer	65.2%(2.3)	22.8%(1.2)

要に応じて点灯し，暗闇でテキストが読め，アイコンが識別できる程度であれば良い。その時の表示の明るさは，0.1～4.0cd/m²程度である。あくまで反射表示が主体であるので，これを損なわないように設計する必要がある。光源はカラー表示の場合，白色の光源が望ましいが，補助光という位置づけであれば，発光効率の良さ，厚さなどを考えて青色や緑色を選ぶこともできる。

2.7.1 半透過反射型

外側反射板構造の反射型カラーＬＣＤでは，半透過構成が実現できる。特に反射偏光子を採用した場合には，明るい反射表示と明るい透過表示を両立させることができる。その明るさは，表4に示すように，従来タイプの半透過反射板を利用した場合と比べて，反射率で1.7倍から2.3倍，透過率で1.2倍から2.0倍が得られる。

100％近い反射率をもつ反射偏光子を用いて半透過表示を行うためには，本来なら捨ててしまう反射軸に直角な方向に振動する光を利用する。半透過反射カラーＬＣＤの構造は，図20に示すように，液晶セルの下側に，拡散板，反射偏光子，光吸収板，バックライトを順に配置する。ここでいう光吸収板には，光をすべて吸収するフィルムではなく，半透明フィルムや偏光板を利用する。

反射表示の場合には，拡散板／反射偏光子／光吸収体の積層体が，反射板付き偏光板と同様の役割を果たす。すなわち，液晶がオフの際には，入射光が反射偏光子で反射され，拡散板で拡散されて白く見え，オンのときには，入射光が反射偏光子を素通りし，光吸収板で吸収されて黒く見える。

一方，透過表示の場合は，バックライトを発して反射偏光子を通った光によって表

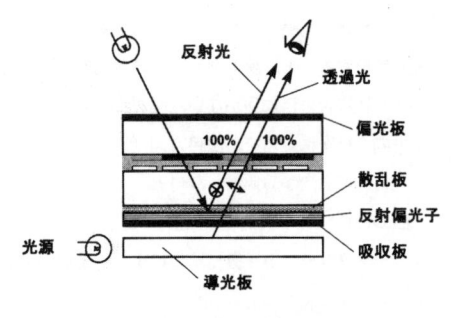

図20 反射偏光子を用いた半透過反射カラー

示がなされるが，この光は上方から入射して反射偏光子で反射した光と振動方向が直交している点で異なる。従って，液晶がオフのときには黒表示，オンのときには白表示になり，反射表示と明暗，色ともに反転する。すなわち白黒で透過時にはバックライトの発光色に文字が輝くことになる。カラー表示の場合には，バックライト点灯に同期させてデータ信号を変換することで正しい色表現ができる。

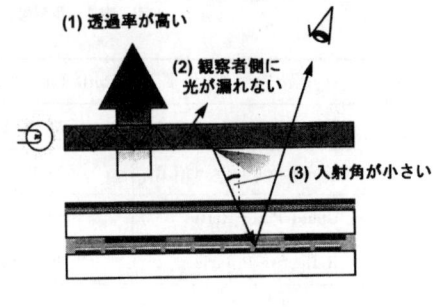

図21　フロントライト

2.7.2　フロントライト

内面反射タイプの反射型カラーＬＣＤを，従来と同じような半透過構成で照明することはかなり難しい。そこで考え出されたのがバックライトの導光板の原理を利用したフロントライトである。フロントライトは，バックライトと異なり，液晶セルの表側から照明を行うので，半透過構成のように反射表示を暗くすることはない。

フロントライト導光板は，構造も機能もバックライト導光板と類似しているが，新たに次の四つの特性が要求される（図21）。

一つは，消灯時に透明であること。反射型カラーＬＣＤは，ほとんどの場合，反射表示で利用するので，これを損なわないようにしなければならない。そのため，導光板のヘイズや表面反射を可能な限り抑え，反射表示の見映えを維持することが重要である。

二つめは，フロントライト導光板から直接観察者側に戻る光が少ないこと。これは，点灯時に高いコントラストを確保する上で重要である。導光板に付着したほこりや，ちょっとしたキズも，コントラストを落とす原因になるのでこれらの対策も考慮する必要がある。

三つめは，液晶パネルに対して出来るだけ小さい入射角度で（すなわち垂直に近い方向から）光を照射すること。反射型ＬＣＤの散乱板は散乱度が小さいため，小さい角度から光を入射しないと，観察者の目に届かない。図22に反射型カラーＬＣＤの視角特性を示す。この図は，光の入射方向を様々に変えて，法線方向（0度）で観察された明るさをプロットしたものである。法線方向±50度以内から照射しないと，1％の光も利用できないことがわかる。

四つめは，タッチスクリーン等をフロントライト上面に配置しても画質が劣化しないこと。タッチスクリーン等を置くことにより，多数の境界面で生ずる複雑な反射成分が画質を著しく劣化させるからである。

以上四つの特性をすべて満足させることは容易ではないが，導光板表面の突起や窪みの形状を

図22 反射カラー視角特性

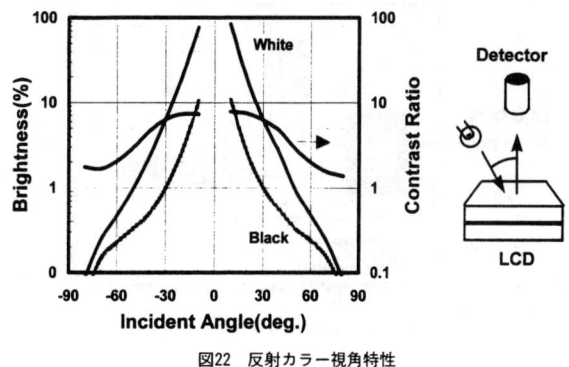

工夫することによって，ある程度実用的な導光板を得ることが可能となってきている。

2.8 低消費電力

反射カラーＬＣＤがモバイル機器から期待される最大の理由は低消費電力である。透過型では消費電力の大半はバックライトであったため，あまり問題視されなかったが，モバイル機器での地位を確実なものにするためには，バックライトを除いた液晶モジュール自身の低消費電力化が重要である。アクティブとパッシブを比較するとその駆動の単純さから，一般的にパッシブＬＣＤの方が消費電力的には有利である。

ＴＦＤを用いればＴＦＴに比べ非常に低消費電力なデジタルインターフェースが実現できる。ＴＦＴ方式の場合，階調はＰＡＭ（パルス振幅変調）方式のため，データドライバの出力段にＤ／Ａ変換機能を載せておりＤｒの消費電力が大きい。一方ＴＦＤはＰＷＭ（パルス幅変調）方式のため，ドライバの消費電力が少なくてすむ。液晶に印可される電圧（電流）はアナログ値であることを考えると，ＴＦＤ素子がＤ／Ａ変換の役目を果たしていることになる。これらの性質をうまく利用すれば，将来，パッシブ並みの低消費電力化の可能性もある（図23）。

2.9 まとめ

長い間の液晶技術者の夢であった反射型カラーＬＣＤが実用の緒についた。まだ，それぞれの方式には一長一短がある。今後しばらくは，それぞれの特徴を活かした使われ方をしていくだろう。

反射型カラーディスプレイが将来も携帯情報機器のキーデバイスであるためには，さらに明るく，さらに薄く・軽く，さらに低消費電力にする必要がある。

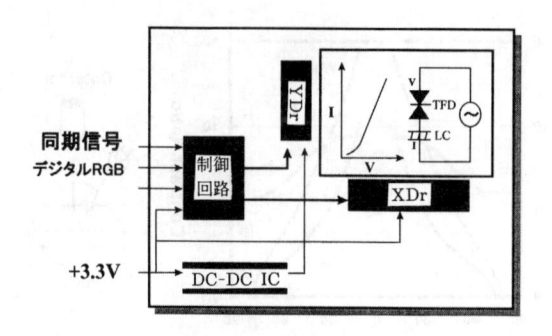

図23　デジタルインターフェース

　さらに明るくという点では，やはり偏光板を用いない方式，カラーフィルタを用いない方式の開発・実用化が重要になってくる。

　さらに薄く，軽くという点では，基板ガラスの薄型化が重要である。現在は0.7mmが主流であるが0.5mm，0.3mmといった薄型化が必要になってくる。薄型・軽量という点から考えればプラスチックフィルムを用いた反射カラーディスプレイも魅力的である。

　さらに低消費電力という点では，すでにＳＴＮ用に実用化されているメモリ内蔵型のドライバがアクティブマトリクスでも必要になってくる。

文　　献

1）　飯野聖一，月間ディスプレイ，Vol.4, No.1, 59（1998）
2）　鵜飼育弘, Electronic Display Forum 96, 2-29（1996）
3）　C.S.Charing et al., SID 98 DIGEST, 383（1998）
4）　E.Sakai, AM-LCD 96, LCD-4-3, 329（1996）
5）　石鍋隆宏ほか，テレビ学会技報，Vol.20, No.9, 125（1996）
6）　Y.Ito et al., International Display Works 96, 409（1996）
7）　水島繁光, Electronic Display Forum 98, 4-9（1998）
8）　H.Yamaguchi et al., SID 97 DIGEST, 647（1997）
9）　T.Maeda et al., IDRC 97, 140（1997）
10）　奥村 治, Electronic Display Forum 98, 4-16（1998）
11）　D.L.Wortman, IDRC 97, M-98（1997）
12）　谷 瑞仁, Electronic Display Forum 98, 4-39（1998）

3 TNモードTFT駆動方式反射型カラーLCD(1)

鵜飼育弘*

3.1 はじめに

反射型LCDは，その名の通り周囲の反射光を変調することで表示を行う，極めて省電力型のディスプレイといえる。この特長は，PDP，FED，EL等自発光型フラットパネルディスプレイ（FPD）にないものである。これまでの反射型LCDは，単純マトリックス駆動のモノクロム表示STN-LCDが大半であった。情報の多様化が進む中でフルカラー化の要求は高く，その要求に応えるために多くの取り組みがなされてきた。その結果，1997年頃から各社の実用化が急速に進み，1998年は反射型カラーTFT-LCD元年になろうとしている。目下主流となりつつある一枚偏光板方式によるTFT-LCDは，性能の改善に伴って，携帯情報機器用小型パネルのみならず，中大型パネルの応用開発も進みつつある。

ここでは，反射板と画素電極を一体化することで，偏光板を一枚とした構造の反射型TN-LCD（R-TN LCD）に関して，シミュレーションによるセル条件の最適化，テストセルによるシミュレーションの実証，開発したフルカラー反射型TFT-LCDのデバイス構造・プロセス技術・電気光学的特性，および応用について述べる。

3.2 セル条件の最適化[1]

シミュレーションによってR-TN LCD（ノーマリブラック・モード）のセル条件の最適化を行った。反射型LCDにとって重要な表示の明るさと，コントラストを確保しつつ，フルカラー表示を実現する上で重要な無彩色表示を目標に，シミュレーションを行った。液晶セル内の分子配向分布とその光学特性を，それぞれOseen-Frankの弾性体理論とJones matrix法で求めた。

図1に解析に用いたセル構造と軸角の定義を示す。Pは偏光板（polarizer）の偏光軸，OPは位相差板（retardation film）の光軸（遅相軸），βおよびγはそれぞれ，偏光板および位相差板の方位角，R_1，R_2はそれぞれ偏光板側，反射板側のラビング方向，Φは捩じれ角である。なお，図中の位相差板は，無彩色表示を得るために光学補償用として用いた。

まず，無彩色表示が可能なセル条件について調べた結果を図2に示す。この図はオン時の光の利用効率R_{ON}（入射光量を100%とした場合出射光量の割合）を49%以上，すなわち偏光板による光の損失程度であり，かつ，コントラストが14以上の無彩色表示となるセル条件を，偏光板の方位角βと位相差板のリタデーション（$\Delta n \cdot d$）$_b$の関係として示した。ただし，この解析では，液晶ならびに位相差板のΔnの波長依存性は考慮していない。図から，表示が明るく比較的高い

---

* Yasuhiro Ugai　ホシデン・フィリップス・ディスプレイ㈱　技術本部　参与

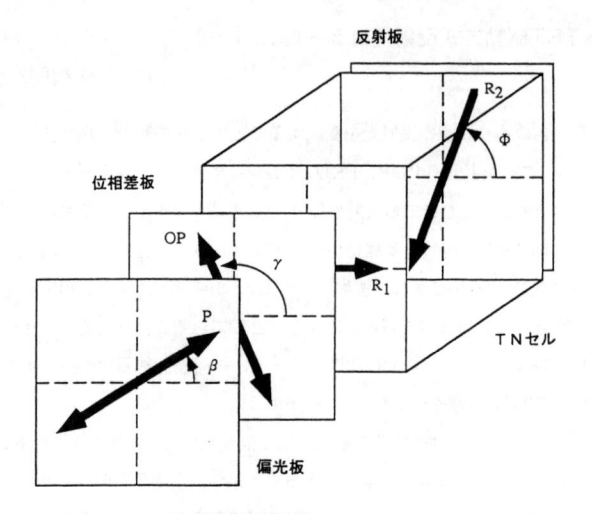

P：偏光板の偏光軸
OP：位相差板（リタデーションフィルム）の光軸（遅相軸）
R1：表基板（偏光板側）のラビング方向
R2：裏基板（反射板側）のラビング方向
β：偏光板の方位角
γ：位相差板の方位角
Φ：捩じれ角

図1　セル構成と軸角の定義

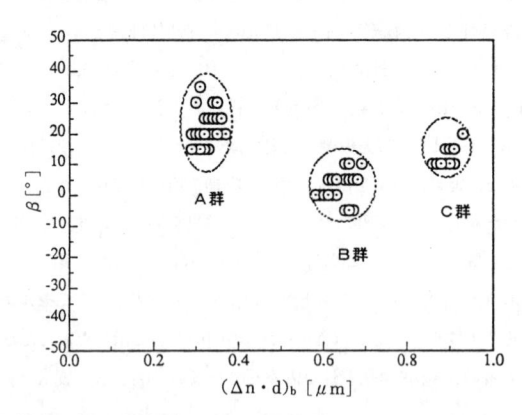

図2　無彩色表示となるセル条件　βと$(\Delta n \cdot d)_b$の関係
　　　（$R_{on} \geq 49\%$，コントラスト≥ 14）

コントラストが得られる無彩色表示のセル条件は，3つの群として存在することが分かる。これらのセル条件群を$(\Delta n \cdot d)_b$の小さい方から順にそれぞれA群，B群，C群とよぶことにする。これらの3つの各セル条件群における代表的な分光反射率特性を図3に示す。図から，A群，B群，C群の順にオフ時の分光反射率特性の波長依存性が大きくなることが分かる。ここでは，カラー化に適するという観点で，A群を最適セル条件が存在する群とした。

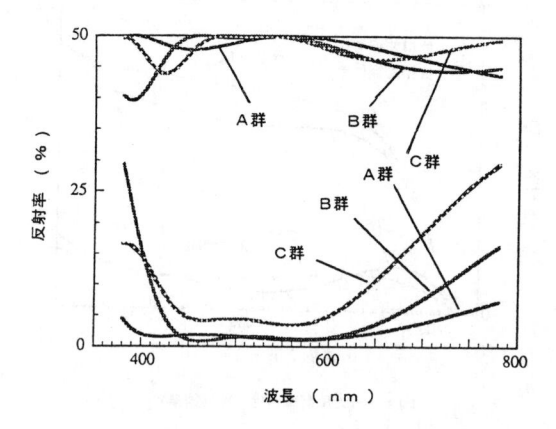

図3 セル条件群による分光反射率特性の波長依存性

表1に最適化パラメータとその範囲および最適セル条件を示す。表示の明るさすなわち光の利用効率は49.5%，コントラスト比は38：1の良好な無彩色表示が得られた。

表1 最適化パラメータとその範囲および最適セル条件

	パラメータの範囲	最適セル条件
偏光板の方位角 β [deg.]	$-10 \sim 60$	22
液晶セルのリタデーション $(\Delta n \cdot d)_{LC}$ [μm] at550nm	$0.15 \sim 0.4$	0.20
位相差板の方位角 γ [deg.]	$80 \sim 120$	101
位相差板のリタデーション $(\Delta n \cdot d)_b$ [μm] at550nm	$0.25 \sim 0.5$	0.32

3.3 テストセルによる実証[1]

前述の最適化したセル条件で，R-TNセルを試作し，シミュレーション結果の確認を行った。試作したR-TNセルのオフ時（0V），オン時（5V）の分光反射率特性と表示色の電圧依存性をそれぞれ図4，図5の②に示す。比較のために，位相差板で光学補償しない場合を図4，図5①に

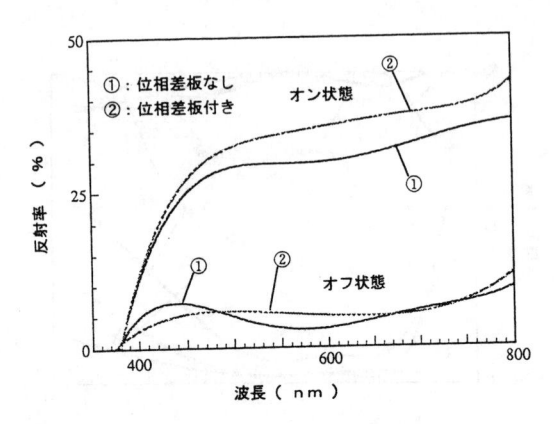

図4 分光反射率特性（実験結果）

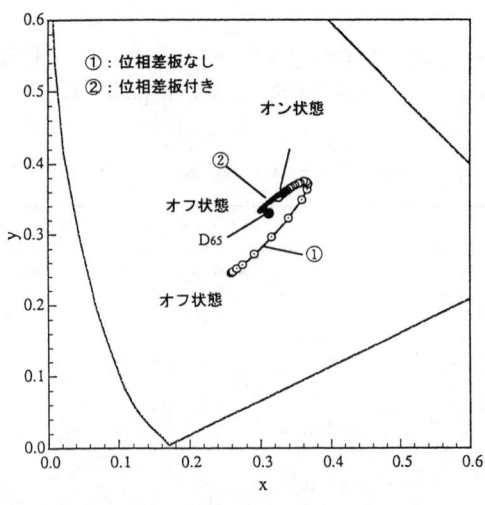

図5 R-TNセルの電圧－色度変化（実験結果）

示した．図から，位相差板で光学補償を行わない場合は，表示の着色は避けられないことが分かる．一方，位相差板を用いて光学補償した場合は，充分光学補償されており，良好な無彩色表示が得られている．この無彩色R-TNセルの入出力特性を図6に示す．図から，$V_{10} = 1.0$ V，$V_{90} = 2.7$ Vと低電圧駆動で良好な中間調表示が期待できることから，R-TNモードはフルカラーTFT-LCDに適していると言える．

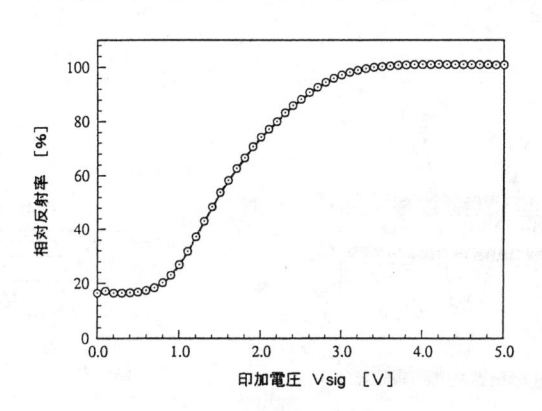

図6　R-TNセルの入出力特性（実験結果）

3.4　フルカラー反射型TFT-LCDの開発

当社が1996年のAM-LCD'96で発表した一枚偏光板方式のTFT-LCDは，9.5"VGAモノクロムおよび512色カラー表示であった[2]．その後，ノートPC用12.1"SVGAフルカラー[3]およびモニタ用14.5"XGAフルカラーTFT-LCDを開発した[4]．

ここでは，開発した14.5"XGAフルカラーTFT-LCDについて述べる．

反射型カラーLCDに要求される性能を要約すると次の通り．

① 新聞紙と同程度の明るさとコントラストの確保（反射率：>60%，コントラスト比：CR>5）
② フルカラー表示
③ ペーパホワイトの背景色
④ 視差のない高精細表示
⑤ 低電圧駆動，低消費電力

3.4.1 デバイス構造

偏光板一枚方式は，二枚方式に比べ光の損失が少なく，反射板が画素電極を兼ねるため視差（パララックス）がなく，高精細化に向いている。図7にR-TN Mode TFT-LCDの構造を示す。Field-Shielded Pixel (FSP) 構造[5]および反射板と画素電極を兼ねた構造を採用することで開口率を大幅に上げることが出来た[2]。しかも反射型のためバスラインおよびTFT上にも反射電極が形成出来ることから，透過型よりも飛躍的に開口率が改善され88.5％の高開口率を実現した。

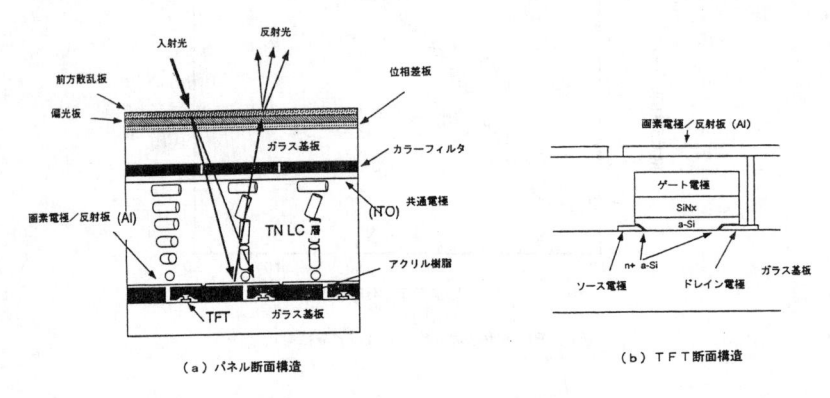

図7 R-TN Mode TFT-LCDの構造

当社は，ノーマリーブラックモードとリターデーションフィルムの採用で無彩色表示を実現している。一方，ノーマリーホワイトモードと1／4波長板を組み合わせた方式も開発あるいは実用化されている[6]。しかし，現状の1／4波長板は波長分散が有り無彩色化の実現は困難である。従って当社の方式は，ペーパーホワイトを実現するのに最も適したモードと言える。これは印刷の代替を目標とした"電紙ディスプレイ"の実現を目指す上で重要である。次に，反射特性に拡散効果を持たせるために，光の透過方向に大きな散乱特性を有する前方散乱板（Front-Scattering Film）を偏光板の前面に配し，鏡面反射板と組み合わせた。鏡面反射板と前方散乱板の最適設計により，表示ボケの無い鮮明な表示と広視野角を実現した。一方，反射電極の表面モフォロジーが鏡面でなく，微小の凹凸を付けることで前方散乱板を代替する技術も実用化されている[7]。しかしこの技術は，TFTプロセスにおいて電極表面凹凸形成のための追加プロセスが必要なため，生産設備に対する投資および製造原価，製造歩留等の面から不利と思われる。

3.4.2 プロセス技術

AMLCDの提案から1／4世紀が経ち，技術的には素晴らしい進歩を遂げたと言えるが，ビジネス面から見ると決して成功しているとは言えない。今後TFT-LCDビジネスが健全に成長するための条件の一つとして，価格競争力のあるデバイス構造とプロセス技術の開発が重要である[8]。

ここでは開発した反射型TFT-LCDの省プロセス化，省資源化について述べる。

(1) TFTアレイ

TFTアレイの生産コストはフォトマスク数に比例，しかもマスク数が増えると歩留は一般に低下する。このため開発したTFT-LCDには次のような省プロセス技術を適用した。

① 省ライトシールド（LS）構造

1989年，世界で初めてパーソナルコンピュータに採用された当社のモノクロム表示反射型TFT-LCDのスィチングデバイスに用いられたa-Si TFTはLSがない構造であった。省LS構造TFTのa-Si膜厚とTFT-LCDの電気光学的特性に関しては，すでに報告[9]されているように反射型の場合実用上何ら問題が無い。従って，開発したTFT-LCDのTFTアレイは省LS構造を採用した。

② メタルドレイン・ソース電極

IPSモードおよび反射型TFT-LCDの画素電極は，必ずしもITOのような透明導電膜をでなくてもよい。そこでTFT構造の簡略化のためメタルによるドレイン，ソース電極構造を採用した[10]。

③ FSP構造と省プロセス

FSP構造と省プロセスの組み合わせに関しては，3.2型ライトバブルの開発で実証したプロセスを適用した[11]。すなわちAlゲート電極をマスクに用い，ゲート絶縁膜としてのSiNxと半導体膜としてのa-Siを一括エッチングするプロセスである。チャネルエッチ型ボトムゲートTFTの場合，パッシベーション膜の種類によりTFT特性に影響を与えることが報告されている。しかし，トップゲート型TFTの場合，パッシベーション膜はゲート電極の上に形成されるため，TFT特性に何ら影響を及ぼすことなく，層間絶縁膜を用いても従来と同じ特性を示す。

従ってボトムゲート型TFTの場合，感光性樹脂を用いた高開口率構造に，SiNx膜等によるパッシベーション膜も必要であるが，トップゲート型の場合は不要である。

その結果，透過型TFT-LCDのTFTアレイは，6枚のフォトマスクを用いているが，反射型の場合は4枚で作ることが出来る。

④ フォトプロセスにおける生産性の向上と省資源化

露光工程に要求される解像度と重ね合せ精度から，プロキシミティ露光とミラープロジェク

ションを使い分けるMix＆Matchを採用し，レジスト塗布工程ではロールコーターとスピンナーを使い分けることで，投資生産性の向上とレジスト消費量の削減を実現した[12]。

(2) カラーフィルター（CF）

TFT-LCDは，IC・LSIと比べて直接材料費比率が高いデバイスである。中でもCFは材料費の1/3程度を占める。透過型TFT-LCDのCFに用いられているブラックマトリックス（BM）は，表示品位とりわけコントラスト比を高めるために無くてはならない。

しかし反射型の場合，いかに反射率を高めしかもペーパーホワイトを実現するかが最も重要でありBMは不要である。その結果，BM形成に必要なCr／CrOあるいはMo／MoOのスパッタリングによる着膜とパターニング工程が省略できる。それゆえCFの製作工程は，赤（R），緑（G），青（B）の3回のフォトプロセスだけで形成できる（透過型の場合は，BM，R，G，Bの4回のフォトプロセスが必要）。

以上述べたように，反射型TFT-LCDの製作に要するフォトマスクは，TFT工程の4枚とCF工程の3枚の計7枚である。一方，透過型の場合はTFT工程の6枚とCF工程の4枚の計10枚必要である。従って反射型の場合，透過型に比べ3枚のフォトマスクが削減できる[3]。

3.4.3 電気光学的特性

表2に開発したフルカラー反射型14.5"XGA TFT-LCDの主な仕様を示す。

表2 フルカラー反射型14.5" XGA TFT-LCDの仕様

画面サイズ	37cm (14.5-inch)
表示画素数	1024×768 Pixels
ドットピッチ	0.096×0.288mm
有効表示域	294.912×221.18mm
コントラスト比	10：1 min
階調数	64Levels (262144Colors)

図8に電気光学的特性の評価に用いた測定系を示す。図9に反射率とコントラスト比の視野角依存性を示す。反射率のピークを中心にして±15度の範囲で60％以上の反射率を実現しており，実用上十分な明るさが実現できた。ここで，反射率は標準白色板（BaSO$_4$）の反射率を100％として示している。最大コントラスト比は10：1以上，得られた視野角範囲は100度以上であった。コントラスト比は実用上十分であり，新聞紙のレベル以上である。図10に開発したフルカラー表示TFT-LCDの色度範囲を示した。CFの最適設計により色純度と明るさを両立できた。同TFT-LCDの表示例を図11に示す。

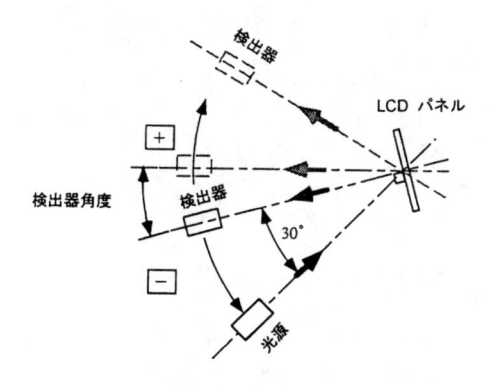

図8　反射型LCDの電気光学的特性測定系

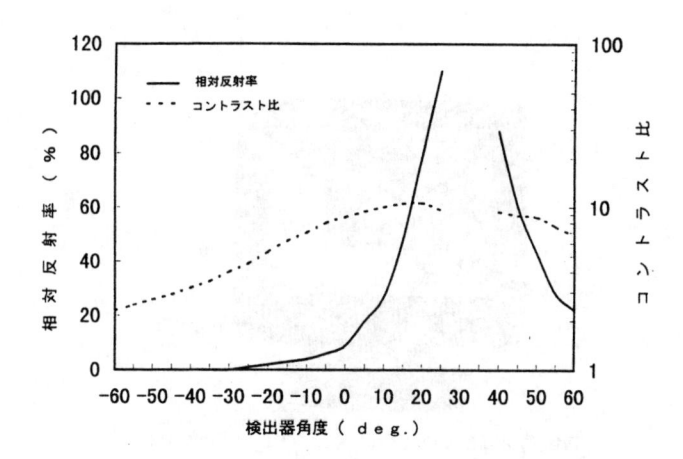

図9　R-TN Mode TFT-LCDの反射率とコントラスト比の視角依存性

3.4.4　特長と用途

開発したフルカラー反射型14.5"XGA TFT-LCDの特長を列記する。
① 当社独自のR-TNモードを採用した業界最大サイズの反射型カラーTFT液晶モジュール
② ペーパーホワイトを実現し易いノーマリーブラックモードを採用
③ 従来のTFTプロセスと同一のプロセスの採用（セル内反射板はアルミ鏡面電極）
④ 前方散乱板の最適化設計により鮮明な表示と広視野角を実現

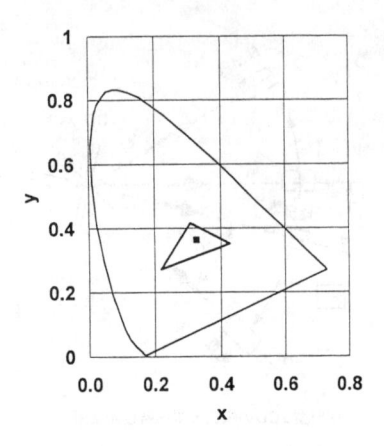

図10　R-TN Mode TFT-LCDの色度範囲

図11　フルカラー反射型14.5" XGA TFT-LCDの表示例

⑤　カラーフィルター最適化設計により色純度と明るさを両立
⑥　高反射率を実現するための高開口率技術としてFSP（Field Shielded Pixel）構造を採用

・用　途

　目にやさしく地球にもやさしい反射型フルーカラーTFT-LCDとして，モニター用および液晶ディスプレイ一体型PC（all-in-one PC）に最適である。

3.5 おわりに

一枚偏光板方式による（R-TNモード）TFT-LCDに関して，シミュレーションによるセル条件の最適化とテストセルによる実証について述べた。この結果を基に，開発したTFT-LCDのデバイス構造，プロセス技術，電気光学的特性および応用について述べた。

これからTFT-LCDがFPDとして確固たる地位を築くために，目指すべき大きなテーマとして，

① 目に優しいディスプレイの開発（反射型TFT-LCDの実用化）

② 地球に優しいデバイス，プロセスの開発

③ 印刷の代替（電紙ディスプレイの実現）

などが挙げられる[8]。

ここで紹介した一枚偏光板方式R-TNモードTFT-LCDは性能向上に向けてまだ幾つかの課題はあるものの，上にあげた究極的な目標の達成に最も近いディスプレイと考えられる。今後も目標の実現に向けて更なる改善に取り組みたい。

謝辞

この開発にあたっては，東北大学・内田龍男教授ならびに金沢工業大学・福田一郎教授のご指導を頂きました。ここに感謝の意を表します。

文　献

1) 坂井栄治ほか，映像情報メディア学会誌，Vol.51, pp.1061-1069（1997）
2) E.Sakai et al., Digest AMLCD96, pp.329-332（1996）
3) C.-S.Chang et al., SID98Digest, pp.383-386（1998）
4) フルカラー反射型14.5" XGA TFT-LCD技術資料（1998年電子ディスプレイ展で配布）
5) M.Shinjou et al., Digest AMLCD96, pp.201-204（1996）
6) S.Fujikawa et al., Proc.of IDW97, p.897（1997）
7) Y.Itoh et al., SID98 Digest, pp.221-224（1998）
8) Y.Ugai and S.Matsumoto, SPIE, Vol.3143, pp.2-21（1997）
9) S.Takeutch et al., Proc.of the 15th IDRC（Asia Display）, pp.957-958（1995）
10) M.Fukumoyo et al., Digest AMLCD96, pp.197-200（1996）
11) 鵜飼育弘ほか，信学論，Vol.J80-C-II, pp.113-114（1997）
12) 鵜飼育弘ほか，信学論，Vol.J80-C-II, pp.216-217（1997）

4 TNモードTFT駆動方式反射型カラーLCD(2)

小関秀夫[*1], 岩井義夫[*2]

4.1 はじめに

反射型カラー液晶ディスプレイは，液晶本来の特長である薄型，軽量，低電力性に優れ，未来の紙である"電紙"になり得る無限の可能性を秘めた"地球にやさしいデバイス"である。現在，一部の携帯情報端末や携帯用AV機器に応用され始めた段階に過ぎないが，今後，省エネデバイス指向という社会的背景から透過型液晶ディスプレイで占められているノートパソコン，モニター分野への適用も十分に想定され，21世紀の主流となる液晶ディスプレイである。

本節では，"電紙"への第一歩として携帯用AV機器への適応を意図して開発した動画対応低温ポリシリコンTFT反射型カラー液晶ディスプレイについて述べる。

4.2 デバイス構成

現在，反射型カラー液晶ディスプレイの表示モードとして，①カラーフィルターを内在した液晶セルの外面にそれぞれ偏光フィルムと下側偏光フィルム外面に反射層を設けてカラー表示を行う2枚偏光フィルム方式[1]，②反射層を液晶セル内に内在し，上側のガラス基板外面にのみ偏光フィルムを設ける1枚偏光フィルム方式[2~4]，③ゲストホスト液晶，高分子分散液晶など偏光板を用いずにカラー表示を行う偏光板レス方式[5,6]，④更に偏光板，カラーフィルターも用いずに

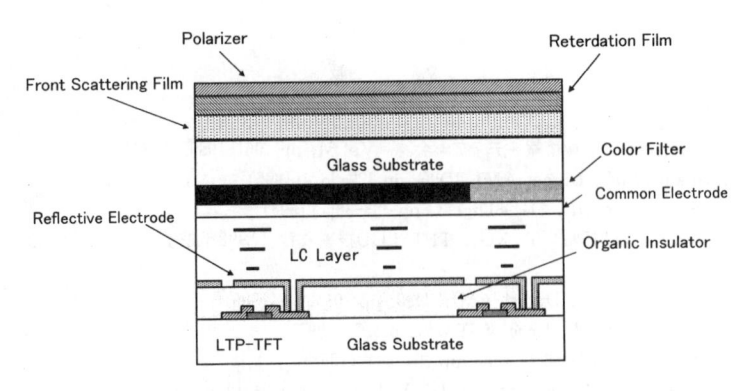

図1 低温ポリシリコンTFT反射型カラーLCDの構成

---

* 1 Hideo Koseki　松下電器産業㈱　液晶事業部　商品設計部　部長
* 2 Yoshio Iwai　松下電器産業㈱　液晶事業部　開発部　主任技師

カラー表示を行う偏光板、カラーフィルターレス方式[7~9]に大別される。しかし、現在の反射型カラー液晶ディスプレイは、いずれも画質、性能面でまだまだ不十分なレベルであり、特に、明るさ（反射率）、コントラスト、色再現性、応答速度を向上させる必要がある。

今回我々は、動画対応性と屋外視認性の観点から新たに1枚偏光板方式複屈折TNモード[10]を開発し、高コントラスト表示と低電圧化を同時に実現した。

図1に開発した動画対応低温ポリシリコンTFT反射型カラー液晶ディスプレイの構成を示す。反射電極を積層した低温ポリシリコンTFT基板とTN液晶層そしてRGBカラーフィルターからなる液晶セル、反射光を前方に散乱させる前方散乱フィルム、位相差フィルム、偏光フィルムから構成される。技術的には、①液晶セル内反射層形成による2重像の防止と画素開口率94%の高開口率設計による高反射率化、②新規光学構成設計による高コントラスト＆無彩色表示と低電圧化、③低温ポリシリコンTFTによる高精細表示、を可能にした。

4.3 反射型アレイ

低温ポリシリコンTFT基板上に低誘電率のアクリル系ポリマーからなる層間絶縁層を形成し、その上に高反射率のAlからなる鏡面反射電極を形成した。反射電極をTFT上にも形成して、画素開口率を94%に向上させた。反射電極材料として可視光全域でより反射率の高いAgが望ましく、Agを反射電極に用いた反射型カラーSTN液晶ディスプレイ[4]も既に開発されている。しかし、Agはコスト、プロセス面でまだまだ課題が多く、実用化には至っていない。反射電極材料として、高反射率、かつプロセス容易性に優れた材料を選択することが望ましい。

4.4 光学構成設計

1枚偏光板方式の場合、高コントラストかつ無彩色表示を実現するためには、可視光全域で入射直線偏光は、白表示では反射面で位相がπ回転した直線偏光、黒表示では円偏光状態になる必要がある。しかし、偏光フィルムだけでは、前述の条件を満たすことは難しく、波長分散による着色とコントラスト低下が発生する。この課題に対して我々は、液晶セルと偏光フィルムとの間に位相差フィルムを配置し、液晶セル、位相差フィルム、偏光フィルムから構成される光学パラメータを最適設計することにより、高コントラスト化と無彩色化を図った。

4.4.1 設計手法

液晶層、位相フィルム、偏光フィルムからなる光学構成の設計指針として、①コントラスト、②無彩色性、③電圧－反射率（R-V）特性の急峻性、を同時に満足する条件を求めた。図2は液晶層、位相差フィルム、偏光フィルムからなる光学パラメータ配置であり、TN液晶層のツイスト角Ω_{LC}、リタデーション$(\Delta nd)_{LC}$、位相差フィルムのリタデーションR_F、遅層軸角度

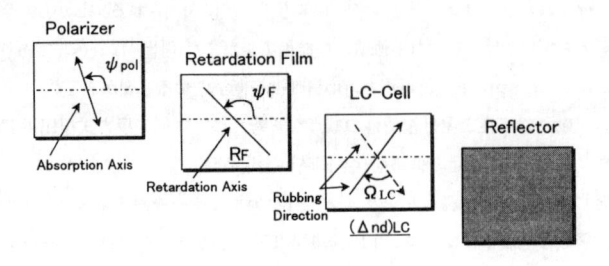

図2 光学設計パラメータ配置

ϕ_F, 偏光フィルムの吸収軸角度ϕ_{pol}からなる設計パラメータを前述の設計指針に基づいて決定する必要がある。高コントラスト化と無彩色化を両立するためには,明度と彩度の両方を考えなければならない。そのために,新たに色差$(\Delta E*)^{11)}$を最適化パラメータとして用い,正面入射光に対する2×2 Jonse Matrix法$^{12)}$による光学計算により最適配置を決定した。$\Delta E*$は次式で定義される。

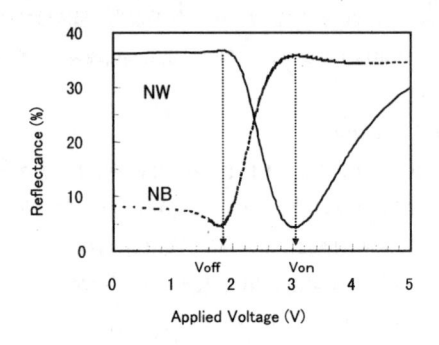

図3 電圧-反射率特性(計算結果)

$$\Delta E* = [(\Delta L*)^2 + (\Delta a*)^2 + (\Delta b*)^2]^{1/2}$$

$\Delta L*$, $\Delta a*$, $\Delta b*$はそれぞれ理想的黒レベルからの明度差,色度差である。

図3は,光学計算より求めたR-V特性結果である。$\Omega_{LC}=45°$,$(\Delta nd)_{LC}=0.38〜0.42\mu m$の場合に,Normally White mode(NWモード),Normally Black mode(NBモード)の双方で10:1以上の高コントラスト化と3.3V以下での低電圧化が図れることが明らかになった。

4.4.2 視角特性

反射型の場合,その使用環境によって光の入射方向が異なり,その方向を特定することは難しい。そのため,正面からの入射光だけでなく,斜め方向からの入射光に対する特性も検討する必要がある。このため,図4に示す境界条件下で,斜め入射光に対する光学計算をBerremanの4×4 Matrix法$^{13)}$を用いて行った。計算では液晶セルには閾値電圧(Voff)から飽和電圧(Von)まで電圧印加した状態を想定した。

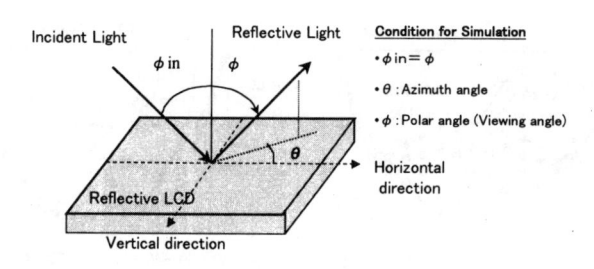

図4 反射型LCDの視角特性計算条件

① 無彩色性

図5は，NWモードとNBモードでの斜め入射光（0°〜60°）に対する出射光の色度（x, y）変化をCIE表色系で示したものである。NWモードの場合，電圧印加に伴って明レベルから暗レベルに変化する。明レベルでの出射光の色度変化は，$0.31 \leq x \leq 0.33$，$0.32 \leq y \leq 0.34$の範囲に存在し，また暗レベルでの色度は$0.26 \leq x \leq 0.27$，$0.26 \leq y \leq 0.28$であり，中間調レベルを含め無彩色状態であることが分かる。

一方，電圧印加に対して暗レベルから明レベルへと変化するNBモードの場合，Φ＝0°すなわち正面入射での色度変化は極めて少ないが，入射角が20°以上では，電圧に対する色度変化が極めて大きくなり，20°入射では電圧印加にともなって薄青→薄赤→黄へと，また40°入射では，無彩色→緑に着色することが分かる。

このことから，NBモードの場合，入射角度によって著しく着色して見えることになり，画質

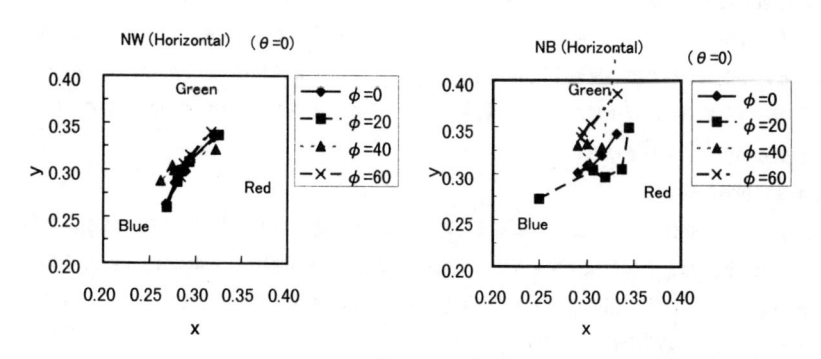

図5 NWモード，NBモードでの電圧印加状態における色度変化の視角依存性（CIE表色系）

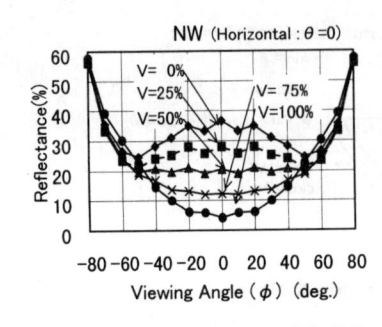

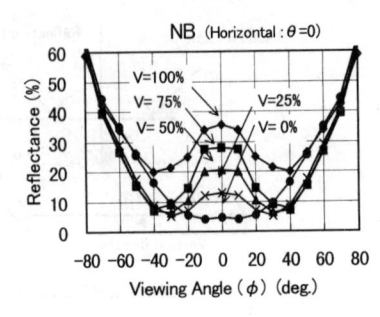

図6　NWモードとNBモードにおける各階調レベルでの
反射率の視角依存性

を悪化させる大きな要因となる。

② 反射率特性

図6は，NWモードとNBモードでの各階調レベルにおける反射率の視角依存性の計算結果である。NBモードでは，正面に対して左右約20°以上の視範囲で階調反転が発生し，また明レベル及び中間調レベルでも左右10°以上の範囲で，反射率低下が急激に発生することが分かる。このことは，見る方向あるいは光源方向によって，明る

図7　2軸位相差フィルムの概念図

さが急激に変化し，かつ画像が白黒反転することを示しており，視認性として好ましくない。

一方，NWモードの場合，左右方向50°までの視角範囲に対して階調反転は発生せず，また明レベル，中間調レベルでの反射率低下も緩慢である。このことからNWモードの場合，視角に対して明るさが緩やかに変化し，かつその範囲が広いことから光源方向，視角方向が特定できない反射型液晶ディスプレイに適している。

4.4.3　視角改善

反射率－視角特性をよりフラットにするために，2軸位相差フィルムを用いて視角特性の改善を行った。図7は，2軸位相差フィルムの概念図を示す。2軸位相差フィルムは，xyz面で異なる屈折率を有する3次元屈折率フィルムであり，屈折率比率を表す尺度として，

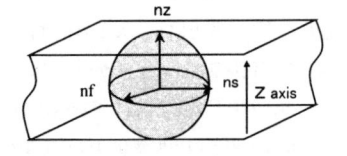

$$Nz = (ns-nz)/(ns-nf)$$

で定義されるNz係数[14]をパラメータとして用いる。ここでns, nf, nzは，それぞれ遅相軸方向の屈折率，進相軸方向の屈折率，nzはフィルム厚み方向の屈折率である。Nz＝1は通常の1

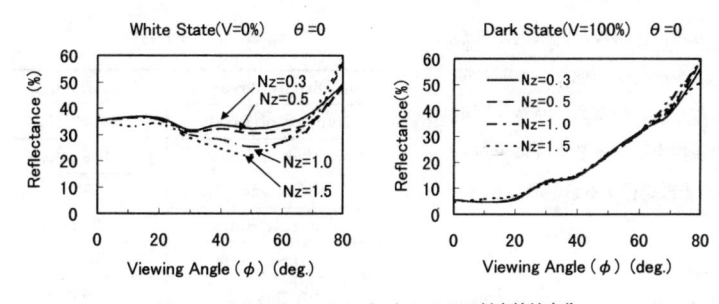

図8　2軸位相差フィルム（Nz）による反射率特性変化

軸位相差フィルムを表しており，Nz＜1は正の2軸位相差フィルム，Nz＞1は負の2軸位相差フィルムをそれぞれ表す。

図8にNz＝0.3〜1.5の位相差フィルムを用いた場合での，明レベルと暗レベルの反射率の視角依存性を示す。明レベルの反射率特性では，Nz＝1と比較すると，Nz＜1の条件で$\phi \geq 30°$の範囲で反射率低下が抑制され，60°まで反射率がフラットに向上していることが分かる。Nz＞1では，$\phi \geq 20°$の範囲で逆に反射率が著しく低下し，視角特性が悪化していることが分かる。一方，暗レベルでの反射率特性はNzの値に依存せず，ほとんど変化ないことが分かる。このことより正の2軸位相差フィルムを用いることにより，黒レベルでの反射率特性を損なうことなく，明レベルでの反射率特性を改善することができる。

4.5　カラーフィルター

カラーフィルターは，反射型カラーLCDの明るさ（パネル反射率）と色再現範囲を決定する重要な部材である。図9にカラーフィルターの透過率と色再現範囲の関係を示す。カラーフィルターの色再現範囲を表す指標として，L*a*b*表色系におけるカラーフィルターのRGB各座標値からなる3角形の面積を色面積と定義した。カラーフィルターの透過率と色再現性とはトレードオフの関係にある。反射型の場合，出射光はカラーフィルター層を2回通過する。カラーフィルター層の透過率を高めると，パネル反射率が高くなるが，色再現範囲が狭く，色の乏しい画像になる。逆に透過

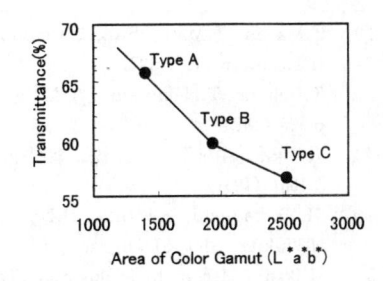

図9　カラーフィルターの透過率と色面積の関係

率を下げると，色再現範囲は広がるが，極めてパネル反射率が低く，非常に暗い画像になる．このため，パネル反射率と色再現性を両立するようにカラーフィルターを最適化する必要がある．

4.6 試作パネル

上記検討結果に基づいて，22万画素の4型QVGA低温ポリシリコンTFT反射型カラー液晶ディスプレイを試作した．表1に特性を示す．液晶駆動電圧は3.3V，応答速度50ms（20℃）であり，拡散照明下において，反射率15%，コントラスト比15：1，また白レベル，黒レベルでの無彩色性を示す尺度C*はそれぞれ6.2と8.5を達成した．

表1 パネル特性

Display Area	4-in.diagonal
Number of Pixels	320T×234
Number of Color	Full(analog)
Reflectance	15%
Contrast Ratio	15：1
Response Time	50ms
Chroma(C*)	6.2(White)
	8.5(Black)
Power Consumption	45mW

4.7 おわりに

反射型カラー液晶ディスプレイは，まだ第1歩を歩み出したに過ぎない無限の可能性を秘めたデバイスである．今後，さまざまな画質，性能改善がなされ，未来の"電紙"が実現できるものと確信している．

文　　献

1) T.Maeda, T.Matsushita, E.Okamoto, H.Wada, O.Okumura, A.Ito, S.Iino, IDRC'97, p.140（1997）
2) T.Uchida, T.Nakayama, T.Miyashita, M.Suzuki, T.Ishinabe, Asia Display'95, p.599（1995）
3) 坂井栄治，中村英樹，吉田恵，鵜飼育弘，福田一郎，情報メディア学会誌，Vol.51, No.7, p.1061（1997）
4) H.Yamaguchi, S.Fujita, N.Naito, H.Mizuno, T.Otani, T.Sekime, T.Ogawa, N.Wakita, SID '97 Digest, p.647（1997）
5) H.Ikeno, H.Kanoh, N.Ikeda, K.Yanai, H.Hayama, S.Kaneko, SID'97 Digest, p.1015（1997）
6) T.Sonehara, M.Yazaki, H.Iisaka, Y.Tsuchiya, H.Sakata, J.Amako, T.Takeuchi,

SID'97 Digest, p.1023 (1997)
7) M.Okada, T.Hatano, K.Hashimoto, SID'97 Digest, p.1019 (1997)
8) Y.Nakai, T.Ohtake, A.Sugihara, K.Sunohara, K.Tsuchida, M.Tanaka, T.Uchida, H.Iwanaga, A.Hotta, K.Taira, M.Mori, M.Akiyama, M.Okajima, SID'97 Digest, p.83 (1997)
9) D.Davis, A.Kahn, X.Y.Huang, J.W.Doane, C.Jones, SID'98 Digest, p.901 (1998)
10) Y.Iwai, H.Yamaguchi, T.Sekime, H.Kinoshita, T.Ogawa, SID'98 Digest, p.225 (1998)
11) 色彩科学ハンドブック，日本色彩学会編，東京大学出版会，p.141 (1991)
12) R.M.A.Azzam and N.M.Bashara, *J.Opt.Soc.Am.*, **62**, p.222 (1972)
13) D.W.Berreman, *J.Opt.Soc.Am.*, 63, No.11,1374 (1973)
14) 日東電工株式会社LCD用光学フィルムデーターシート (1996)

5　PDLCモード反射型カラーLCD

曽根原富雄*

5.1　はじめに

カラー印刷物は動画表示ができないという問題を除き，反射型のカラーディスプレイとして理想的な特性をもっている。PDLC (Polymer Dispersed Liquid Crystal) モードは，印刷物と同じ光散乱現象を"白"表示に利用している点で紙にもっとも近いLCDモードである。

さて一般的な紙は，図1に示すように空隙率40～60%でセルロース繊維の絡み合った構造をもっている。この構造中で屈折率1.46～1.5のセルロースと空気との屈折率差によって光が散乱される。その散乱特性は入射光の方向へ散乱して戻る，後方散乱光の割合が多い。また光度の角度分布は，cos2乗則にしたがった完全拡散特性に近い。

この紙と同様な光散乱現象を電界で制御できるようにした技術がPDLCである。セルロースと空気のシステムを，液晶と高分子のシステムに代え，液晶の複屈折を電界で制御する。なお，本節でのPDLCの技術的解釈は，高分子と液晶の複合系を総称したものとして扱った。表1はこれまでに提案された，いろいろな高分子－液晶システムをまとめたものである。高分子の構造，液晶の種類によって光散乱を含むさまざまな光制御が可能である。

多少の表示原理の違いはあるが，PDLCは偏光選択手段が要らないという基本的な特徴を持つ。これに対し，実用

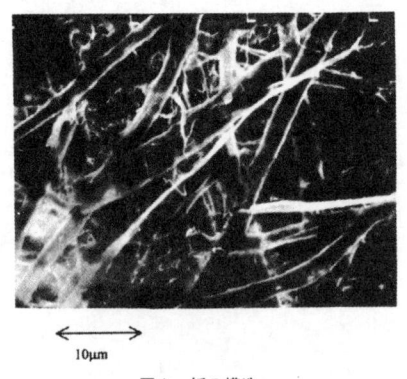

図1　紙の構造

になっているほぼすべてのLCDは，配向制御とそれに伴う複屈折を利用している。したがって偏光，検光手段は必須である。当然これらのモードを用いた反射型はこの制約をうける。環境光を有効に利用する反射型にとって，偏光板が要らない特徴は非常に魅力的である。

散乱型という観点からすると，TN以前の1970年代に液晶の配向の乱れを利用したダイナミックスキャッタリングモードが開発されている。散乱型の方が長い歴史をもっている点が面白い。

次にPDLCモードを利用したカラー表示について解説する。

＊　Tomio Sonehara　セイコーエプソン㈱　研究開発本部　表示技術開発室　主任研究員

表1 高分子―液晶ディスプレイシステム

動作		名称	構造	作成法	液晶	モノマー	開発組織
ノーマルモード	PDLC	Polymer Dispersed Liquid Crystal	液晶滴が分散した高分子	重合相分離法	ネマティック	エポキシ, 他	
	NCAP[1]	Nematic Curvilinear Aligned Phase	分散された液晶カプセル	エマルジョン法	ネマティック	PVA	Raychem社
	GH-NCAP	GH型 NCAP	〃	〃	GHネマティック	〃	〃
	PNLC[2]	Polymer Network Liquid Crystal	高分子ネットワーク	光重合相分離法	ネマティック	ジアクリレート	大日本インキ化学
	LCPC[3]	Liquid Crystal and Polymer Composite	液晶滴が分散した高分子	光重合相分離法	ネマティック	アクリレート	旭硝子
	HPDLC[4]	Holographic PDLC	体積ホログラム形状高分子	2光束干渉露光PIPS	ネマティック		NTT
リバースモード	IRIS[5,6]	Internal-Reflection Inverted-Scattering	配向グレイン状フィブリル	光重合相分離法	ネマティック	ジメタクリレート	セイコーエプソン
メモリーモード	PSCT[7]	Polymer Stabilized Cholesteric Texture	高分子ネットワーク	光重合相分離法	コレステリック	アクリレート	Kent State大学

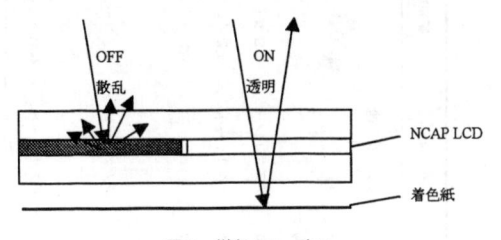

図2　単色カラー表示

単色カラー表示では，下地に色紙を置くと散乱状態では白（もしくはGH型にして黒），透明状態で下地の色が透過して見えるという表示ができる（図2）。これはセグメント画素のインジケータ表示として実用化された。表1のNCAPが代表例である。さらに下地に蛍光染料を用いると鮮やかなカラー表示とすることもできる。フルカラー表示はGH型にすれば原理的には可能であるが，下側ガラスによる視差を解消し，透過時の残留吸収を減らす必要がある。

さてフルカラー表示を行う方法には，①光スイッチとRed Green Blue加法混色（これは空間的な混色と時間的な混色が可能である）と，②光スイッチとYellow Cyan Magenta減法混色を用いた方法（YCMの3層を重ねた構造で実現される）がある。

本節ではこの中で実現性の高い①光スイッチとRGB加法混色を用いた方法について，並置型と積層型の例を挙げ解説する。次に，②光スイッチとYCM減法混色を用いた方法について，積層型の例を挙げて説明する。

5.2　並置加法混色型

カラー化の考え方は，TNモードの光シャッターとRGBマイクロカラーフィルターを組み合わせた通常の並置加法混色と同じである。前述したようにPDLCは偏光板での光損失がない光シャッターとして明るい反射型LCDには最適である。ただし，光散乱モードとマイクロカラーフィルターを単に組み合わせただけでは明るいフルカラー表示は実現できない。紙にTN用のRGBマイクロカラーフィルターを乗せてみても濃いグレーにしかならない。これは並置加法混色では画素面積の利用効率が1/3になってしまうためである。また，RGB光を加えていく原理から，バックグラウンドである黒の状態を作る必要がある。

本節で紹介するIRIS（Internal-Reflection Inverted-Scattering）モードは，上記の2点を解決した反射型カラーLCモードである。表1に挙げたようにIRISは，液晶中にミクロンサイズのグレインからなるポリマーフィブリル構造をもつPDLCである。液晶とポリマーはPIPS

（Photo Induced Phase Separation）の過程でポリマー配向と液晶の配向が揃った形で固定化される。なお，PIPSとはUV光の照射によってモノマーの重合，相分離を起こす手法のことである。図3に示すのは典型的なIRISのポリマー構造の走査電子顕微鏡写真である。従来のPDLCの構造と異なり，特徴的なグレイン状フィブリルが見られる。文字どおりのPDLC（Polymer Dispersed "in" Liquid Crystal）である。なお，この写真のサンプルは，散乱の偏光依存性をなくすために微量のカイラル剤を添加した270°ツイスト構造にしている。

図3　IRISのポリマー組織

次に動作を説明する。電界0のOFF状態では，グレイン状高分子と液晶は揃った配向となっているため，屈折率のミスマッチが生じない。このため透明となる。これに電界が印加されると，液晶はフレデリック転移，再配列を行い，高分子と液晶の屈折率のミスマッチが生じる。この状態で散乱が生

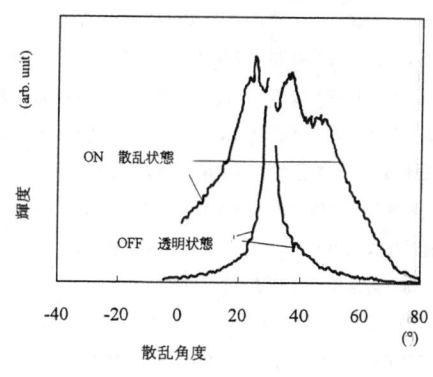

図4　IRISの散乱特性：30度入射

じる。したがってこの一連の外部電界に対する動作は従来のPDLCと正反対となる。

また，従来のPDLCは白色を得るために，強い後方散乱を必要としていたが，IRISでは逆に前方散乱を重視した。これは光を180°折り曲げる内部反射板を設け，前方散乱光を有効利用できるようにしたからである。こうして折り曲げられた前方散乱光は，完全拡散性と鏡面性の中間の配光特性をもつことができた。反射型にとって配向特性は非常に重要で，理想的には見る角度範囲では拡散性，それ以外の角度には光を反射しない，制御された配光特性が望ましい。

図4は内部反射板を持つIRISの典型的な散乱特性である。前述の制御された配光特性によって，限られた環境光を効果的に観察者に集めることができている。また特定な方向では紙を上回る輝度を得ることができる。これをゲイン（単位光束が入射したときの輝度比で定義される）という。このゲインはRGBマイクロカラーフィルターでの吸収を補償し，明るい表示を実

現する明るさのマージンとなる。

次に黒の表現について説明を加える。散乱と透明のスイッチングから，黒と白，つまり表示輝度の変化に変える方法として，照明の光束分布を利用する方法がある。図5はこのメカニズムをまとめたものである。

観察者は散乱状態（OFF）で散乱した照明光を見て白と視認する。反対に透明状態（ON）では環境光の光束分布の少ない影の部分を見て，輝度の低い黒と認識する。一般的な照明環境では，このような分布が必ず存在するので，散乱（白），透明（黒）の表現が可能となる。ただし，黒状態では特に鏡面性が強くなるので，これを緩和するアンチグレアフィルムや反射板による光束方向制御が必要となる[8]。観察者はこの正反射方向（光源を直視する方向）を自然に回避するので，実使用上はほとんど問題ない。むしろ全天が完全な等光度分布を持った環境のほうがコントラストの低下という点で問題となる。ただ，このような条件は極めてまれである。以下に述べる測定結果は，ほぼこのワーストケースに近い，内面が拡散性の半球光源を用いて測定したものである。

図6は典型的なIRISパネルの印加電圧に対する反射輝度特性である。細線は比較のための反射型TNパネルである。偏光板がないIRISは，反射型TNにくらべ2.5倍の反射輝度を示している。これが前述した明るさのマージンである。

図7は試作LCDのカラーフィルターの透過スペクトルである。明るさマージンに対応する吸収を考えて新規設計したもので，可視光域の平均の分光透過率は65％である。バックライトを持つ透過型のLCDのカラーフィルターに比べ色は薄いが，反射型では2倍の光路があることを考慮すると等価的な透過率は30％となる。

もう一つ反射型で考慮しなくてはならないファクターに画素の開口率がある。バックライトを持たない反射型は，開口率の大きさが

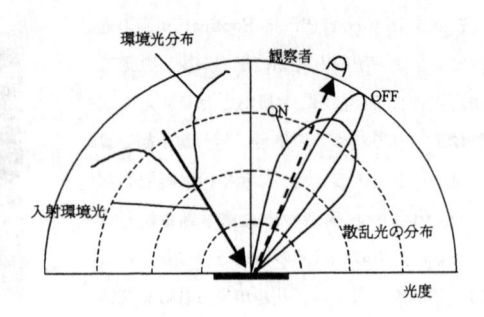

図5　IRISモードの光スイッチング

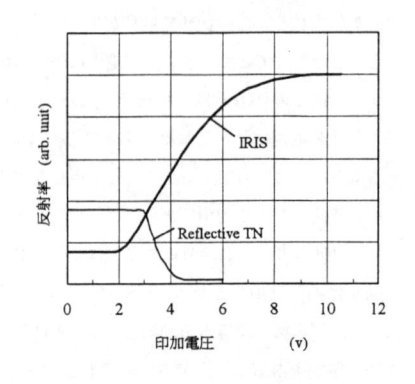

図6　IRISモードの反射輝度特性

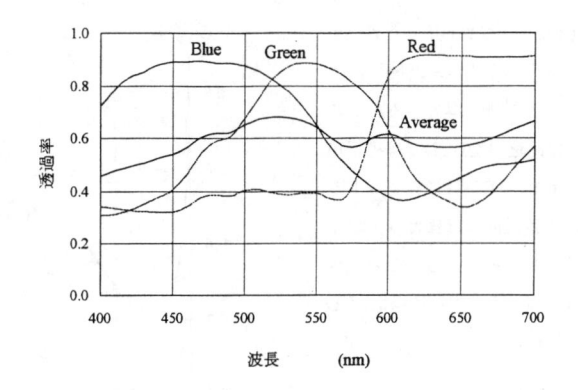

図7 高透過率カラーフィルター

図8 5.6インチIRISカラーLCD

直接，表示の明るさやコントラスト比，そして表色範囲に影響する。ここで紹介する試作パネルは高開口率のD-TFD（Digital-Thin Film Diode）マトリクスで駆動したものである。特徴は画素電極がパネル内面の反射板とD-TFDの片側電極を兼ねていることであり，この構造は開口率の確保だけでなく製造プロセスの簡略化にも役立っている。さらに反射電極と変調層である液晶－ポリマー層が密着しているため，まったく二重像の生じないクリアな表示が得られるメリットもある。

図8は1/4VGA対角5.6インチのIRISカラーLCDである。72％の開口率のD-TFD素子とAl反射板を採用し，画素電極の反射率と開口率を掛けた画面の有効な反射率は65％を得た。これに前述の高透過率カラーフィルターを組み合わせると，等価的な反射率は20％である。この値は決して満足できるものではないが，白黒TN反射LCDと同等な明るさである。

図9はCIE色座標上にプロットした表色可能領域である。試作パネルは，新聞紙のカラー印刷と同等な表色域を得ている。ここでユニークなのは，透過型LCDでは視認が困難な直射日光下で，IRISは逆にコントラストが向上し，表色範囲はほぼカラーフィルターの表色範囲まで拡大する。このように散乱反射型は，環境光に対し透過型LCDとは異質な特性を示す。

5.3 積層加法混色型

次にRGB層を積層し，フルカラーを実現する例を挙げる。図10に示すように，RGBに対応した反射層を3層重ねた構成となっている。各層は透過状態をバックグラウンドとし，その上に鋭い波長ピークを持つRGB光を反射する。この結果，波長域が重ならず，RGBを独立してコントロールすることが可能となる。

こうした特性を持つものにホログラフィックPDLC（HPDLC）がある[4]。これはPDLCの高分子構造が反射波長に合わせた周期構造となるように形成されたものであり，一種の体積ホロ

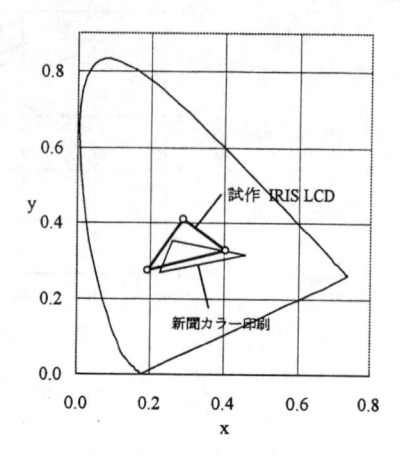

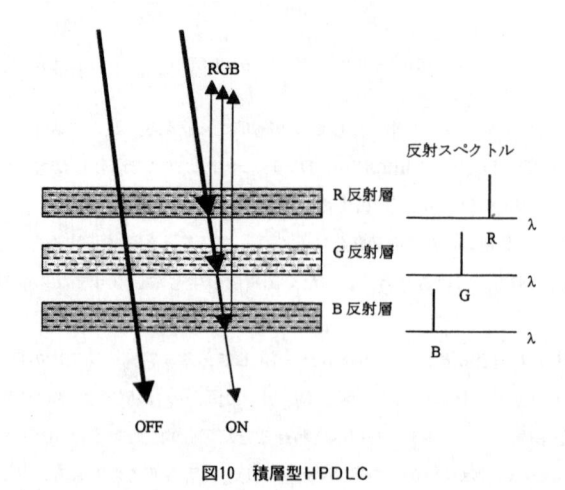

図9　試作IRISカラーLCDの表色範囲

図10　積層型HPDLC

グラムとして作用する。さらに液晶の複屈折を利用して周期構造の発現を電界でコントロールできる。同じように特定波長の反射を行うものにコレステリック選択反射モードがあるが，円偏光依存性がある。これに対しHPDLCは高分子層に周期構造が記録されているために偏光依存性がないという特徴がある。なお，この周期構造は2光束干渉露光によってポリマー化を行うPIPSプロセスで発現する。原理的な試作がNTTによって行われ，非常に色純度の高いカラー表示が得られている。課題は指向性が非常に強く，特定の角度でしか視認できないことである。逆にこの特性を利用し，コリメート光源と組み合わせ，投射型への応用が考えられる。

5.4 YCM減法混色型

この節の最後にYCM積層型について述べる。ここでは東芝によって開発された3層GH－カプセル型LCを紹介する[9]。図11はその断面図である。

GH型液晶をカプセル化し，バインダー素材と混練した素材を順次塗布，乾燥し，YCM層を作製したものである。従来のYCM積層型が各層を分離するために必要であった透明基板をなくす斬新なものである。できあがったLCDはNCAP類似のGH型PDLCを3層直接重ねた構成となっている。したがってカラー化の原理はYCM積層型のGH型と同じであり，PDLC特有の波長選択的な反射や散乱を利用してはいない。また，3層をまさに積層するため，層間の電気的な接続方法，各層の電極の形成方法も考えられている。

以上，PDLC技術を用いてカラー，フルカラー表示を行う方法について概説した。
ここで眼にとって何が自然なディスプレイであるかということを再考してみたい。眼は原始の昔から環境光を反射，散乱，吸収する風景にあわせて適応してきた。この観点からすると，反射

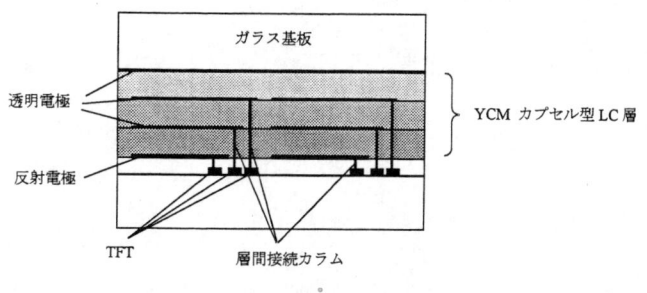

図11 3層カプセル型LC-GHの構造

光や散乱光を利用したディスプレイがもっとも自然で見やすいディスプレイの形態と考えることができよう。

文　献

1) J.L.Fergason, SID85 Digest, 68 (1985)
2) T.Fujisawa, H.Ogawa, K.Maruyama, JAPAN DISPLAY '89, 690 (1989)
3) Y.Hirai, S.Niiyama, H.Kumai, T.Gunjima, SPIE Proceedings, Vol.1257, 2 (1990)
4) M.Date, N.Naito, K.Tanaka, K.Kato, S.Sakai, Asia Display'95, 603 (1995)
5) T.Sonehara, M.Yazaki, H.Iisaka, Y.Tsuchiya, H.Sakata, J.Amako, T.Takeuchi, SID97 Digest, 1023 (1997)
6) H.Kobayashi, S.Yamada, E.Chino, N.Shimura, H.Shingu, T.Sonehara, SID 97 Digest, 751 (1997)
7) D.K.Yang, J.W.Doane, SID92 Digest, 759 (1992)
8) H.Iisaka, J.Amako, T.Takeuchi, T.Sonehara, Conference record of the IDRC'97, 254 (1997)
9) K.Sunohara et al., SID98 Digest, 762 (1998)

6 R-OCBモード反射型カラーLCD

内田龍男*

6.1 はじめに

筆者らは，第1章で述べたように，拡散反射板の代わりに前方散乱を利用した新しい反射型液晶ディスプレイを考案した。これは図1に示すように前方散乱の強い光散乱媒体と鏡面反射板を用い，この間にブラックシャッターとして液晶を挿入したものであり，反射板を液晶層内部に入れて電極と一体化させることにより，二重像をなくし高解像度化を可能とした。

この新しい反射型液晶ディスプレイは，PCGHモードだけでなく，複屈折を用いたモード，特に1枚の偏光子を用いたECB（電圧制御複屈折型）モードにも適した方式である。この場合，中間調表示と同様に高コントラスト表示が可能であり，カラーフィルタを用いて反射型フルカラー液晶ディスプレイを実現することができる。

ここでは，フルカラー表示，高コントラスト表示，高速応答化を実現できるECBモードに着目した。

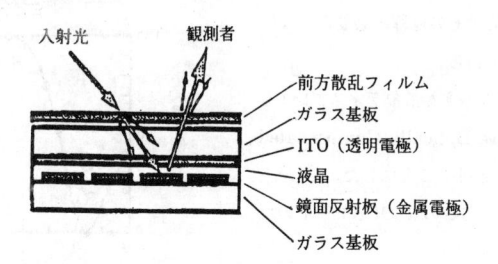

図1 新しく提案した反射型液晶ディスプレイ

6.2 新しい反射型液晶ディスプレイの構造と光学特性

反射型液晶ディスプレイの場合，透過型と異なり周囲光を光源としているため，周囲のあらゆる角度から液晶層に入射した光が観測者の目に入ることになる。したがって，反射型液晶ディスプレイに用いる液晶層は，あらゆる角度から入射した光に対して液晶層の光学特性が変化しない特性をもつことが必要となる。

ECBモードとして一般的なものは液晶をhomogeneous配向させたものであるが，他に図2に示すような，液晶層にハイブリッド配向を用いた構造を用いることもできる。

この構造は，図3に示すような広視野角，高速応答特性を有するOCBセル[1~5]が鏡面対称構

---

* Tatsuo Uchida　東北大学大学院　工学研究科　電子工学専攻　教授

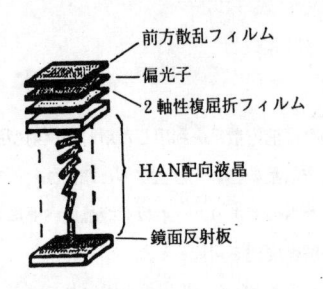

図2　R-OCBモード

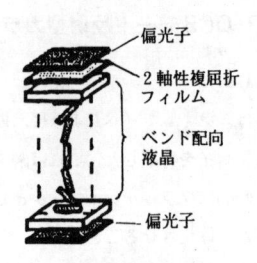

図3　OCBモード

造をしていることから，セルの中央部に鏡面反射板を置いたものと光学的に同等である。このためOCBセルと同様の補償原理を用いて広視野角化，高速応答化を可能とするとともに，低電圧駆動化を実現することができる。またOCBセルと比較した場合，OCBセルがスプレイ状態からベンド状態への初期転移を必要とするのに対し，ハイブリッド配向ではその過程を必要としないことも特徴の一つである。

そこで，この新しい反射型液晶ディスプレイをR-OCB（Reflective Optically Compensated Bend）モード[6〜9]と呼ぶことにした。

ここでは，主としてこのR-OCBモードの反射型LCDについて述べる。

図4に，このR-OCBセルの電圧-反射率特性を示す。ここで用いた液晶はTD-6004XX

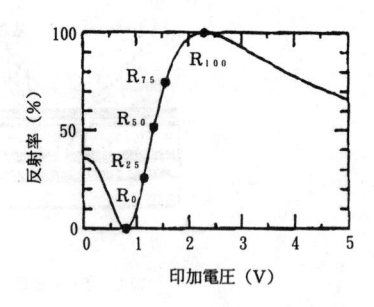

図4　R-OCBセルの電圧-反射率特性

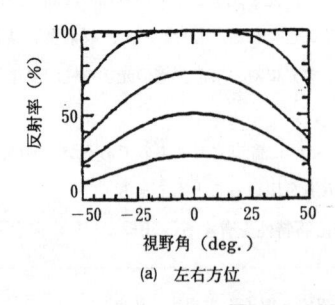

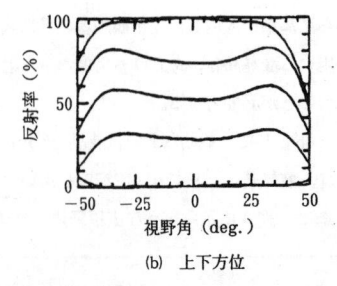

(a)　左右方位

(b)　上下方位

図5　R-OCBセルの視角特性

（チッソ株式会社製），セル厚は4μmである。この図より，ヒステリシス特性がなく，良好な中間調表示が可能であることが分かる。

また，R-OCBセルの視角特性の計算を行った結果，図5に示すように，左右方位で±50°，上下方位でも±50°の範囲で中間調の反転の生じない良好な特性が得られていることが分かった。ただし，この場合の反射率は正反射方向で観察し，ガラス表面等の反射は取り除いている。

6.3 R-OCBセルの応答特性

次に，R-OCBセルの応答特性について述べる。

中間調表示を考慮して，各階調間の応答特性の測定を行った結果を図6に示す。測定に用いたセルのセル厚は4μm，液晶はTD-6004XX（チッソ株式会社製）である。

結果を図6に示す。これより，R-OCBモードの応答速度は，中間調表示の場合でも非常に速く，動画表示にも適したディスプレイであることが分かる。

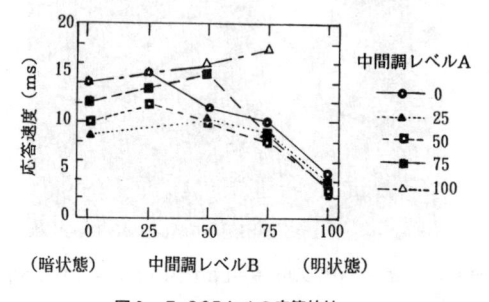

図6　R-OCBセルの応答特性

（中間調レベルAからBへのスイッチング）

6.4 反射型液晶ディスプレイに適した光散乱フィルムの光学特性

本方式の反射型LCDに用いられる光散乱フィルムの光学特性について述べる。

明るく，コントラストの高い反射型液晶ディスプレイを実現するためには，後方散乱と正反射光を小さくし，適度な前方散乱をもつように設計する必要がある。このような散乱フィルムは，粒子径，粒子密度，屈折率を最適化した微粒子分散型散乱フィルムによって実現することができる。このようなフィルムを用いることによって，広い視野角範囲で紙と同程度の明るさを有するカラーLCDを実現できる。

また，散乱角をさらに大きくし，かつ表示画像がボケないようにするために，ライトコント

ロールフィルム（住友化学製）の散乱特性を最適化し，良好な視野角（約40°）と明るい表示を実現している。

6.5 フルカラーR-OCBセルの作製

最後に，マイクロカラーフィルタを用いて試作したフルカラーR-OCBセルについて述べる。

このフルカラーR-OCBセルは周囲光を利用した場合でも十分な明るさと彩度，そして広視野角特性を有していることを確認した。また視野角を変化させた場合でも中間調の反転が生じていないことを確認している。

試作したTFT駆動のフルカラーR-OCBセルの表示例を写真1に示す。

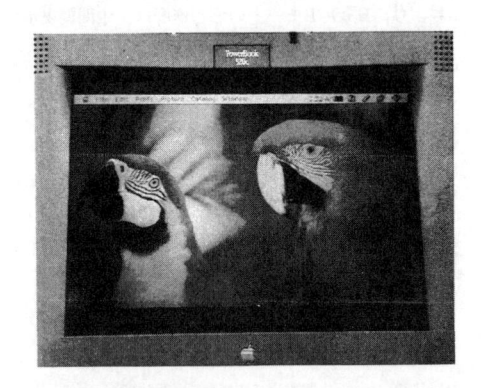

写真1　動画用反射型フルカラーLCD（R-OCBモード）の表示例

6.6 まとめ

R-OCBセルは広視野角，高速応答，中間調表示が可能であるという特徴を有しているため，次世代の携帯型情報機器用のフルカラー動画表示の反射型ディスプレイとして極めて有望な方式と考えられる。

文　　献

1）　Y.Yamaguchi, T.Miyashita and T.Uchida: SID Symp.Digest, p.277（1993）

2) T.Miyashita, P.Vetter, M.Suzuki, Y.Yamaguch and T.Uchida: Proc.Euro Display, p.149 (1993)
3) C-L.Kuo, T.Miyashita, M.Suzuki and T.Uchida: SID Symp.Digest, p.927 (1994)
4) T.Miyashita, Y.Yamaguchi and T.Uchida: *Japan J. Appl. Phys.*, 34, L177(1995)
5) T.Miyashita, C-L.Kuo, M.Suzuki and T.Uchida: SID Symp.Digest, p.797 (1995)
6) T.Uchida, T.Nakayama, T.Miyashita, M.Suzuki and T.Ishinabe: Digest of AM-LCD95, p.27 (1995)
7) T.Uchida, T.Nakayama, T.Miyashita, M.Suzuki and T.Ishinabe: Proc.Asia Display 95, p.599 (1995)
8) T.Uchida, T.Ishinabe and M.Suzuki: SID Symp.Digest, p.618 (1996)
9) T.Ishinabe, T.Uchida and M.Suzuki: Proc.EuroDisplay 96, p.119 (1996)

7 STNモード反射型カラーLCD(1)

小川 鉄*

7.1 はじめに

モバイル機器は，2台目，3台目の情報機器の性格が強く，とりわけ低コストが強く望まれる。このようなニーズに対して，単純マトリクス駆動可能なSTNモード反射型カラーLCDは，非常に有望である。

われわれはすでに，4096色表示STNモード反射型カラーLCDを開発している[1]。図1に示すように，ハンドヘルド・コンピュータ，PDAなど静止画で対応可能なかなり多くのモバイル機器に適用可能と考えている[2]。

本節では，これを実現する要素技術とデバイス特性，今後の課題について述べる。

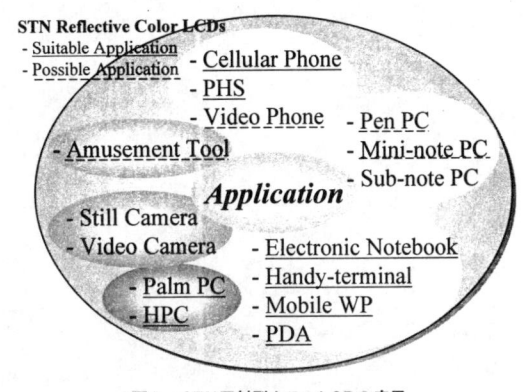

図1 STN反射型カラーLCDの応用

7.2 パネル構成

従来の白黒反射型LCDでは2枚偏光板構成が一般的であったが，それをカラーパネルに適用すると，①偏光板，カラーフィルタの吸収による光量ロス，②視差およびそれにともなう色純度・反射輝度低下，の2つの問題が顕著になる。これらを解決するため，われわれは，反射電極をセル内に配置した1枚偏光板構成を開発した。その構成を図2に示す。

反射型LCDで必要とされる散乱・反射機能は，それぞれ散乱フィルムと反射電極で役割分担されている[3]。反射電極はフラットな表面をもつため，STN液晶の配向性を阻害することはな

---

* Tetsu Ogawa 松下電器産業㈱ 液晶事業部 開発部 開発3課 課長

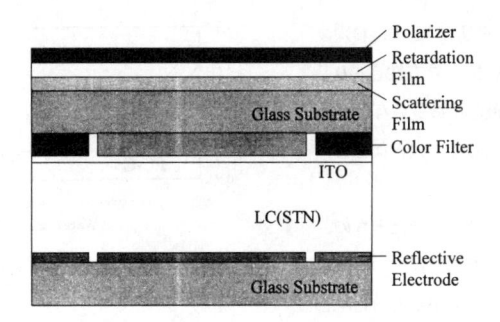

図2 STN反射型カラーLCDのパネル構成

い。散乱フィルムは上部ガラス基板直上に配置し，散乱フィルムによる画像ボケの影響を最小化している。

図3は，1枚偏光板モードの光学構成を示したものである。

液晶パネルの設計においては，多くの光学パラメータを最適化する必要がある。まず，高い変調率（反射輝度）と無彩色性をもつ白黒セルの光学構成を決める必要がある。最適化パラメータには，次式で定義される$\triangle E^*$を用いた。

$$\triangle E^* = [(\triangle L^*)^2 + (\triangle a^*)^2 + (\triangle b^*)^2]^{1/2}$$

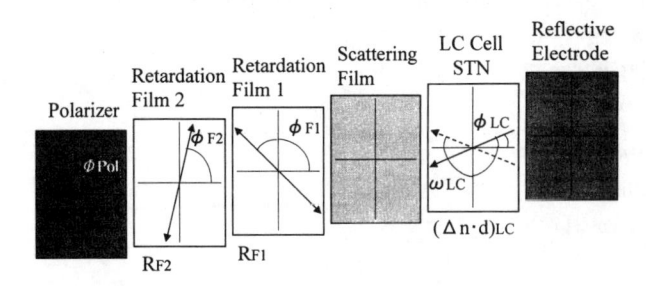

図3 1枚偏光板モードの光学構成

目標とすべき明るさと色度に対して，最も近づくよう，すなわち$\triangle E^*$を最小化するよう図3の各部材の光学パラメータを変化させて計算を行った。$\triangle E^*$をパラメータに用いることにより，明るさと色のファクタを同時に最適化することができる。なお光学計算は，2×2 Jones Matrix Methodに従った。

次にその最適化手法を述べる。

図4は，3種類の液晶（A，B，C）と位相板（PC）の屈折率異方性△nの波長依存性である。液晶の波長依存性は，変調率と無彩色性に対して，大きな影響を与える。

図5は，駆動電圧を変化させたときの，色度変化を図4の3種類の液晶について計算した結果である。液晶Bがもっとも色変化が小さい。すなわち，良好な無彩色性を得るためには，少なくとも550～700nmの波長領域で位相板とほぼ同じ特性をもつことが必要であることがわかった。

図6は，液晶Bについて，反射率－電圧特性をBerreman 4×4 Matrix Methodで計算したものである。1／240デューティの単純マトリクス駆動に対応した電圧範囲で，十分高い変調効率が得られている。

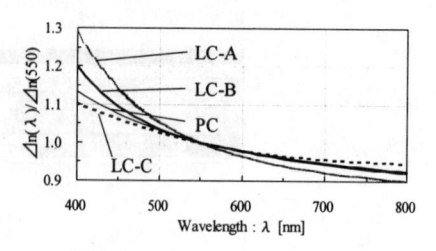

図4　液晶／位相板（PC）の△n波長依存性

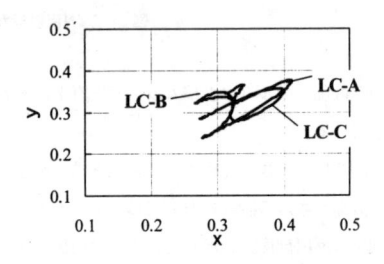

図5　各液晶材料の動作電圧による色度変化

1枚偏光板方式に用いられる散乱膜には，次の6つの特性が要求される。

① 高い集光性
② 高い白色性
③ 画像ボケがないこと
④ 偏光解消がないこと
⑤ 等方的視角依存性
⑥ 後方散乱がないこと

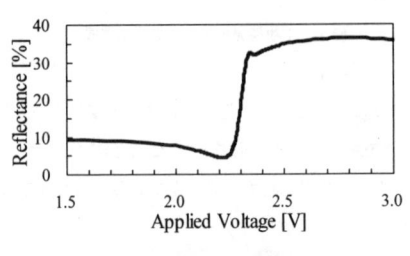

図6　反射率－電圧特性

このうち，①，⑤のファクタが，良好な視認性を得るためにもっとも重要である。これらの特性は，散乱フィルムの構造に大きく依存する。3つのタイプを検討した。

図7は，各散乱フィルムについて，Al基板上に貼合したときの反射率の視角依存性を示している。実際の使用状態を想定して，光の入射角と検出角には25°のオフセットを設けた。タイプAは，高い集光性をもつが，正面でのゲインが低く，ゲイン特性に異方性を有する。一方タイプCは正面でのゲインが最も高いが，視角特性が急峻な点で好ましくない。タイプBは比較的高い集光性とほぼフラットな視角依存性，すなわち等方散乱性をもち，もっとも望ましい。

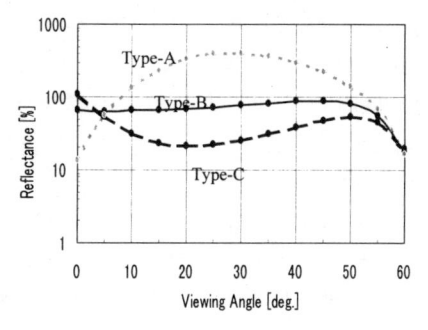

図7　各散乱フィルムAl上反射率の視角依存性

7.3　低電力動作

モバイル機器に反射型LCDが採用される最大の理由は，その低消費電力にある。一般に単純

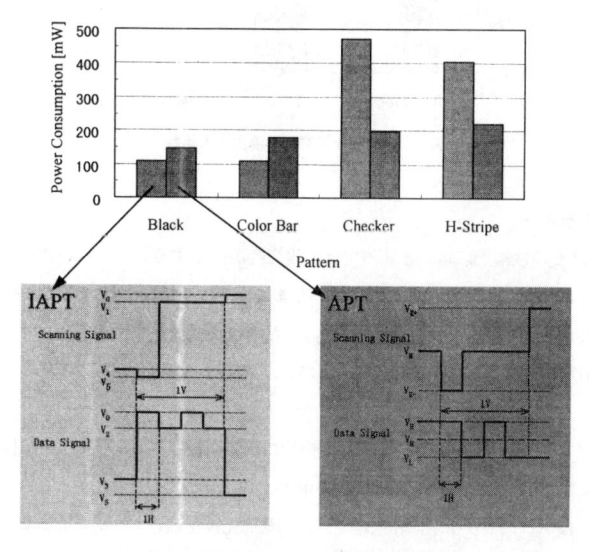

表8　各種表示パターンに対する消費電力

マトリクス方式は，アクティブマトリクス方式に比べて消費電力が低い。ただ単純にバックライトを除いただけでなく，単純マトリクス方式でさらなる低電力化を試みた[4]。

まず駆動方式から見直した。図8は，各種表示パターンに対する消費電力をシミュレーションした結果である。周波数の高いデータ信号側の電圧振幅が低いAPT (Alto-Pleshko Technique) 駆動が有利であることがわかった。

次にこの駆動方式を前提として，新開発の高効率DC／DCコンバータ，低電力オペアンプ，バイアス部・分圧抵抗値の最適化により，7.8型VGA，1／240デューティ駆動，フレーム周波数150Hzの条件下で89mWという超低消費電力を達成することができた。従来品との比較を図9に示す。フレーム周波数を150Hzとしたのは，液晶出射光が蛍光灯と干渉してフリッカが生じるのを防止するためである。

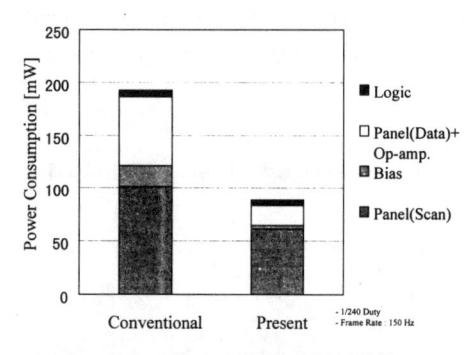

図9 従来品と開発品の消費電力比較

7.4 フロントライト

反射型LCDはその性格上，暗いところでは，視認性が低下する。より広い使用環境に適用するためには，反射型としての特徴を最大限保ったまま，その対策を図る必要がある。白黒LCDでは，液晶セルの裏面にELバックライトを配置した半透過型がすでに実用化されている。しかしセル内に反射電極を配置した1枚偏光板方式では，液晶セル裏面にバックライトを配置することができない。

これをブレイクスルーするため，液晶セル表面に配置可能なフロントライトが提案されている[5,6]。図10にフロントライトの概略構成図を示す。

明るい場所ではフロントライトは非点灯で，透明な導光板を通して液晶を観察することができる。暗いときには，フロントライトが点灯され，サイドからの光が液晶に導かれ，外光の代わり

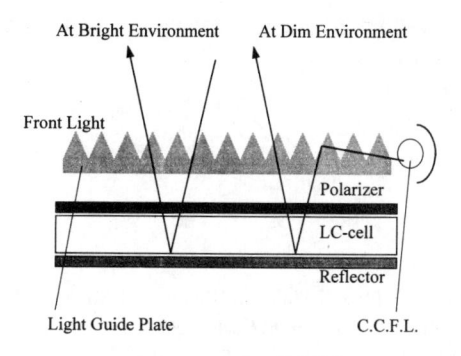

図10 フロントライトの概略構成

の光源となり十分な視認性が得られる。

7.5 まとめと今後の課題

上記の要素技術を用いて7.8型VGA-STN反射型カラーLCDを開発した。その諸特性を表1に示す。

表1 7.8型VGA-STN反射型カラーLCDの諸特性

Pixel Format	640×480（VGA）
Pixel Pitch (mm)	0.246×0.246
Gray Scale	16
Number of Color	4096
Contrast Ratio	14
Aperture Ratio (%)	84
Response Time (ms)	300
Power Consumption (mW)	89 (including DC/DC)

－1/240 Duty
－Frame Rate：150Hz

基礎的な開発が長かった反射型カラーLCDもいよいよ実用化時期を迎えた。しかしながら、デバイス性能としては、まだ初期的な段階で、究極のターゲットである、画が動く紙、「電紙」の実現に向けて取り組むべき課題は多い[7]。①反射輝度の向上、②薄型・軽量化、③低消費電力化、④快適なマン・マシン・インターフェースの実現、が望まれる。一足飛びにすべての課題は解決できないが、昨今の急激なモバイル・インフラの進展、モバイル機器ニーズの高まり、液晶

メーカーにとっての新しい用途開発の必要性,などの要因が,強く開発を後押しして,デバイス開発スピードはどんどん速まりそうである。

文　献

1) H.Yamaguchi, S.Fujita, N.Wakita, N.Naito, H.Mizuno, T.Otani, T.Sekime, T.Ogawa : SID'97 DIGEST, pp.647-650（1997）
2) 小川,月刊ディスプレイ'98, 8月号, pp.52-57（1998）
3) T.Uchida, T.Nakayama, T.Miyashita, M.Suzuki, T.Ishinabe:ASIA DISPLAY'95, pp.599-602（1995）
4) 大谷,木下,藤田,水野,山口,松浪,小川,信学技報, EID97-116, pp.99-104（1998）
5) C.-Y.Tai : SID 96 APPLICATIONS DIGEST, pp.43-46（1996）
6) 「電波新聞」1997.10.2
7) 小川,電子ディスプレイフォーラム98講演集SESSION 4, pp.22-38（1998）

8 STNモード反射型カラーLCD(2)
― 低消費電力化を目指すSTN反射カラー ―

飯野聖一*

8.1 はじめに

モバイルというキーワードのもと，様々な携帯型情報機器の製品化が本格的に始まりつつある。まさに，モバイル元年である。その中で重要な役割を果たしているのが，液晶ディスプレイである。これらの機器に適用するLCDは，低消費電力で，見やすく，屋外での使用も可能なことが要求される。現在では，モノクロのTN，STNの反射型LCDを用いた端末機器が製品化されているが，インターネットの普及，扱う情報量の増加，各種半導体デバイスの低消費・高性能化に伴い，表示のカラー化への要求が高まってきている。これら新たなディスプレイ市場の創出という背景により，反射型カラーLCDの開発がここ数年活発化し，各種方式が提案されてきている。ここでは，これら携帯機器に適したSTN反射型カラーディスプレイの現状について主に低消費電力化という観点から述べる。

8.2 モバイルアプリケーション

モバイルの目標は，「いつでも，どこでも，誰とでも，どんな情報でも，ワイヤレス，モバイル環境下で，必要な時に，必要に応じて，コミュニケートできる」ことであり，モバイルとはそのために必要な，ハードウェア，ソフトウェア，コンテンツ等が提供されている世界である。これらモバイルのハードウェアの実現にはディスプレイ，特に液晶ディスプレイが重要な役割を果たしている。表示サイズ，表示容量，表示スピード，消費電力，表示色数，…などディスプレイに要求される性能からモバイルを分類すると以下のようになる。

- モバイルアプリケーション
  - ① アミューズメント……デジタルビデオカメラ
    - ……デジタルスチルカメラ
    - ……ハンディナビゲーション
  - ② コンピューティング……ハンドヘルドPC
    - ……電子手帳
    - ……PDA
    - ……ハンディターミナル
  - ③ コミュニケーション……スマートフォン

---

* Shoichi Iino　セイコーエプソン㈱　LD技術開発センター　部長

……コミュニケータ

④ プレゼンテーション……ポータブルデータプロジェクタ

　このうち，反射型カラーディスプレイが活かされるのは，①～③の領域である。このような用途をターゲットとして様々な反射型カラーディスプレイが提案され，開発が進められてきた。その結果，数年前に比べると，著しくその画質が改善され，反射型カラーディスプレイが市場に受け入れられる状況になってきた。これらの中で，③モバイルコミュニケーションと言われる分野においては，低消費電力，薄型，軽量が必須事項である。これらの分野では白黒，カラーも含めSTNの反射型ディスプレイが重要である。

8.3　STN反射型カラーの検討

　TNモード（2枚偏光板）で十分実用的な反射型カラー表示が実現できたので，構造が類似しているSTNモードでも実用的な反射カラーが実現できる。STNモードは，コントラストや明るさ，階調表示，応答速度といった特性面で，TNモードに劣るが，最近はその特性も改善されてきている。また，反射型では透過型で生じたほどの画質差はない。逆にSTNモードの方が優れている点もある。例えば消費電力は，STNモードの方が格段に低い。また液晶の駆動にアクティブ素子を必要としないSTNモードは，オーバーレイヤー等の複雑なコストアップするプロセスを用いなくても高い開口率を得られるため明るい表示が実現できる。製造工程における最高処理温度が低いSTNモードは，薄板ガラスにも対応でき，TNモードで生じた混色の問題も改善される。また，将来的にはフィルム基板を用いて，「薄くて，軽くて，割れない」反射型カラーも可能になってくる。

8.3.1　STNモードの特性向上

　STNにおいて反射カラーの特性を向上させるにはベースとなる白黒表示での特性の向上を図る必要がある。STNモードの特性は最近の技術革新により著しく向上している。具体的な一例を示すと，

　　低消費電力化……従来比　1／10以下

　　高コントラスト化……従来比　2倍以上

　　高反射率化（明るさ）……従来比　20％ 以上

がSuper Passive LCDとして実現されるようになってきている。

　以下それぞれについて詳述する。

8.3.2　低消費電力化

　最初に駆動法について簡単に触れる。図1にSTNパネルの駆動に一般的に使用されている任意バイアス電圧平均化法の駆動電圧波形を示す。走査電極には順次1行ずつ選択電圧V0

（又はV5）が印加され，その他の期間は非選択電圧V4（又はV1）が印加される。選択が全ての行を一巡するのに要する期間を1フレーム，また，1行が選択されている期間と1フレーム期間との比（すなわち1フレームの間に選択する行の数の逆数）をDuty比と呼ぶ。信号電極には選択されている行の各ドットのオン／オフ情報が順次印加される。より具体的には，選択行への印加電圧がV0の間は選択行のオンドットの信号電極にはV5が，オフドットの信号電極にはV3が印加される。また，選択行への印加電圧がV5の間は選択行のオンドットの信号電極にはV0が，オフドットの信号電極にはV2が印加される。各ドットの液晶に加わる電圧は走査電圧と信号電圧との差電圧である。基本的にはこの差電圧の実効電圧が高いドットはオンとなり，実効電圧が低いドットはオフとなる。液晶材料の劣化を防ぐために図のような1フレームごとに極性を反転する交流電圧で駆動するのが一般的である。

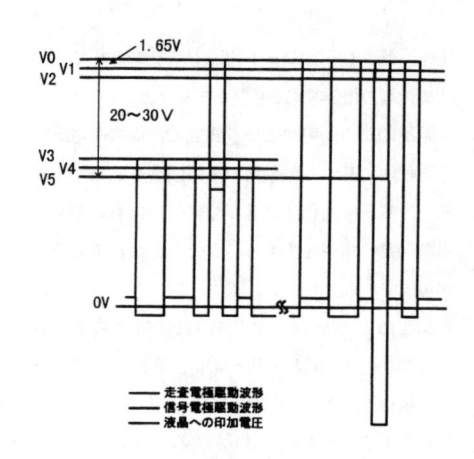

図1　STNパネルの駆動波形（電圧平均化法）

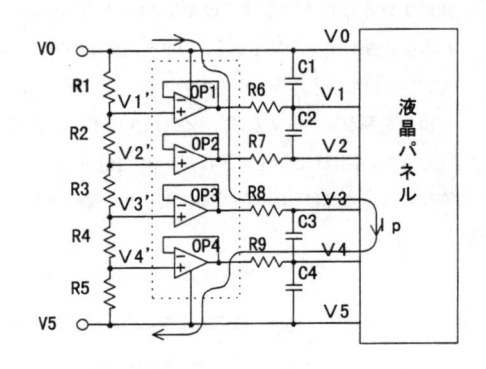

図2　電源回路（電圧平均化法）

　図2に電圧平均化法の一般的な電源回路を示す。例えば非選択レベルがV4の時に信号電極がV5→V3と変化するとOP3から流出しパネルを経由してOP4に流入する電流が流れる。この電流をIpとするとパネルに有益な仕事量は（V3−V4）×Ipであるが，回路全体としては（V0−V5）×Ipの電力を消費している。従って効率は（V3−V4）／（V0−V5）となる。1／200Dutyの場合の効率は1／10以下で，全体の9／10以上はオペアンプを単に発熱させていることになる。高DutyのLCDほどこの効率が悪くなる。
　LCDモジュールを低消費電力化するためには，液晶駆動用電源の高効率化と液晶の低駆動電

圧化，低フレームレート化，システムとしての低消費電力化を考える必要がある（表1）。

電源回路の効率化という観点で，従来の電圧平均化法に基づく駆動用の電源回路を眺めてみると，電圧平均化法に基づく駆動法においても，電源回路の構成を考えることで，低消費電力化が可能である。

図3に1／200Duty程度のSTNパネルの消費電力を従来より半減させることができる新方式の分割電圧発生回路の基本構成を示す。この新回路の特徴はOP1とOP2はV0－Vcを電源として動作し，OP3とOP4はVc－V5を電源として動作する点と，中間電位Vcが固定していない点である。R3a＝R3bとするとバイポーラ・トランジスタTnとTpのベースにはV0とV5の中点電位が加わる。Vcが中点電位よりも約0.6V以上高い方にずれるとTnがオンし，逆に低い側にずれるとTpがオンするのでVcは中点電位を中心としたある幅には納まることになる。Vcが多少変動しても，V2とV3の2V程度ずつ内側に納まっていれば出力電圧V1～V4はほぼ安定していて，表示品位への影響は無い。

信号電極がV0－V2間を変化している間はOP1，OP2を経由する電流が最終的にVcに流入し（この間はCBが充電されてVcの電位は徐々に高くなる），次に信号電極がV3－V5間を変化している間はCBからOP3，OP4に電流が供給される（この間はCBが放電してVcの電位

表1　低消費電力化へのアプローチ

□電源の高効率化
　・現状回路の効率化
　・チャージ・ポンプの採用
□液晶の低駆動電圧化
　・4ライン同時選択法
　・カラムドライバの低電圧化
□低フレームレート化
　・45Hzオペレーション
□システム全体としての低消費電力化

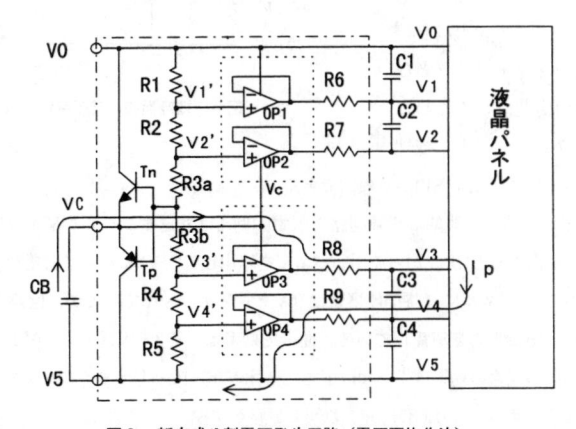

図3　新方式分割電圧発生回路（電圧平均化法）

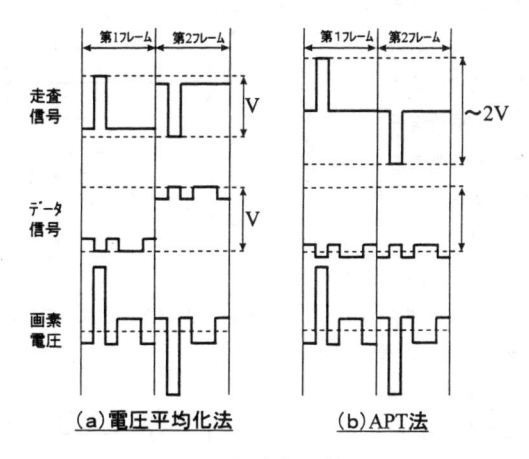

図4 駆動方式の比較

は徐々に低くなる)。すなわち，CBを適当な大きさの容量値にしておけば信号電極がV0－V2間を変化する間の消費電流が，次の信号電極がV3－V5間を変化する間に必要な動作電流として活用できることになり，パネルの充放電電流のうちの大きな割合を占める非選択電流の供給効率が従来の2倍に改善され，消費電力が大きく削減できる。

さらなる低消費電力化をはかるためには，駆動方式まで含めた見直しが必要である。原理的にはもっとも電力を消費しているデータドライバ側の駆動電圧を下げることが重要である。駆動電圧を下げると，電源回路として小型パネル一般的に使われている効率の良いチャージポンプ方式が使えるからである。駆動電圧を下げる方法としてはいくつか考えられる。一つはいわゆる原理駆動といわれるAPT（Alt Pleshko Technique）の方式である。もう一つはIHAT，あるいはMLSのような複数ライン同時選択の方式である。

図4に液晶パネルの駆動方式を比較して示す。図4－(a)はこれまでの主流である電圧平均化法の駆動であり，図4－(b)は原理駆動といわれるAPT方式の駆動波形である。電圧平均化法はドライバIC耐圧という観点からはすばらしい方法であるが（ICの耐圧が低く済むので，より微細なプロセスが使え，ICの小型化が可能になる），消費電力低減という点からはAPT方式の方が有利である。APT方式は電圧平均化法に比べ周波数の高い（液晶へのチャージ，デスチャージの回数に相当）データ信号側の電圧振幅が低いからである。しかし，APT法では走査信号側のドライバの必要耐圧が大きくなる，更なる低消費電力化のためにフレーム周波数を低くしようとするとフレーム応答による画質劣化が無視できなくなる。

画質と消費電力の両立を考えると分散型複数ライン同時選択方式が良い。周辺回路の複雑さと画質のバランスから同時選択ライン数は4ラインが適当である。我々は電源回路も含めたこの新方式をSTN2と呼んでいる。

図5は走査電極数が240で通常液晶を用いた場合について同時選択ライン数と最適駆動電圧(ピーク～ピーク)との関係をグラフ化したものである。選択電圧は図の走査電極駆動電圧の±1／2である。同時選択がnラインの場合,信号電極の駆動には図の信号電極駆動電圧をn分割したレベルが必要となる(レベル数はn+1)。4ラインであればコラムドライバはほぼロジック耐圧でよいため通常のロジック用IC製造プロセスが使用できる。

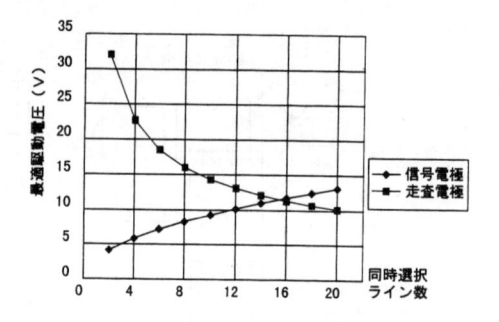

図5　同時選択ライン数と駆動電圧の関係

STN2駆動用に開発した電源ICのブロック図を図6に示す。この電源ICは3.3Vを入力として駆動に必要な電圧のほとんどすべてをチャージポンプによる昇圧／降圧回路を用いて発生している。

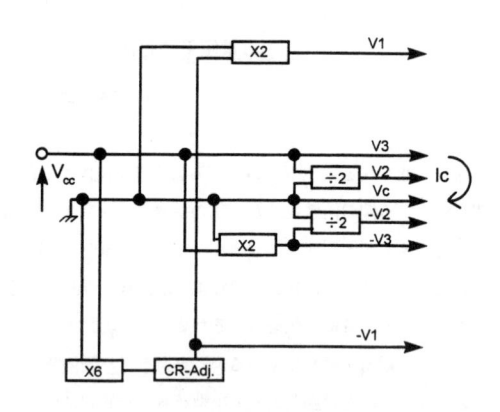

図6　新開発電源(STN2)

本電源ICの機能は次の通りである。まず,Vcc=3.3V(GND基準)を負方向に6倍昇圧してVEE=－5×Vcc≒－16Vを発生する。次にコントラスト調整回路によりVEEから負方向選択電圧(－V1)を取り出す。－V1を正方向に2倍昇圧して正方向選択電圧(+V1)を発生する。＋V3にはVccをそのまま用い,Vccを反転昇圧(負方向2倍昇圧)して－V3を発生する。±V3とVc(GND)間の電圧を1／2に降圧して±V2を発生する。以上でSTN2の駆動に必要な電圧が形成できる。コントラスト調整回路以外の昇圧／降圧回路はすべてがチャージポンプ式である。

従来駆動法（電圧平均化法）ではパネルの非選択電流の供給効率が著しく低いことが消費電力の大きな原因であることを前述した。パネルの非選択電流，すなわち，信号電極の電圧が変化することにより信号電極と非選択走査電極との間で流れる電流はSTN2では±V3，±V2から供給されVcに流れ込む。この電流をIpとすると，チャージポンプ式昇圧／降圧回路は効率が極めて高いため，±V3から供給される部分についてはVcc×Ip，±V2から供給される部分についてはVcc÷2×Ipの消費電力で済み基本的にはロスが無い。従来駆動法ではIpが高電圧系から供給されるため，パネルに有効な仕事量が低電圧×Ipであるのに高電圧×Ipの電力を消費していた。また，従来駆動法（電圧平均化法）ではデータドライバは20〜30Vで動作している。これに対して新駆動法ではデータドライバは7V弱という低電圧で動作しており，この点も新駆動法での低消費電力化に大きく寄与している。

これらのLCDの消費電力は高電圧発生回路込みで各々Typ. 3 mWと5 mWであり（ドットピッチ0.18mm，320×200及び640×400画素の例），このクラスのLCDとしては極めて低消費電力である。従来駆動法により通常液晶を従来型の分割電圧発生回路で駆動した場合に対して消費電力は約1／10となっている。また，STN2に用いられているデータドライバは表示RAMを内蔵しているので，静止画を表示している間はデータドライバへのデータ転送を休止させることができる。これによりシステム全体の低消費電力化も可能となる。

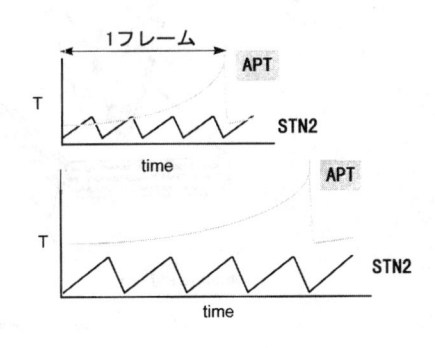

図7　低フレームレート化

従来の駆動方法（電圧平均化法，APT法）でフレーム周波数を下げると，フレーム応答のため黒レベルが持ち上がりコントラストの低下が避けられなかった（図7）。しかしながら分散型複数ライン同時選択の手法を使えば，従来並みのコントラストを維持しながらフレーム周波数を下げられ，更に低消費電力化が可能になる。

8.3.3　高コントラスト化

パッシブタイプのLCDの高画質化を妨げている一因はクロストークであり，高コントラスト化を妨げているのはフレーム応答である。

クロストークは，各画素に印加される電圧波形の歪みにより，実際に画素に加わる実効電圧が異なってくるため発生する。これを抑えるには，各画素への歪み量を均等にすれば良い。複数ラ

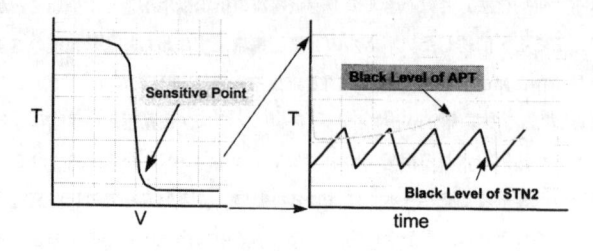

図8　コントラストの改善

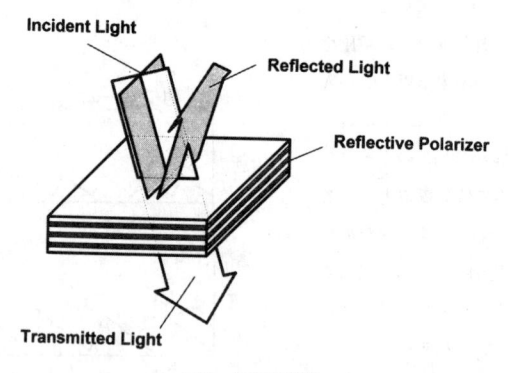

図9　反射偏光子

イン同時選択の手法を用い，直交性を保ちながら，走査側の選択電圧の極性を反転させ，それに同期させて信号側の電位も反転させることにより歪みが均一化されクロストークが低減される。

　フレーム応答によりコントラストは低くなる。ノーマリーホワイトモードの場合，STN 2では，黒レベルが沈むため，APT法より高いコントラストが得られる（図8）。具体的には，STN 2方式を採用したLCDのコントラスト比はTyp 8：1で通常の反射型STNの3〜4：1に比較して2倍高いコントラストが得られている。

8.3.4　高反射率化

　明るい反射表示を実現するには反射板の改善が必要である。反射板としては反射偏光子を使う。反射偏光子は，特定の偏光成分を反射し，残りの偏光成分を透過する機能を持つ偏光子である（図9）。代表的な反射偏光子に，複屈折性の誘電体多層フィルムとコレステリック液晶ポリマー・フィルムがある。前者は直線偏光反射板，後者は円偏光反射板なので，一般的な用途には

表2 反射偏光子の効果

	Reflectance (Gain)	Transmittance (Gain)
Usual Pol. +Transfl. A	28.7% (1.0)	19.4% (1.0)
Usual Pol. +Transfl. B	39.0% (1.4)	11.5% (0.6)
Usual Pol. +Refl.	57.7% (2.0)	0.7% (0.0)
Reflective Polarizer	65.2% (2.3)	22.8% (1.2)

表3 試作パネルの仕様

	STN Reflective Color LCD
Driving method	Passive matirix(STN2)
Diagonal screen size	19.2cm(7.6inch)
Number of dots	320×RGB×240(QVGA)
Dot pitch	0.160×0.480
Number of colors	64
Brightness	26.5%
Contrast ratio	5.7
Display color	R : x=0.340, y=0.315 G : x=0.306, y=0.350 B : x=0.283, y=0.308
Power consumption	20mW

前者の方が適している。こうした反射偏光子は，本来バックライトの光量アップを目的に開発されたものであるが，これを反射型LCDの下側偏光板と半透過反射板の代わりに利用すると，明るい反射表示と透過表示が両立するという効果もある。また，反射特性としては表2に示すように，従来比1.7～2.3倍（半透過時）の明るさが実現できる。

8.3.5 試作

以上のようにして設計したSTN反射型カラーLCDを試作した。その仕様と基本特性を表3に示す。特筆すべきことは，消費電力をわずか20mWに抑え，TN反射型カラーよりもさらに一桁小さい低パワーを実現していることである。

8.4 YCMカラーフィルタの検討

明るさを重視したSTN反射型カラーを実現するならば，減法混色の三原色，イエロー，シアン，マゼンタ（YCM）のカラーフィルタを利用する方法もある。

表4　カラーフィルタによる明るさの違い

	LCD with RGB-CFs	LCD with YCM-CFs
white	12.2%	14.3%
red	4.0%	8.5%
green	5.4%	11.3%
blue	3.9%	8.3%

　YCMカラーフィルタを用いる場合，緑を表示する際にはYとCの2ドットをオンする。赤と青もそれぞれ2ドットをオンにして表示する。RGBカラーフィルタを用いた場合には1ドットしかオンしないので，それだけで2倍の明るさが得られる。この効果を計算機シミュレーションにより確認した。ほぼ同じ色純度の赤，緑，青を表示するようにRGBとYCMカラーフィルタの分光特性を調整した上で，STN反射型カラーLCDの各表示色の明るさを計算した結果を表4に示す。YCMカラーフィルタの方が2倍以上明るい表示が得られている。

　図10にYCMカラーフィルタを用いたSTN反射型カラーLCDの表示色を計算した結果を示す。また，試作したカラーフィルタの分光特性を図11に示す。

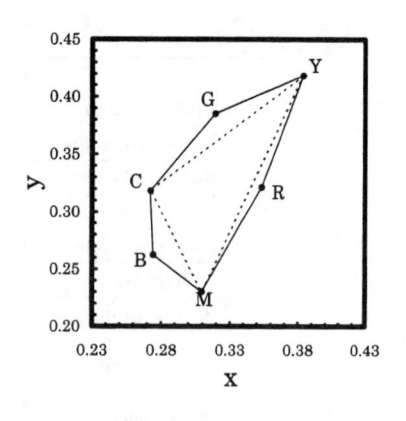

図10　YCM-CFを用いたLCDの色再現範囲

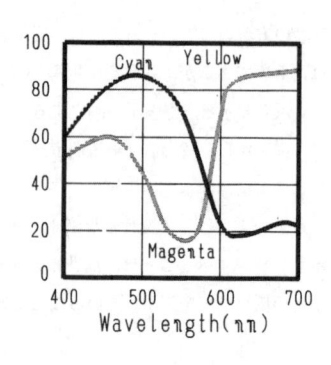

図11　YCM-CFの分光特性

8.5　まとめ

　様々な反射型カラーディスプレイが開発され，画質的にはいよいよ本年度は実用段階に入ったといってよいだろう。しかしながらまだ，それぞれの方式には改良すべき点がある。消費電力，補助光源，コストである。

① 低消費電力

　低消費電力化という点では，TFT／TFDでは6.5"HVGAクラスで最低でも100mW以下を達

成する必要があるだろう。STNでは6.5"のHVGAで〜20mWという低消費電力が実現できることを考えると、低消費電力を要求される分野向けには、STNタイプの反射型カラーディスプレイがもっと積極的に活用される。

② 補助光源の問題

現在の多くのパネルは、補助光源が用いられる構造となっている。補助光源が必要なモノクロのディスプレイでは半透過方式を使っている。しかしながら、内面反射電極の場合、半透過型は実現できないので、別の方式、たとえばフロントライト、あるいは、サイドライト等の工夫が必要となる。この場合、表示表面に導光板を置く必要があるので、それが表示に与える影響を十分考慮する必要がある。さらに、PDA等のアプリケーションでは、タッチパネルを用いるので、これらとの整合性も重要な問題となってくる。薄くて視差の問題がないプラスチック基板を用いたSTN反射カラーであれば従来の半透過が実現できるため、今後の積極的な開発が期待される。

③ コスト

内面に反射電極をつくり込む方式の場合、現状ではその製造プロセス数の増加から考えて、透過型のパネルよりコストアップすることは避けられない。今後は最適な反射構造をいかに効率的に製作するか、バックライト及びその周辺回路が不要なためモジュールトータルとしていかに低コスト化ができるかが重要となってくる。

文　献

1） T.Kurumisawa *et al.*, SID'96 Digest , pp.351（1996）
2） T.Maeda *et al.*, IDRC 97, pp.140-143（1997）
3） 山崎 卓：Design Wave Magazine, No.11, pp.58（1997）
4） 奥村 治：Electronic Display Forum 98, 4-16（1998）
5） 飯野 聖一：月間ディスプレイ, Vol.4, No.1, 59（1998）
6） 小川 鉄：Electronic Display Forum 98, 4-22（1998）
7） 谷 瑞仁：Electronic Display Forum 98, 4-39（1998）
8） D.L.Wortman：IDRC 97, M-98（1997）

9 STNモード反射型カラーLCD(3)

本村敏郎*

9.1 はじめに

最近,インターネットをはじめとする情報・通信のネットワーク化が急速に拡大し,必要な情報をいつでも,どこでも,誰でも利用できる環境が整備され,いよいよ本格的なマルチメディア情報社会の幕開けを感じることができる。

このようなマルチメディア情報社会において,今後Windows CEマシンなどに代表される各種の携帯情報端末は非常に重要なパーソナルツールになると推測され,その市場は飛躍的に成長することが見込まれる。

携帯情報端末の基本的な機能は図1に示されるようにデータ入力機能,通信機能およびモバイル機能が一体化されたものであると考えられ,そこに使用されるディスプレイには図2に示すように「超低消費電力」,「薄型・軽量」,「どこでも見やすく」といった屋外にまで持ち歩き,使用するという携帯情報端末特有の要求がある。

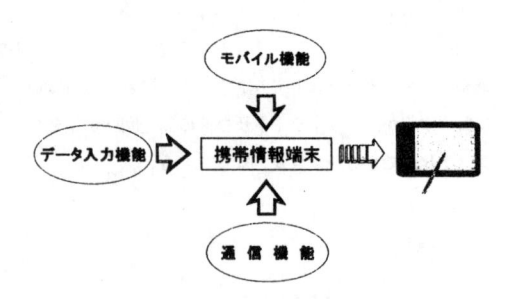

こうした要求を満たすディスプレイとして,従来は白黒タイプの反射型LCDなどが主に採用されてきたが,GUI(Graphic-User-Interface)などの登場により,今後の携帯情報端末用途ディスプレイには視認性の優れたカラーディスプレイの採用が非常に重要となってきている。

本稿では,このようなニーズに応える製品として最近当社が開発したSTNモード反射型カラーLCDの現状と動向について述べ,さらに暗い環境下でも十分な視認性を可能にする液晶パネルの前面に補助光源を採用したフロントライト

図1 携帯情報端末の基本的な機能

図2 携帯情報端末用途ディスプレイ

---

* Toshiro Motomura 京セラ㈱ 薄膜部品事業本部 液晶開発部 液晶開発課 課長

方式反射型カラーLCD，またバックライト方式で周囲の環境に応じて透過表示モードと反射表示モードを自由に選択できる半透過反射型カラーLCDの現状と動向などについて述べる。

9.2 反射型カラーLCDの現状と動向

9.2.1 反射型カラーLCDの構造

当社が今回開発したSTNモード反射型カラーLCDの製品仕様と性能の一例を表1に示す。従来のバックライト付き透過型カラーLCDと比較すると厚さ：約1／2以下，重量：約1／3程度，消費電力：約1／7程度という非常に優れた特徴を有しており，特にモバイル機能を重要視する携帯情報端末に最適なディスプレイとなっている。

図3に当社のSTNモード反射型カラーLCDの断面構造を示す。当社の反射型カラーLCDの基本構造は1枚偏光板と反射板の間にカラーフィルタ層，透明電極，液晶層，前方散乱フィルムおよび位相差フィルムなど

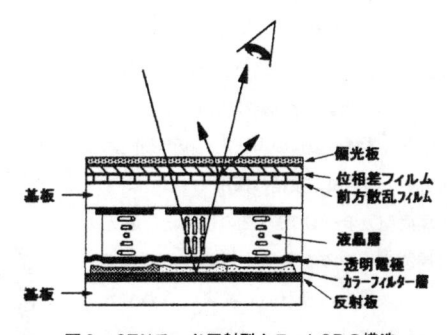

図3　STNモード反射型カラーLCDの構造

表1　STNモード反射型カラーLCDの製品仕様と性能

サイズ	10.4型	7.2型	5.7型
画素数	640×3[H]×480[V]	640×3[H]×480[V]	320×3[H]×240[V]
コントラスト	14：1	12：1	14：1
応答速度	250〜300ms	250〜300ms	250〜300ms
反射率*	30%	25%	30%
視野角**	垂直：−40 to +50 deg　水平：−50 to +50 deg		
消費電力	〜180mW	〜90mW	〜70mW
重さ	310gr	180gr	120gr
厚さ	〜3.0mm	〜3.0mm	〜3.0mm

*　光入射角：60 deg. ref. MgO
**　視野角：CR>2

を挟み込んだ構造となっており，いわゆる1枚偏光板方式の反射型カラーLCDである。

当社の反射型カラーLCDの構造上の特徴は，一般によく知られている反射機能と電極機能が一体化された反射電極構造ではなく，反射機能と電極機能が完全に分離された構造となっていることである。当社では反射機能と電極機能を分離したほうが，パネル製造の容易性あるいは信頼性の面から有利であると考えている。

当社が今回開発したSTNモード反射型カラーLCDの技術的な特徴としては，次の5項目が挙げられる。

① 高開口率技術の採用
② 高性能反射板の開発
③ 反射型用カラーフィルタの開発
④ STNモード液晶セル設計の最適化
⑤ 低消費電力化駆動技術の採用

以下に各技術項目の現状と今後の動向について概説する。

9.2.2 高開口率技術の採用

反射型カラーLCDはその性格上，外光（周囲光）のみを利用することによってカラー表示を行うため，従来の透過型カラーLCD以上に開口率は重要な要素であり，より明るいカラー表示を実現するには可能な限り開口率を向上させることが必要である。図4に当社の反射型カラーLCDに採用されている高開口率の画素パターンを示す。反射型カラーLCDの画素パターンは，透過型のそれに比べて画素間（遮光部に相当）のスペースが約半分になっている。

図4 高開口率の画素パターン

今回開発した当社のSTNモード反射型カラーLCDの開口率は，フォトリソグラフィ技術およびアライメント技術の改良により，従来比15～25％程度の開口率改善となっており，製品によっては開口率が90％を超え，非常に明るい表示を実現している。

9.2.3 高性能反射板の開発

反射型カラーLCDは，その構成によって種々の方式に分類[1]されるが，高精細カラー表示の実現を前提にした場合，「視差が生じる」あるいは「混色による色純度の低下が起こる」といった問題があるため，反射板は液晶セルの内面に設ける必要がある。

従来反射板については，機能分離方式と散乱機能方式と呼ばれる2種類の反射板方式が提案さ

(a) 機能分離方式　　　　　　　(b) 散乱機能方式

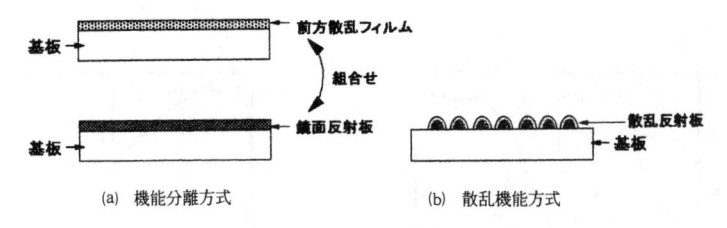

図5　各種の内面反射板方式

れている。図5に各種の内面反射板方式の断面構造を示す。(a)に示す機能分離方式は液晶セルの内面に形成された鏡面反射板と液晶セルの前面に設けられた前方散乱フィルムとの組合せによる方式である。一方(b)に示す散乱機能方式は液晶セルの内面に形成する反射板に散乱機能を持たせる方式である。

現在当社では上記2種類の反射板方式について種々の検討を行っているが，今回開発したSTNモード反射型カラーLCDには図5の(a)に示す機能分離方式の反射板方式を採用している。

反射板については，一般によく知られているアルミ（Al）金属膜を基本的には使用しているが，当社ではその膜構成を工夫することによって高反射の反射板を開発している。図6に今回開発した反射板の反射率特性を示す。今回開発した反射板は，従来のアルミあるいは銀（Ag）よりも高い反射率を有し，優れた反射板となっている。

前方散乱フィルムについては，ヘイズ度を最適化することによってコントラスト低下の要因となる後方散乱を低減し，かつ適度な視角特性を実現できるようにしている。

図7に今回開発した当社の機能分離方式反射板の散乱特性を示す。当社の機能分離方式反射板

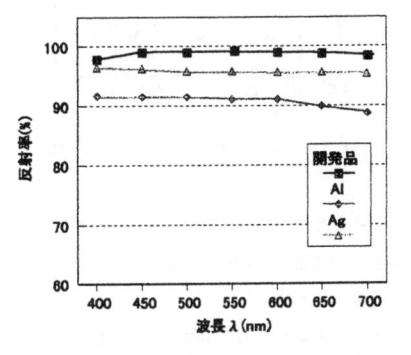

図6　反射板の反射率特性

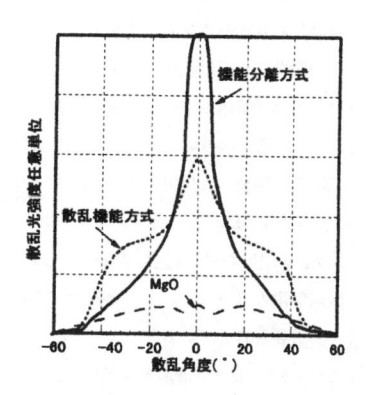

図7　機能分離方式反射板の散乱特性

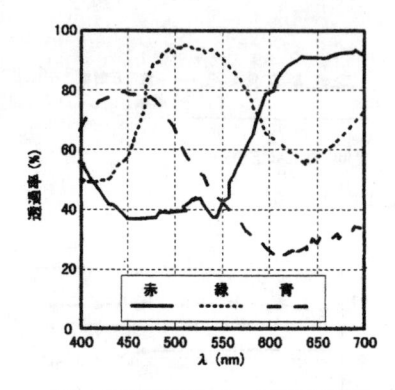

図8　反射型用カラーフィルタの分光特性 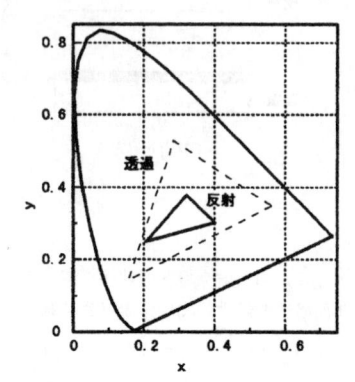　　　　図9　反射型用カラーフィルタの色度図

は前方散乱フィルムの改良などにより最適な視角範囲が拡大され，適度な散乱特性を示しているが，一般によく知られている散乱機能方式反射板[2]と比べるとまだ不十分であり，今後の課題として挙げられる。

9.2.4　反射型用カラーフィルタの開発

当社はカラーLCDの表示品位に大きな影響を及ぼすキーパーツであるカラーフィルタを内製しているため，今回反射型カラーLCDの開発に当たり，反射型という方式に最適な特性を持つ専用設計のカラーフィルタを開発している。

今回開発した反射型用カラーフィルタの分光特性と色度図をそれぞれ図8と図9に示す。今回開発した反射型用カラーフィルタは着色材料設計の最適化を主に行い，透過率と色純度の両立度を高めている。図9の色度図に示される色度点を見る限り，従来の透過型用カラーフィルタと比べて，今回開発した反射型用カラーフィルタは色再現性範囲が著しく低下しているように見えるが，反射型LCDの場合原理上カラーフィルタを2回通過（入射時と出射時）するため，実際のLCDの表示色は適度な色再現性を示している。

反射型用カラーフィルタの今後の課題として，当社では赤色フィルタ用の着色材料を改良することが重要と考えている。

9.2.5　STNモード液晶セル設計の最適化

反射型STNモードの液晶セル設計における重要なポイントは図10に示すように，1枚偏光板と可能な限り少数の位相差フィルムの最適構成配置により，STNモード自体の表示の着色現象を防止し，無彩色化および高コントラスト化を実現することである。

今回当社では最適構成配置を見出すために光学シミュレーション設計を導入し，1枚偏光板と

2枚位相差フィルムの組合せにより無彩色でかつコントラスト比12～14：1の反射型カラーLCDを開発している。表示方式についてはノーマリーブラック（NB），ノーマリーホワイト（NW）の両面から種々の検討を行っているが，今回開発した反射型カラーLCDに関してはノーマリーブラック方式を採用している。

9.2.6 低消費電力化駆動技術の採用

反射型カラーLCDが携帯情報端末のディスプレイに採用される最大の理由は，その消費電力の低さにあり，その低減は今後の携帯情報端末市場での反射型カラーLCDの成長を左右するものと考えられる。

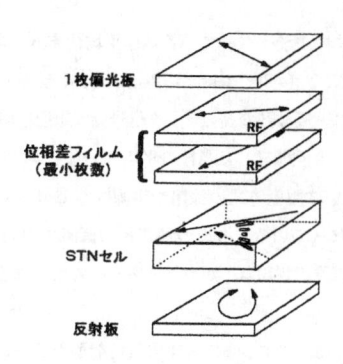

図10 STNモード液晶セル設計

一般に透過型カラーLCDの消費電力は，大別するとバックライト部が約70％であり，残りの約30％を液晶パネル部が占めると言われている。したがって，バックライトを取り除いた反射型カラーLCDの消費電力はそれだけで約70％低減される訳であるが，前述したように今後の携帯情報端末市場での成長を確実なものにするためには可能な限りの消費電力低減が非常に重要である。

当社では低消費電力化の対策として，液晶パネル駆動方式の改良や電源回路部（DC－DCコンバータ）などの高効率化を行っている。図11に液晶パネルの駆動方式を示す。(a)方式は，これ

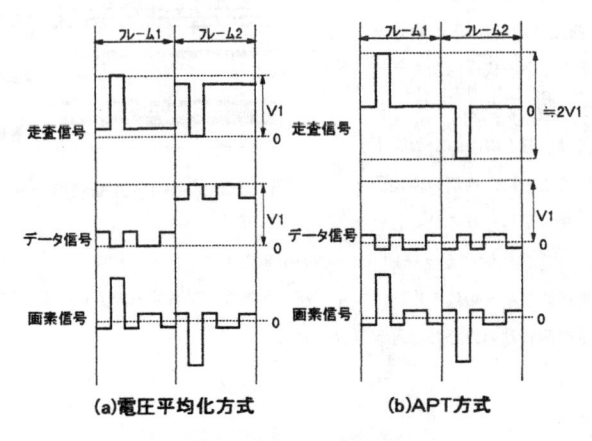

図11 液晶パネルの駆動方式

まで主流となっている電圧平均化方式の駆動波形であり，(b)方式は消費電力低減に効果のあるAPT（Alt-Pleshko-Technique）方式の駆動波形である。APT方式は電圧平均化方式に比べて，周波数の高いデータ信号側の電圧振幅が低いため，消費電力の低減に効果的である。

今回開発した当社のSTNモード反射型カラーLCD（例；7.2型VGA対応）の消費電力は，APT駆動方式の採用や電源回路部の高効率化などにより従来比1／7程度の約90mW程度となっている。今後の消費電力低減化の対策としては，MLS（Multi-Line-Selection）駆動方式[3]の採用などが有効であると考えられる。

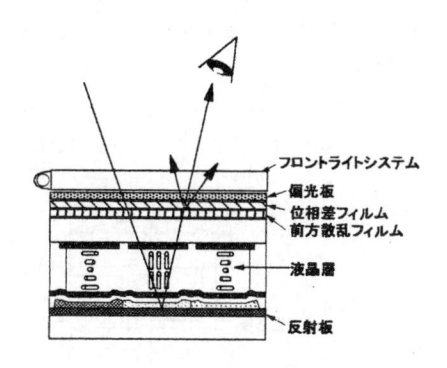

9.3 フロントライト方式反射型カラーLCDの現状と動向

反射型カラーLCDは前項でも述べたようにその性格上，外光（周囲光）のみによりカラー表示を行うため，どうしても暗い環境下では視認性が低下する，あるいは見えなくなるといった問題を抱えている。

この問題を解決する手段として，最近各所で液晶パネルの前面に補助光源を付けた"フロントライト"と呼ばれる方式[4]の反射型カラーLCDの開発が活発となっている。

図12に当社が開発を進めているフロントライト方式反射型カラーLCDの基本構造を示す。フロントライトシステムは透過型LCDに採用されているバックライトシステムとよく似た構造であり，フロントライト導光板とその側面に設けられた光源から構成されている。今回開発したフロントライト方式反射型カラーLCDは実用化に当たっては，いくつかの課題を残してはいるものの，フロントライトを点灯することにより暗い環境下でも十分明るい表示が得られている。

図12 フロントライト方式反射型カラーLCDの構造

フロントライト方式反射型カラーLCDの今後の課題点としては，主にフロントライト導光板の最適な光制御機能が挙げられるほか，タッチパネル機能を装備する際の構造上の問題，さらにフロントライトの消費電力の問題などが懸念される。

9.4 半透過反射型カラーLCDの現状と動向

周囲の環境に応じて，透過表示モードと反射表示モードを自由に選択できる半透過反射型カラーLCDは前述したフロントライト方式同様，暗い環境下でも使用できる有用なディスプレイである。

図13にこれまで実用化されている半透過反射型白黒LCDの断面構造を示す。構成上の特徴としては，バックライトと下側偏光板の間に半透過反射板が設けられていることである。半透過反射型LCDについては，上述したように白黒LCDは実用化されているが，カラーLCDについては一部開発品が発表されている程度で実用化には至っていない状況である。その理由は理論上1／3に光量を低減してしまうカラーフィルタを導入することにより透過表示モードの明るさはともかく，反射表示モード時の明るさが著しく低下し，視認性が悪化するからである。

ところが最近，この問題を解決する新しい方式[5]が提案されている。この方式は図14に示すように液晶パネルの外面に特定の偏光成分を反射し，残りの偏光成分を透過する機能を持つ反射偏光板を使用したものである。

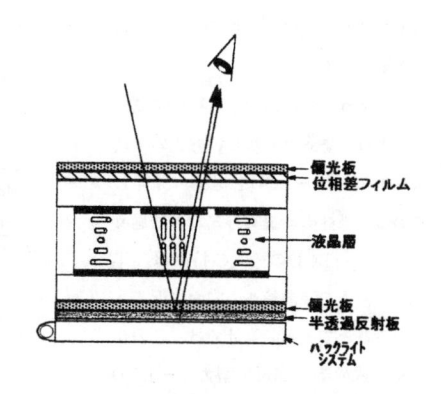

図13 半透過反射型白黒LCDの構造

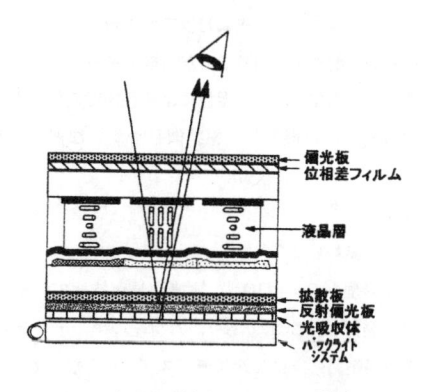

図14 半透過反射型カラーLCDの構造

この方式は光利用効率の点で優れた方式で透過表示モードおよび反射表示モードのいずれの表示モードにおいても，明るい表示が実現できるという特徴を有している。

しかしながら，この方式の問題点は透過表示モードと反射表示モードでその表示がネガポジ反転するため，データ信号を変換して同じ表示を実現しなければならないことと，このネガポジ反転の影響で透過表示モードのコントラスト特性が周囲の環境条件に依存してしまうことである。

前者は回路技術的な面から比較的簡単に解決可能であるが，後者は環境条件および機器用途によっては深刻な問題と考えられる。

このような状況の中，当社は図15に示すようなまったく新しい方式の半透過反射型カラーLCDを提案・開発している。当社の新提案方式の半透過反射型カラーLCDの最大の特徴は，半透過反射板を液晶セルの内面に形成していることである。当社では，この新提案方式の半透過反射型カラーLCDをIHM（Internal-Half-Mirror）方式[8]と呼んでいる。

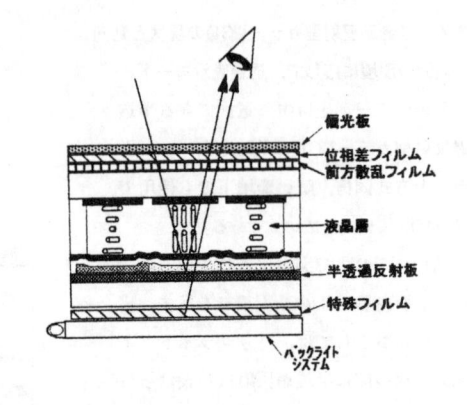

図15 IHM方式半透過反射型カラーLCDの構造

このIHM方式は基本的には半透過反射板を使用しているため理想的な光利用効率とは言えないが，少なくとも1枚偏光板で反射表示を行うことができるため，従来の2枚偏光板方式よりも明るい反射表示を得ることが可能であり，さらに反射表示モードにおいてとかく問題とされる視差の発生もなく，また混色による色純度の低下も防止できるなどの利点を有している。その他，タッチパネル機能などを装備しやすいなどの特徴を有しており，今後の展開が大いに期待される。

9.5 おわりに

反射型カラーLCDは，本来液晶が持っている"低消費電力・薄型・軽量"といった特徴を十分に発揮したLCDであり，21世紀のマルチメディア情報社会において飛躍的な成長が期待される携帯情報端末に最適なディスプレイとなっている。

各種の反射型カラーLCDが本格的に実用化されようとしている中で，本稿で述べたようにSTNモード反射型カラーLCDは携帯情報端末市場の要求に応えるべく，その性能を確実に進展させてきており，今後携帯情報端末のディスプレイとしての一翼を担うことを切に願っている次第である。

文　　献

1) T.Uchida, AM-LCD'95 Digest, p.23 (1995)
2) Y.Itoh *et al.*, 月刊LCD Intelligence, 1月号, p.36 (1998)
3) T.Kurumisawa *et al.*, SID'96 Digest, p.351 (1996)
4) T.Ogawa,: EDF'98 Proceedings, 4-22 (1998)
5) O.Okumura,, EDF'98 Proceedings, 4-16 (1998)
6) T.Motomura, 月刊ディスプレイ, 9月号, p.70 (1998)

10 CSHモード反射型カラーLCD(1)

関　秀廣*

10.1 はじめに

　透過型カラー液晶において，入射光の強度はカラーフィルタ，TFTの開口率，偏光子によって大幅に減少する。従って，輝度を向上させるために背景光源を必要とする。しかしながら，将来の携帯型システムを構築しようとする場合には消費電力の低減が一つの大きな課題であり，そのためには背景光源を取り除き，光の利用効率の向上を実現させなければならない。一方，反射型は限られた光量の外部光を利用することから，透過型に比べて十分な明るさが得られず暗い表示となってしまう。しかし，低電力であること，光路が往復2倍となるため光学効果が2倍となること，鏡面対称構造から自己補償効果が得られること等から，最適設計を施すことにより光の利用効率の向上が期待され，通常の印刷物並の表示品位を得ることが可能となる。

　ここではCSH（Color Super Homeotropic）モードの概念に基づいた新しい反射式電界制御型複屈折性（R-ECB：Reflective Electrically Controlled Birefringence）モードについて述べる。図1に従来の透過型ECBモードの構造を示す[1]。この素子は2枚の偏光子とその間に挿入した液晶層とで構成される。液晶層では電圧により分子の配向変形が起こり，複屈折効果を変化させることができる。この場合，分子短軸方向に比誘電率が大きいNn型液晶を用い，分子が電圧印加時に入射偏光と45度なす方向に傾斜するように工夫をしておく。この方向に傾斜することにより最も大きな複屈折効果を得られるからである。傾斜方向の制御には液晶分子を予め配向基板の垂直方向から僅かに傾斜させる方法や，電界が偏るような電極構造を与えておく方法が取られる。off状態では液晶分子が垂直に配向しており，素子に垂直入射した光には光学的に等方的になる。従って，複屈折効果はなくなることになり，良好な暗状態を得ることができる。

　ただし，斜め方向では複屈折効果が生じ，視角依存性が大きく現れてしまう。このECBモードが，一時期注目されその後しばらく用いられなくなった理由の一つがこれである。その後，図2のような視角依存性の欠点を克服したCSH（Color Super Homeotropic）モード

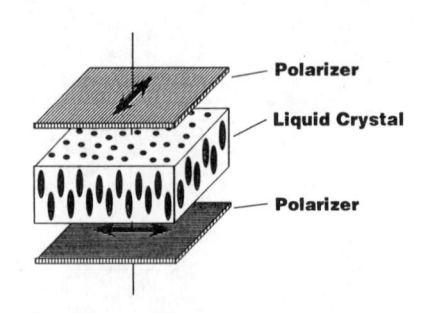

図1　従来の電界制御型複屈折性液晶表示素子（ECB）の構造[1]

＊　Hidehiro Seki　八戸工業大学　工学部　教授

が提案された[2~5]。この素子は，上述の垂直配向のECBモードを用いており，off状態での斜め方向からの光の漏れを押さえるために一軸性の光学補償板（OC）を2枚の偏光子間に挿入している。液晶分子が傾斜するにつれて液晶層のリタデーションは増大するが，OCでは減少するように働き，素子全体としては視角依存性が無くなるように設計される。液晶層は電圧印加に伴い，良好な暗状態から白色状態，そして着色状態へと

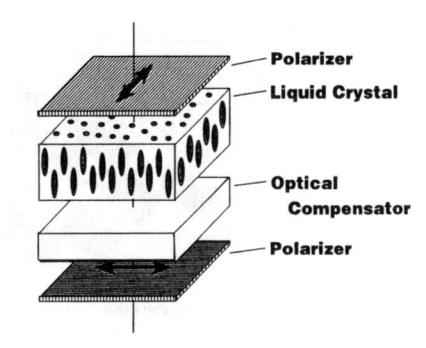

図2　CHS(Color Super Homeotropic)の構造[2~5]

遷移していく。CSHモードでは，暗から白色に変化する閾値付近が中心に用いられ，液晶は白黒のライトバルブとして機能する。カラー化は液晶層に積層された平面配置の赤，緑，青のマイクロカラーフィルタにより可能となり，液晶層の透過率を調整することによりフルカラー化が図られる。CSHモードは高コントラスト，高色純度，中間調，高速度応答の特長を示す。

　しかし，CHSモードは良好な黒状態が得られる反面，閾値付近における透過率の立ち上がりを用いるため，透過率を高くすることは難しい。従って，閾値付近の電気光学特性が急峻であることが望ましい。この特性を改善向上させるには液晶層の光路差Δndを出来るだけ大きくすることが求められる。ここでΔnは液晶の屈折率異方性であり，dは液晶層の厚さである。Δnを大きくするには負の誘電率異方性をもつ液晶材料自身の開発が必要であり，dの増加を図ることは応答時間の増加を招くことになってしまう。従って，いずれの方法でも透過型CSHモードで大きなΔndを得ることはたやすいことではない。この点，反射型モードでは光が液晶層を往復2度通過することになるので，実効的な光路差が$2\Delta nd$となり，透過型の2倍の値が簡便に得られることになる。この反射型CSH（R-ECB）モードでは偏光子が1枚であること，カイラル物質等の添加が不要であること，既存の技術により製造が可能であることの特長がある。

10.2　R-ECB液晶素子の構造と動作原理

　CSH素子の反射型は，素子の片面に反射板を配置することで簡易に構成することができる。しかし，表示状態では液晶層面と反射板表面の2つの部分で像ができてしまい，2重像が観察されてしまう。これを視差（parallax）と言い，高解像度化を図る上で障害となってしまう。原因は液晶層と反射板の間には偏光子や配向基板が挿入されるため，両者に空間的なずれが生じてしまうからである。

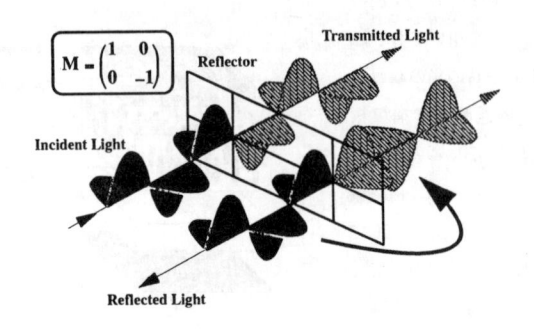

図3　金属表面における光の反射（偏光保存タイプ）

　そこで，液晶層と反射板表面間には何も介さず，直接接触させる方法を考える。従って，偏光子は入射面の1枚だけに削減されることになる。光を吸収する部材が減ることは，それだけ明るさを損なうことがないため反射型化には望ましい。この場合，反射板の光学的性質として偏光解消タイプと偏光保存タイプがあることに注意を図る必要がある。偏光解消タイプの典型的な材質として紙が挙げられる。紙表面で入射偏光は多重に屈折と反射を受けるため，反射された光は自然光に変換されてしまう。一方，偏光保存型として金属がある。金属内部には自由電子があり，内部電界を常に打ち消す働きをしている。金属表面に光が入射した場合の反射光の状態を図3に示す。入射した光は金属反射板が無い場合は透過光のような進行をする。金属面はこの光の進行を妨げるために打ち消しの電界を発生させる。結果として入射電界ベクトルを打ち消す形で反射光が生じる。このことは入射光が円偏光の場合，反射により円偏光の回転方向が反転してしまうことを意味する。円偏光が2つの直交し，かつ位相差が$\pi/4$の直線偏光の合成光と考えられるからである。

　こうした金属性，すなわち偏光保存タイプの反射板の性質を利用した反射型CSH（R-ECB）の構造と動作原理を図4に示す。新たに1/4波長板が偏光子と液晶層の間に挿入されている。ここで液晶層は，off状態で分子が配向基板にほぼ垂直で複屈折性は無く，光学的に等方状態となる。一方on状態では傾斜し1/4波長板となるように調整しておく。

　off状態で入射光は偏光子で直線偏光となり，1/4波長板を透過することで円偏光に変換される。光は等方的な液晶層を通過してもそのまま変化せず，反射板で反射を受けた後，逆回りの円偏光となる。さらに液晶層を通過し，1/4波長板により直線偏光に変換される。結果として入射光の偏光方向は90度回転し，偏光子の吸収を受け暗状態となる。一方，on状態では1/4波長板のリタデーションが，光軸の直交した液晶層のリタデーションで補償されてゼロとなる。従っ

て偏光子を通過した直線偏光はそのままの偏光状態で反射，出射するため明状態が得られることになる。

10.3 新素子における光学的取り扱い

R-ECBの偏光状態をジョーンズマトリクスを用いて表現する。液晶は電界によって可変できるリタデーション板とみなすことができる。偏光に敏感な素子を通過する偏光の変化を記述する定式化を図るために2×2のジョーンズマトリクス計算を用いる。ジョーンズマトリクス計算は入出力のジョーンズベクトル間の関係を記述するのに適している。ジョーンズマトリクスMはA, B, C, Dの4成分で表現すると次のように表される。

$$(M) = \begin{pmatrix} A & B \\ C & D \end{pmatrix}$$

$$= \begin{pmatrix} \cos\frac{\Gamma}{2} - j\cos2\theta\sin\frac{\Gamma}{2} & -j\sin2\theta\sin\frac{\Gamma}{2} \\ -j\sin2\theta\sin\frac{\Gamma}{2} & \cos\frac{\Gamma}{2} + j\cos2\theta\sin\frac{\Gamma}{2} \end{pmatrix}$$

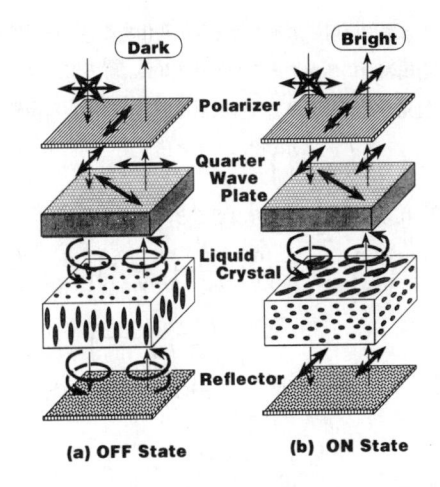

図4 反射型ECBモードの動作原理

ここで$\Gamma = 2\pi R/\lambda$はリタデーション，Rは液晶中の光路差，λは光の波長である。

反射型素子では入射光は入射側に戻って来るが，取扱を容易にするため図5のように光は一方向に進行すると考え，各光学素子はそれに合わせた形で光学効果を表現する。この素子では入射

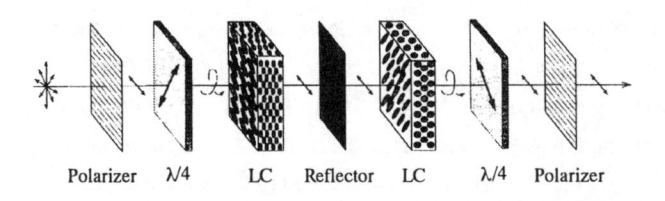

図5 反射型ECBモードにおけるジョーンズマトリクス計算に用いる光学系

光は鏡面反射により進行方向が変化するが，電界は自由電子の電界の打ち消し効果により，鏡面金属表面に進入することができない。従って，反射板のジョーンズマトリクスは図3のように反射光を右下矢印のように反射板面で折り返した振動方向を考慮して，次のように求められる。

$$\begin{pmatrix} 1 & 0 \\ 0 & -1 \end{pmatrix}$$

これらの光学効果を考慮すると，素子の光の出力ベクトルは次のようになる。

$$\begin{pmatrix} L_x \\ L_y \end{pmatrix} = \begin{pmatrix} 1 & 0 \\ 0 & 0 \end{pmatrix} \frac{1}{\sqrt{2}} \begin{pmatrix} 1 & -j \\ -j & 1 \end{pmatrix} \begin{pmatrix} A & -B \\ -C & D \end{pmatrix} \begin{pmatrix} 1 & 0 \\ 0 & -1 \end{pmatrix}$$

$$\begin{pmatrix} A & B \\ C & D \end{pmatrix} \frac{1}{\sqrt{2}} \begin{pmatrix} 1 & j \\ j & 1 \end{pmatrix} \begin{pmatrix} 1 & 0 \\ 0 & 0 \end{pmatrix} \frac{1}{\sqrt{2}} \begin{pmatrix} 1 \\ 1 \end{pmatrix}$$

$$= \begin{pmatrix} A^2 - D^2 - j(AB + BD + AC + CD) \\ 0 \end{pmatrix}$$

$$= \frac{1}{\sqrt{2}} \begin{pmatrix} \sin \Gamma \\ 0 \end{pmatrix}$$

$$Rf = \frac{1}{2} \sin^2 \Gamma$$

ここでRfは反射光強度を表す。off状態の出力光（$\Gamma = 0$）は，

$$\begin{pmatrix} L_x \\ L_y \end{pmatrix} = \begin{pmatrix} 0 \\ 0 \end{pmatrix}$$

となり，光は偏光子により通過を阻止され，表示は暗状態となる。一方，$R = \lambda/4$のon状態では，

$$\begin{pmatrix} L_x \\ L_y \end{pmatrix} = \frac{1}{\sqrt{2}} \begin{pmatrix} 0 \\ 0 \end{pmatrix}$$

が得られ，ベクトル成分Lxは0ではなくなり，表示状態は明状態となる。反射光の光強度は入射光の1/2となるが，これは偏光子により50%の光が吸収されてしまうことを意味している。

10.4　透過型CSHと反射型R-ECBモードの比較

　反射型R-ECBモードのリタデーションは，透過型CSHモードの2倍となるので印加電圧依存性が急峻になることは明らかである。図6にはコントラスト比の電圧依存性を示している。この場合，480本の走査本数を仮定している。印加電圧条件はVon/Voff＝1.0467である。反射型モードの反射率は透過型モードに比べて低い電圧において変化し始め，かつ高いコントラストを示している。規格化電圧が1.00の条件で反射型モードは3倍の明るさが得られる。コントラスト比1：5において，反射型モードの反射率は40%である。この値は理想偏光子の透過率の80%の

(a) 透過型CSHモード   (b) 反射型R-ECBモード

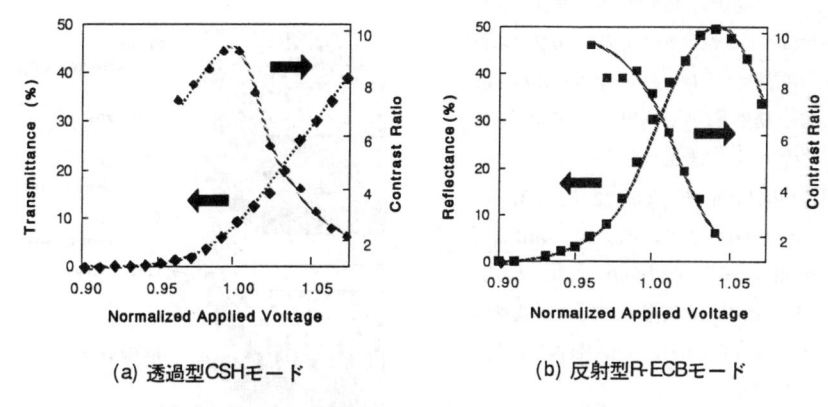

図6　透過型CSHモードと反射型R-ECBモードにおける電気光学的特性の比較

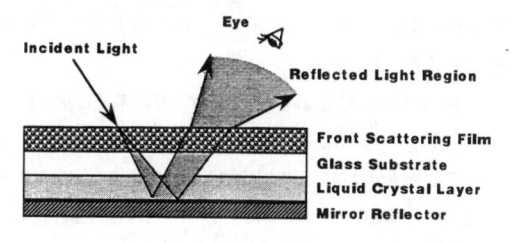

図7　前方散乱型フィルムを用いた反射型LCD の概念[7,8]

値になることから，新たに考案した素子は反射型表示に十分な特性と考えられる。

10.5　角度依存性の改善

これまでは垂直入射時の光の挙動を考えてきたが，反射型モードでは一般に散乱板を液晶素子の背面に配置しただけでは表示が暗くなってしまう。これは反射光の一部が液晶層内の全反射効果により内部に閉じ込められ，表示に寄与しないためである。この課題を解決し，さらに視角依存性を向上させるには2つの方法がある。一つは反射板の表面形状を精密に制御する方法であり[6]，他は前方散乱フィルムを用いた方法である[7]。

後者は従来の素子にフィルムを積層する簡便な方法で作製できる。前方散乱フィルムを用いた反射型素子の構造を図7に示す[7,8]。明状態では入射光は前方散乱フィルムで散乱され，液晶層を通過する。このフィルムは前方にのみ散乱するように設計されており，後方散乱成分は無い。

平坦な鏡面は入射角度と同じ角度で光を反射する。反射光は再度前方散乱フィルムで散乱を受け，素子の外部へ出射される。結果として，入射光は2度前方散乱フィルムにより散乱を受け，実効的に広い視野角を得ることができる。反射が鏡面で行われるため，液晶層内で起こる全反射による光の損失が無くなり，より明るい表示状態が実現できる。この素子の構造は簡単であり，従来の技術で製造が可能である。

前方散乱フィルムを用いた方法の新たに提案する反射型LCDを図8に示す。このLCDの主な要素は前方散乱フィルム，1/4波長板，ECB液晶層，そして鏡面電極である[7~9]。off状態では入射光は偏光子で吸収され，素子は暗くなる。on状態では入射光は前方散乱フィルムで散乱され，液晶層を通過する。このフィルムは前方にのみ散乱するように設計されており，後方散乱成分はない。平坦な鏡面は入射角度と同じ角度で光を反射する。反射光は再度前方散乱フィルムで散乱を受け，素子の外部へ出射される。結果として，入射光は2度前方散乱フィルムにより散乱を受け，実効的に広い視野角を得ることができる。この素子の構造は簡単であり，従来の技術で製造が可能である。

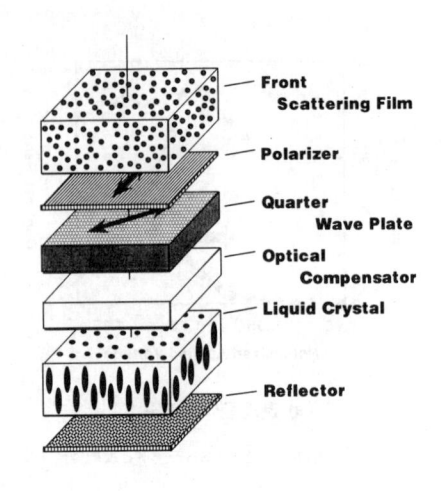

図8　前方散乱型フィルムを用いて広視野角化を図った反射型R-ECB構造[7~9]

10.6　おわりに

反射式電界制御型複屈折性液晶について検討した。この素子は前方散乱フィルム，偏光子，1/4波長板，負の誘電異方性をもつ液晶，鏡面反射板で構成されている。本素子の反射率はコントラスト5の条件で40%を示し，理想偏光子の80%に対応する。この素子は高いマルチプレックス性，中間調表示，簡便な構造，そして明るい特長を有している。

文　献

1) M.F.Schiekel and K.Fahrenschon : *Appl.Phys.Lett.*, Vol.19, No.10, pp.391-393 (1971)
2) S.Yamauchi, M.Aizawa, J.F.Clerc, T.Uchida and J.Duchene : SID 89 Digest, 22.1, pp.378-381 (1989)
3) J.F.Clerc, M.Aizawa, S.Yamauchi and J.Duchene : Japan Display '89, 7-5, pp.188-191 (1989)
4) J.F.Clerc : SID 91 Digest, 35.6, pp.758-761 (1991)
5) T.Yamamoto, S.Hirose, J.F.Clerc and Y.Kondo : SID 91 Digest, 35.7, pp.762-765 (1991)
6) N.Sugiura and T.Uchida : Digest of AM-LCD, P4-1, pp.153-156 (1995)
7) T.Uchida, T.Nakayama, T.Miyashita, M.Suzuki and T.Ishinabe : Asia Display '95 Digest, pp.599-602 (1995)
8) H.Seki, N.Sugiura, M.Shimizu and T.Uchida : SID 96 Digest, P-51, pp.614-617 (1996)
9) H.Seki, M.Itoh and T. Uchida : Proceedings of the 16th International Display Research Conference, LP-F, pp.464-467 (1996)

11 CSHモード反射型カラーLCD(2)

杉山　貴[*1], 岩倉　靖[*2]

11.1 はじめに

CSH (Color Super Homeotropic) -LCDは1989年にスタンレー電気，東北大学，及びフランスのLETIによって発表[1]された垂直配向型ECBモードの一種であり，高コントラスト，高速応答という垂直配向型ECBモード本来の特徴の他に，以下のような優れた性能を持ったLCDである。

① 独自の光学補償板を用いた広視角特性
② 低抵抗二層電極構造による均一表示特性

また，1991年には独自の電極構造を用い電界配向制御により更なる広視角化に成功している[2]。この方法は現在TFT-LCDに用いられているマルチドメイン構造による広視角化の原型といえるものである。

本節ではCSH-LCDに関して上記内容に簡単に触れた後，反射型LCDへの応用に関して詳しく述べる。さらに光配向法により垂直配向にプレティルト角を付与する方法についても簡単に紹介する。

11.2 CSH-LCDの特徴

11.2.1 広視角特性

垂直配向型ECBモードであるCSH-LCDはセル法線方向に於いて直交ニコルの偏光板で得られる非常に低透過率の黒が実現できるために高コントラスト比のノーマリーブラック表示が可能である。しかし反面，セル法線方向以外の視角方向からは良好な黒表示が得られないため視角特性は狭いものになってしまう。特に液晶分子が倒れる方向では視角特性の悪さは顕著であり非常に浅い角度から表示の反転が生じてしまう。

この視角特性を改善するためにCSH-LCDでは光軸が法線方向にありかつ負の複屈折率を有する一軸性光学媒体である独自の光学補償板を用いている。図1に示すようにこのような光学補償板を用いれば，光軸が法線方向にあり正の複屈折率を有する一軸性光学媒体で表される垂直配向した液晶層の視角特性を補償できることがわかる。すなわち電圧無印加時もしくは非選択電圧印加時の液晶層のリターデーションと光学補償板のリターデーションの和がセル法線方向以外か

[*1] Takashi Sugiyama　スタンレー電気㈱　研究開発本部　プロジェクト推進部　主任技師

[*2] Yasushi Iwakura　スタンレー電気㈱　研究開発本部　プロジェクト推進部

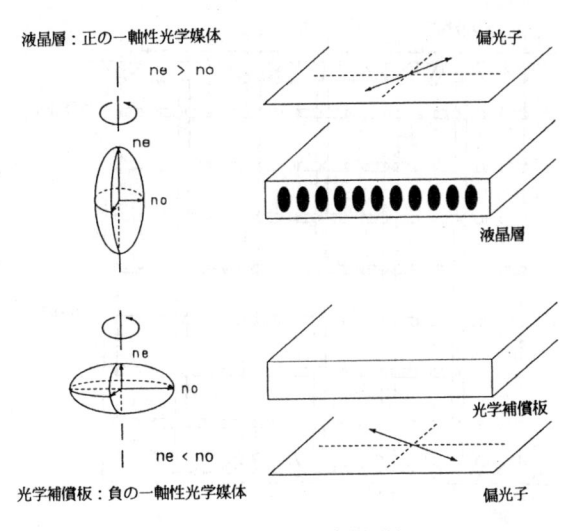

図1　CSH−LCD用光学補償板

ら見た場合もゼロになり，直交ニコルの偏光板と組み合わせることによって，黒レベルを広視角範囲にわたって低く抑えられ広視角特性が実現できる。図2に液晶セル及び光学補償板をそれぞれ単独で直交ニコルの偏光板の間に配置した場合の透過率の視角依存性と両者を組み合わせた場合のものを示す。液晶セルもしくは光学補償板のみの場合，両者は同じような視角依存性を示し，角度が大きくなると非常に大きな透過率の上昇を示すが，両者を組み合わせた場合は視角依存性が大幅に改善されていることがわかる。特にセル法線方向から30度以内では透過率がほとんどゼロとなっており，この範囲では高コントラスト表示が実現で

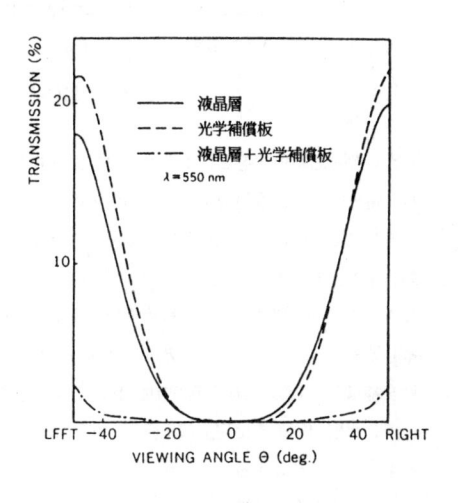

図2　透過率の視角依存性

きていることを示している。ただし，電圧印加時もしくは選択電圧印加時は上記のような補償が成り立たなくなるため，この方法のみによる広視角化には限界がある。

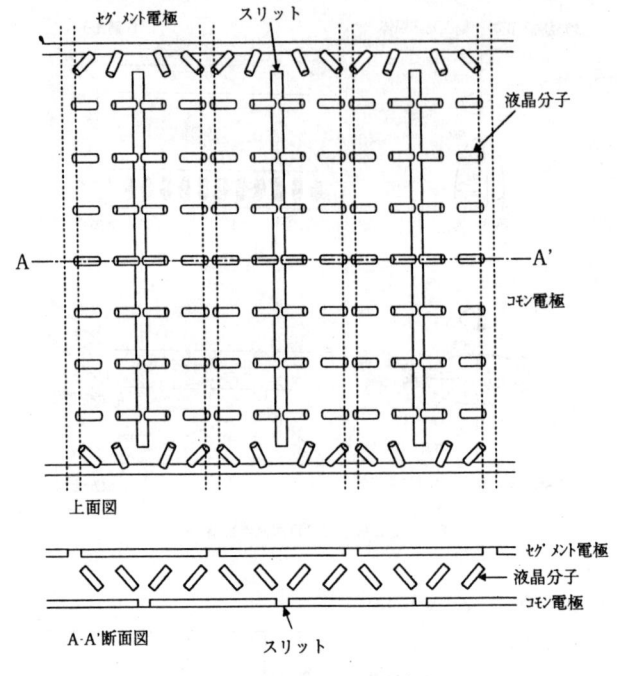

図3 電界配向による広視角化

さらなる広視角化を実現するために提案された方法が独自の電極構造を用いた電界配向法であり，電圧印加時に液晶分子を二方向以上の多方向に倒している。具体的には図3に示すように1つのピクセル内に透明電極が無い部分（スリット）を作製し，液晶層内に斜め電界を発生させ液晶分子の倒れる方向を制御するという方法である。ただし，ドットマトリクス型のLCD内ではピクセルエッジ部にも同様な斜め電界が発生しているため，図3に示すように両者の方向を揃える必要がある。このように多方向に液晶分子を倒すことによりそれぞれの領域がお互いの視角特性を補償し，LCD法線方向を中心としてほぼ対称な広視角特性が実現できる。このスリットを利用した配向制御では完全な垂直配向が利用でき，プレティルト角を付与する必要が無いため製造上でも利点を有する。

11.2.2 均一表示特性

カラーフィルタを用いたカラーLCDではカラーフィルタでの電圧降下を防ぐためにカラーフィルタ上に透明電極を設ける必要があるが，カラーフィルタの耐熱性の問題と透明電極に生じるクラックのため抵抗値の低い透明電極を設けることが困難である。単純マトリクス駆動のLC

Dにおいて透明電極の抵抗値が高い場合は透明電極での電圧降下の影響で表示ムラが発生してしまう。そこでCSH−LCDでは独自の二層電極構造を採用することによりこの問題を克服している。二層電極の構造と作製方法を図4を用いて説明する。

① ガラス上に通常のフォトパターニング工程で一層目の透明電極を作製する。カラーフィルタ作製前のためこの透明電極作製時には十分な熱を掛けることができ，低抵抗なものを得ることが出来る。

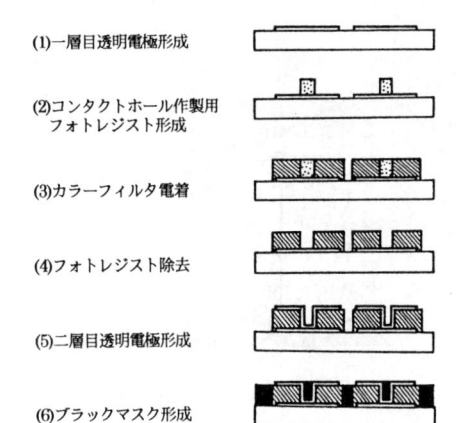

(1)一層目透明電極形成
(2)コンタクトホール作製用フォトレジスト形成
(3)カラーフィルタ電着
(4)フォトレジスト除去
(5)二層目透明電極形成
(6)ブラックマスク形成

図4　二層電極構造と作製方法

② 一層目の透明電極上にフォトレジストを塗布し，一層目と二層目の透明電極間を繋ぐコンタクトホールを形成するために，小さなスポット状にパターニングする。このコンタクトホールは開口率を低下させないためにピクセル間に設ける。

③ カラーフィルタを一層目の電極を用いて電着法にて作製する。②で作製したコンタクトホール部にはレジストがあるためカラーフィルタは形成されない。

④ コンタクトホール部のフォトレジストを除去する。

⑤ 二層目の透明電極をスパッタや蒸着法により形成し，フォトパターニング工程にて表示用電極を作製する。二層目の透明電極作製時はカラーフィルタ上のため低温で処理する必要がある。

⑥ ブラックマスクをカラーフィルタ間，およびフォトレジストを除去したコンタクトホールに形成する。

このように二層目の透明電極は高抵抗であっても一層目の電極とコンタクトホールを介して導通させることにより，単純マトリクス駆動のLCDにおいて表示ムラ防止に十分な低抵抗値を持った表示用電極を作製できる。

11.3　反射型LCDへの応用

反射型でもCSH−LCDの特徴である広視角，高コントラスト特性を実現するためには，透過型CSH−LCDで用いた光軸が法線方向にあり，かつ負の複屈折率を有する独自の光学補償板とともに，広波長帯域の1／4波長板（λ／4板）やセル設計の最適化が不可欠である[3]。図5に

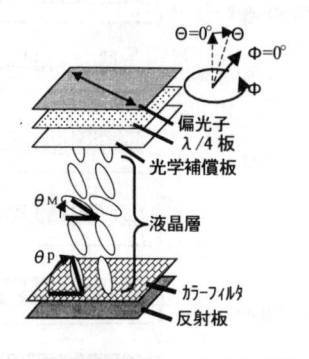

図5　反射型CSH－LCDの構造　　　図6　スペクトル特性

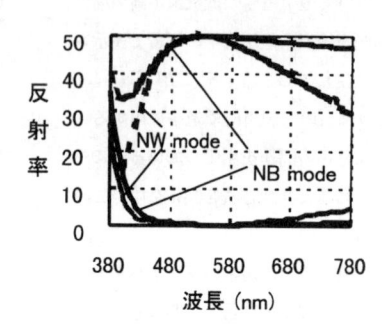

反射型CSH－LCDの構造を示す。

　広波長帯域λ／4板は良好な中間調表示を得るために必要であり，白および黒表示の色づきを抑制し，かつ黒表示の反射率を押さえて高コントラスト化を図る働きをする。これらの要求を満たすλ／4板のリターデーションは入射光源の波長に対して単調増加するが，そのような特性の位相子の作製方法として光軸をずらした複数の位相子を積層する方法[4]あるいは所望の配向構造を持つ液晶性ポリマーを用いる方法[5]などがある。図6は前者の方法で設計したλ／4板を用いた場合のスペクトル特性の一例である。白および黒表示時の彩度はマンセルクロマで1以内，黒表示時の反射率は他の複屈折を利用する表示モードと同程度に抑制することが可能である。

　一方，光学補償板並びにセル設計として下記の式に示すように，ある配向状態の液晶層を二軸性媒体に置き換え，その二軸性媒体の光軸方向では視角に関係なく液晶層と光学補償板とのリターデーション和が0となる条件を用いる方法が提案[6]されている。

$$n_1 = \frac{d}{n_\parallel}\left(\int_0^d A(z)^{-1/2}dz \cdot \int_0^d A(z)^{-3/2}dz\right)^{-1/2}, \quad n_2 = \left(\frac{\int_0^d A(z)^{-1/2}dz}{\int_0^d A(z)^{-3/2}dz}\right)^{-1/2},$$

$$n_3 = n_1, \quad D = \frac{n_\perp}{2n_1}, \quad A(z) = n_\perp^2 \cos^2\theta(z) + n_\parallel^2 \sin^2\theta(z) \quad \text{(式1)}$$

但し，n_1, n_2, n_3は光学補償板のx, y, z軸方向の屈折率，Dはフィルム膜厚，$n_\parallel$と$n_\perp$は液晶の光軸に水平および垂直の屈折率，dは液晶層厚，$\theta(z)$は変位zでの液晶分子配向角をそれぞれ表す。

　この方法を反射型CSH－LCDに適用した場合，非選択あるいは選択電圧印加時のいずれか一方の表示状態を光学補償できるが，条件によっては視角補償を施していない他方の表示状態において，液晶分子が配向する方位（図5中ではΦ＝90°）に直交する方位（Φ＝0°）の視角特性を損

なう問題が発生する。この視角特性劣化を改善するには，光学補償板並びにセル厚d，プレティルト角θ_pの設計を最適化する必要がある。

液晶の弾性定数並びに誘電率が既知の場合，電圧印加時のセル内の液晶分子配向$\theta(z)$は，弾性連続体理論より，セル内の液晶分子の最大配向角θ_Mを用いて規格化できる。例えば表1の液晶材料（Δnは0.2～0.26の範囲で任意）においてθ_Mで示される配向状態の液晶層を二軸性媒体に置き換えた場合，そのNz値はθ_Mによりある特定の値となる（図7）。このような配向状態にある液晶層に対して，式1に基づいて求めた光学補償板の設計条件（液晶層厚との比，D／d並びにNz）を図8に示す。

視角補償を施されたセルの視角反射率特性（ただし$\Phi=0°$，光線は観測位置に対して正反射する方向から入射）を図9に示すが，そのプロファイルは光学補償時のθ_Mの等しい系に対して，θ_p，液晶のΔnおよびdによらず，同じ形状となる。暗表示時の低反射率域を広げるにはθ_Mを

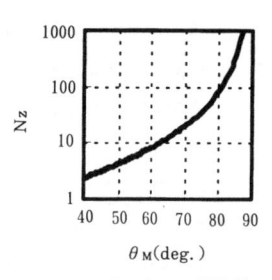

表1　液晶材料パラメータ

K11	14.0pN
K33	20.9pN
ε p	4.85
$\Delta \varepsilon$	-1.66
n⊥（$\lambda=550$nm）	1.5059

図7　液晶層のθ_M対Nz値

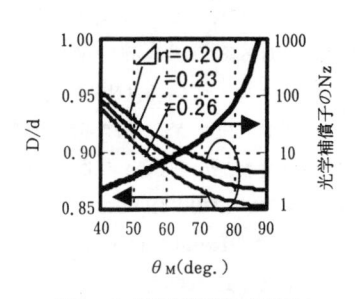

図8　θ_M対光学補償子の設計値

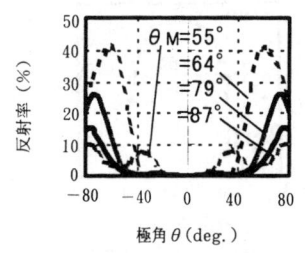

図9　暗表示時の視角反射率特性（シミュレーション）

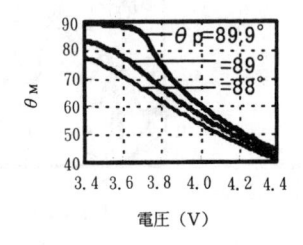

図10　印加電圧に対するθ_Mの変化

大きくとることが有効であり，図10に示すようにθ_pが大きくとると同じ電圧を印加してもより大きなθ_Mを得られる．

明表示時の視角特性は式2に示すセル厚条件を与えることで得られる．

$$d = \frac{\lambda/4}{R_{(Vs)} - R_{(Vns)}} \quad (式2)$$

ただし，dはセル厚，λは入射光の波長，$R_{(Vs)}$と$R_{(Vns)}$は選択および非選択電圧印加時のリターデーションをそれぞれ表す．

任意のθ_Mに対して，式2を満足するセル厚dを図11に示す．なお，駆動条件は1／120デューティー，10.25バイアス，Vs／Vns=1.0958である．

図12はセル厚条件から導かれる明表示時の視角反射率特性を示すが，そのプロファイルは光学補償時のθ_Mの等しい系に対してほぼ同じ形状となる．ノーマリーブラック（NB）モードの場合，明表示時の高反射率域を広げる条件は暗表示時の低反射率を広げる条件と同様に，光学補償時のθ_Mが高い系である．ノーマリーホワイト（NW）モードの場合θ_Mの低い系で明表示時の高反射率域が広くなる．しかしθ_Mが低すぎると暗表示時の低反射率域を狭めるので，明暗各表示状態で必要な視角領域を確保できるθ_Mを選定するよう注意しなければならない．

透過型CSH－LCDにおいては広視角化のために電界配向制御によるマルチドメイン構造が必要であったが，反射型CSH－LCDにおいては往復路の液晶分子配列がお互いに視角特性を補償するためにその必要はない．ただしこの場合，表示の均一性を確保するために表示面全体にわたって均一なプレティルト角を持った垂直配向を実現しなければならない．

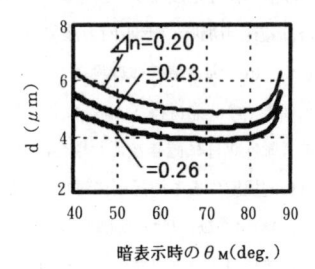

図11　暗表示時のθ_M対リターデーション変化λ/4が得られるセル厚

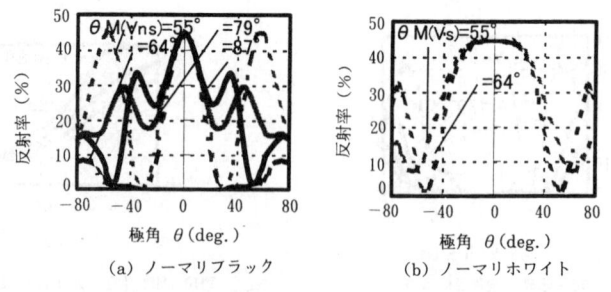

(a) ノーマリブラック

(b) ノーマリホワイト

図12　明表示時の視角反射率特性（シミュレーション）

11.4 光配向法によるプレティルト角制御

垂直配向においてプレティルト角を付与する方法[7]としては，垂直配向膜をラビングする方法や斜め蒸着等により傾斜下地構造を作った上に垂直配向処理する方法などが知られているが，前者は均一な配向が得られないことや，後者は量産性に乏しいという欠点を持っている。近年，垂直配向膜に斜め方向から紫外線を照射することにより簡単にプレティルト角が付与できることが示されており[8]，大面積にわたって均一なプレティルト角が得られ，かつ量産性に優れた技術として注目されている。水平配向に於ける光配向のように偏向光を作り出す必要がないため，一般の露光機のような照射装置が利用できる。プレティルト角が付与できる原理には諸説あり，ここでは側鎖タイプの垂直配向膜を用いた場合のプレティルト角付与のメカニズムの一説を図13を用いて紹介する。

① 垂直配向膜を塗布焼成した状態では配向膜側鎖の平均方向は基板に対して垂直方向であるが，その一本一本を見た場合垂直からやや傾いていると考えられる。このため界面付近の液晶分子は，側鎖との相互作用により完全な垂直配向とはなっておらずオーダーパラメーターが低い状態である。しかし，弾性エネルギーを最小にしようとするためバルクでは液晶分子のダイレクター($\vec{n}$)はそれらの平均である基板に対して垂直な方向に向く。従って，UV照射前の液晶分子は完全に垂直配向している（図13（a）参照）。

② 斜め方向からUV光が照射された場合，側鎖はそのエネルギーを吸収し分解もしくは切断というような何らかの変形を伴う。この変形は光の振動方向に平行に近い側鎖ほど受けやすいため，照射後の側鎖の傾き分布に異方性が生じる（図13（b）参照；×印の側鎖が変形を受けやすい）。

③ 側鎖の傾きの異方性を反映するバルクの液晶分子の配向方向も垂直から傾くと考えられる。UV照射方向に傾いた側鎖が最もUV光の影響を受けないため，その方向に最大確率を持った分布が生じる。従って液晶分子のプレティルト角方向は基板に垂直で照射方向を含む平面内で照射方向側に生じることになる（図13（c）参照）。

実際にUV光を斜めから側鎖型の垂直配向膜に照射してプレティルト方向を確認したところ図13（c）に示すようにUV光照射方向に傾きを持ったものになった。

もちろん反射型CSH−LCDにおいても透過型CSH−LCDで用いたような電界配向を利用すれば完全な垂直配向で良いため上記の光配向処理は不要になるが，ピクセル内に設けた透明電極が無い部分（スリット）による開口率の低下により反射率の低下を招いてしまい好ましくない。

液晶分子

側鎖

配向膜主鎖

(a) UV照射前の液晶分子配向

UV照射方向

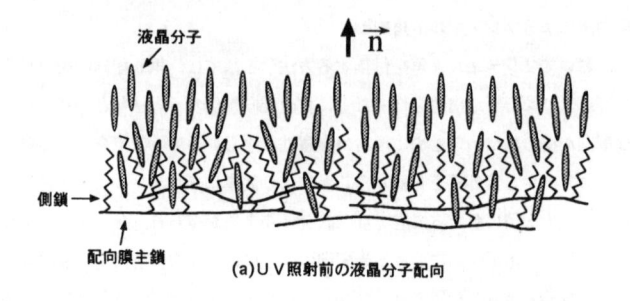

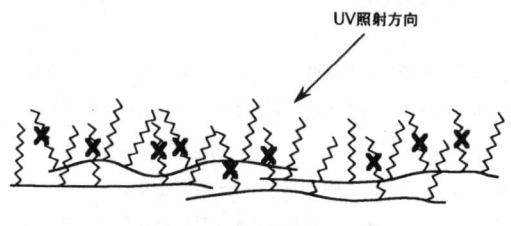

(b) UV照射による側鎖の減少

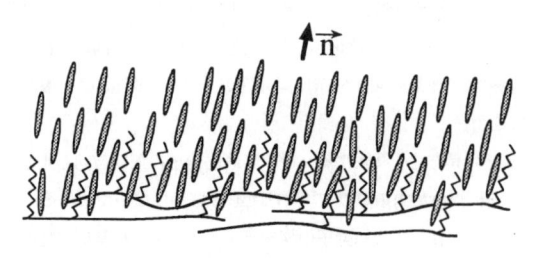

(c) UV照射後の液晶分子配向

図13 光配向法によるプレティルト角付与のメカニズム

文　　献

1) S.Yamauchi *et al*., SID 89 Digest, 378 (1989)
2) T.Yamamoto *et al*., SID 91 Digest, 762 (1991)

3) Y.Iwakura *et al.*, ILCC 98 P1-209, P-70 (1998)
4) T.Ishinabe *et al.*, AM-LCD 97 Digest, 135 (1997)
5) 杉浦規生ほか, 第22回液晶討論会予稿集, 301 (1996)
6) T.Miyashita *et al.*, J.SID, 3/1, 29 (1995)
7) J.F.Clerc, SID 91 Digest, 758 (1991)
8) たとえば杉山貴ほか, 特開平9-211468

12　ECBモード反射型カラーLCD(1)

西野利晴*

12.1　ECBモードとは

　ECBとは電界制御型複屈折の略（Electrically Controlled Birefringence）である。複屈折とは図1に示すように，2つの異なる屈折率（$n_x \neq n_y$）を持つことであり，このような物質を複屈折性物質という。この複屈折性物質の光に対する機能を図2に示す。複屈折性物質に45°の直線偏光が入射した場合を考える。ここでR，G，Bと記しているのは，光の3原色の代表としてRは赤で波長$\lambda = 610$nm，Gは緑で$\lambda = 550$nm，Bは青で$\lambda = 450$nmの単波長の光を表している。複屈折性物質の前後は，等方性の屈折率（$n_{x0} = n_{y0} = 1$）をもつ空気である。その領域では，x軸に振動する光とy軸に振動する光との間の位相差を保持した状態になっている。しかし複屈折物質（ここでは$n_x = 1.5$, $n_y = 1.0$としている）内では，x方向に振動する光とy軸に振動する波の伝播速度が屈折率nの大きさに反比例するため，複屈折物質内を進行すればするほど，2方向に振動する光の間の位相差Δは増加していく（図3参照）。ここで位相差Δは下記の内容である。

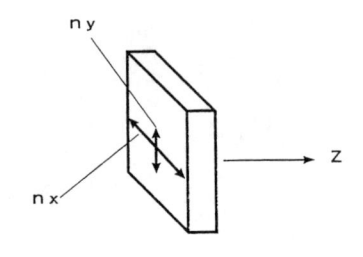

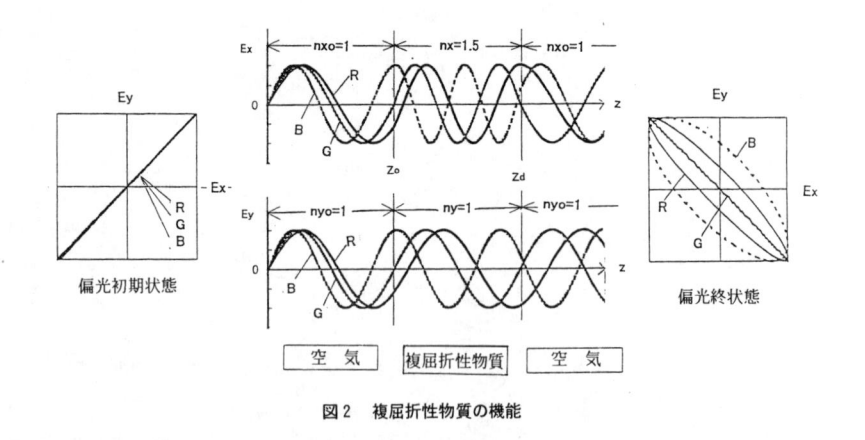

図1　複屈折性物質の構造

図2　複屈折性物質の機能

---

*　Toshiharu Nishino　カシオ計算機㈱　デバイス事業部　LCD1部　設計室　室長

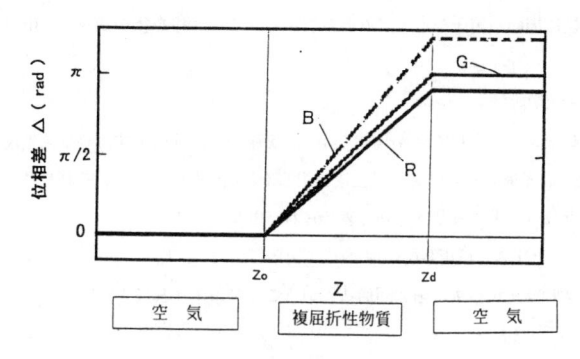

図3　複屈折性物質内の位相差の変化

$$\Delta = (2\pi/\lambda)(n_x - n_y)(z - z_0) \tag{1}$$

　また，その増加の仕方は光の種類により異なる。その結果，複屈折性物質を出た時には，光により異なった偏光状態に変わってしまう。このように複屈折性の波長依存性を利用して色出しをしたものが，このECBモード[1,2]である。また，液晶デバイスということで液晶を用いているが，この液晶も図4に示すように薄い複屈折性物質を重ねたものと考えられ，その複屈折性の大

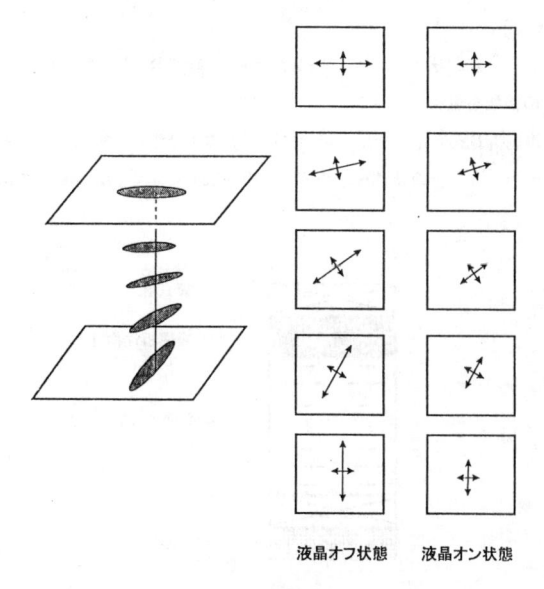

図4　液晶の構成

きさ Δ は，液晶に加わる電圧が増加すると減少する。この性格を色チェンジに用いている。

12.2 デバイス光学設計

光学シミュレーションとしてジョーンズ行列法を用い，図5に示すような偏光板，複屈折性物質，STN液晶，偏光板の構成に対して光透過率 $T(\lambda)$ を求めていく。それぞれの光学素子は，表1に示すようなベクトルまたは行列で表せられ，$T(\lambda)$ は

$$T(\lambda) = (DCBA)(DCBA)^{t*} \tag{2}$$

となり，また反射は光がパネルを2回通るということで反射率 $R(\lambda)$ は

$$R(\lambda) = T^2(\lambda) \tag{3}$$

となる。ここで反射板は完全反射板としている。

そしてこの $R(\lambda)$ から，下記の式より CIE 色度座標 (x, y, Y) を求める。

$$X = K\Sigma R(\lambda)\hat{x}(\lambda) \tag{4}$$
$$Y = K\Sigma R(\lambda)\hat{y}(\lambda) \tag{5}$$
$$Z = K\Sigma R(\lambda)\hat{z}(\lambda) \tag{6}$$
$$x = X/(X+Y+Z) \tag{7}$$
$$y = Y/(X+Y+Z) \tag{8}$$
$$K = 100/\Sigma y(\lambda)$$

ここで $\hat{x}(\lambda), \hat{y}(\lambda), \hat{z}(\lambda)$ は，XYZ表色系の等色関数[3]であり，Σ は波長 λ が400nmから700nmまでの総和を意味している。

そして液晶の複屈折量を変化させた（液晶に加える電圧変化分に相当）時の $R(\lambda)$ 値から，CIE色度座標 (x, y, Y) 上の軌跡を求める。一例を図6に示す。オフ電圧の時，最大の明度 a

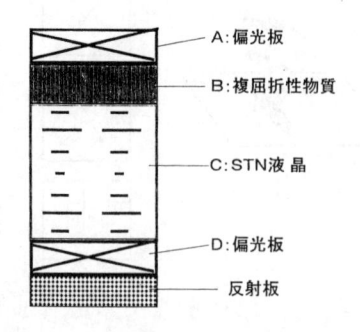

図5 ECBモード反射型カラーLCDの基本構成

表1　ジョーンズ行列法による光学素子の表現

光学素子	ベクトルまたは行列
偏光板（入射側） θ_A：透過軸角度	$A = \begin{bmatrix} \cos\theta_A \\ \sin\theta_A \end{bmatrix}$
複屈折性物質 θ_B：遅相軸角度 Δ_C：複屈折性物質の位相差	$B = R(-\theta_B) \begin{bmatrix} \mathrm{EXP}(-i\Delta_B/2) & 0 \\ 0 & \mathrm{EXP}(i\Delta_B/2) \end{bmatrix} R(\theta_B)$
液晶 θ_C：上基板側液晶分子の角度 ϕ：液晶分子のツイスト角 Δ_C：液晶の位相差	$C = R(-\theta_C - \phi) \begin{bmatrix} a & b \\ b^* & -a^* \end{bmatrix} R(\theta_C)$ $a = \cos[\phi(1+U^2)^{1/2}] - iU\{\sin[\phi(1+U^2)^{1/2}]\}/(1+U^2)^{1/2}$ $b = \{\sin[\phi(1+U^2)^{1/2}]\}/(1+U^2)^{1/2}$ $U = \Delta_C/(2\phi)$
偏光板 θ_D：透過軸角度	$D = R(-\theta_D) \begin{bmatrix} 1 & 0 \\ 0 & 0 \end{bmatrix} R(\theta_D)$

備考：
$$R(\theta) = \begin{bmatrix} \cos\theta & \sin\theta \\ -\sin\theta & \cos\theta \end{bmatrix}$$

点にあり，電圧を上げていくに従い，赤のb点，青のc点と明度が落ちていく。さらに電圧を上げていくと，今度はY値が大きくなり緑のd点へといく。そしてこの軌跡が要求される色空間領域を通るように光学素子のパラメータを決める。

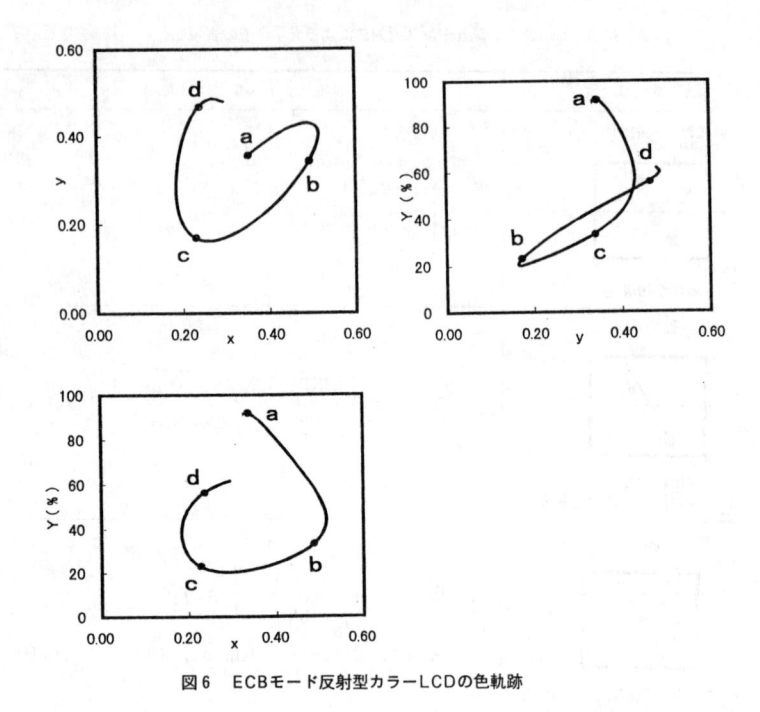

図6　ECBモード反射型カラーLCDの色軌跡

12.3　反射型カラーLCDのワイドレンジ化[4]

　反射型カラーLCDの用途の1つに，携帯電話，PHS，ポケットベルあるいは腕時計などの中小型の携帯機器があげられる。これらの携帯機器においては屋外や自動車内での使用が前提となるため，広い動作使用温度範囲が必要となる。例えば腕時計などでは低温側のスペックとして，-10℃以下が要求され，逆に携帯電話，PHSなどでは高温側のスペックとして+50℃以上が要求される。図7は電子手帳や関数電卓用として開発されたECBモード反射型カラーLCDの各色領域に相当する電圧が，温度によってどのように変化するかを示したものである。0℃〜+40℃では，各色は電圧に対して直線性をもち，その勾配は-4.3mV/℃である。しかしながら，-10℃においては各色領域が直線より上方向にずれている。また+50℃あるいは+60℃においては，ニュートラルの色領域が無くなり赤の色領域から始まっている。
　広温度使用範囲を実現するには，高温側と低温側での背景色の色変化を押さえることと広い温度範囲にわたって色変化の電圧に対する直線性を確保することが必要となる。そのためにも液晶

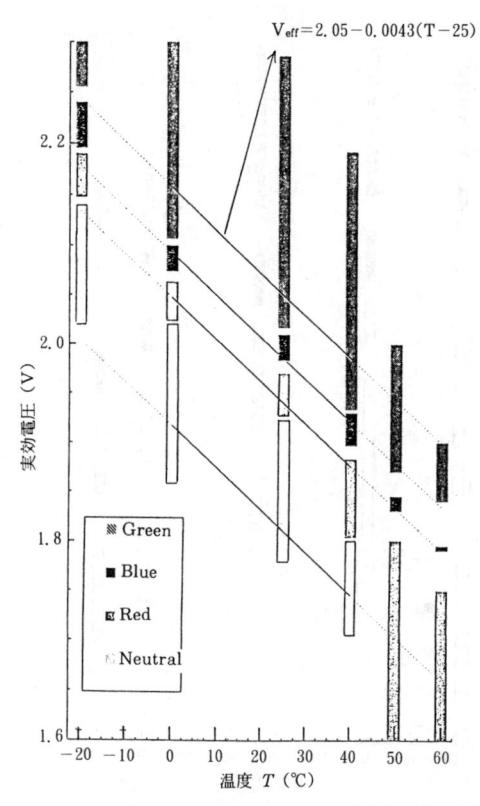

$V_{eff} = 2.05 - 0.0043(T-25)$

図7 ECBモード反射型カラーLCDの色温度特性（通常仕様）

の複屈折性の温度変化が少ない液晶材料の開発および駆動条件に合ったデバイス設計が必要となる。図8は広温度使用範囲を目的として開発したECBモード反射型カラーLCDの温度に対する各色領域の電圧変化を示した図である。図7に比べて，−20℃〜＋60℃まで各色領域が確保され，かつ各色領域の直線性が保たれる。

12.4 反射型カラーLCDの高色純度化[5]

　高色純度化の1つの手法として駆動周波数の設定がある。通常モノクロ表示では70Hz付近の駆動周波数を用いている。図9に示すように駆動周波数を上げていくと色純度は高くなっていく。図9はCIE色度図上の色軌跡を表しており，色度座標（0.33，0.33）を中心にしてより遠くの軌

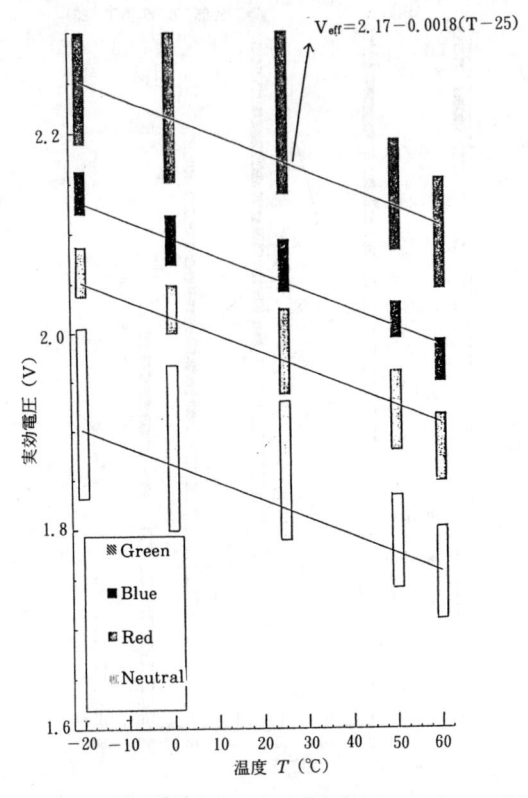

$$V_{eff} = 2.17 - 0.0018(T-25)$$

図8 ECBモード反射型カラーLCDの色温度特性（ワイドレンジ仕様）

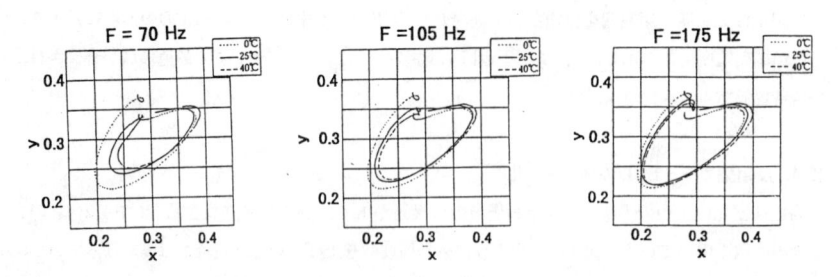

図9 駆動周波数の違いによる色軌跡の温度依存性

跡を描けば色純度が高いと判断される。またそれぞれの図において0℃，25℃，40℃での色軌跡の違いを示しているが，駆動周波数を上げると温度による色軌跡のズレが小さくなることが分かる。ゆえに駆動周波数の設定はクロストークの許容限度まで上げることが望ましい。

12.5 反射型カラーLCDの高デューティー化

LCDの最終製品は，やはりPDAやノートPCの表示体であろう。そうなると最低1/200デューティーは必要となる。当社は，単純マトリクス駆動のSTN液晶を用いているが，モノクロ表示の時よりカラー表示の場合は中間調電圧に幅を持たせなければならないため，高デューティーの難易度は高くなる。しかし，液晶の開発（白黒以上のハイデューティー化）および駆動の工夫（高周波数化）により，表2の右写真のような製品を立ち上げることができた（表2内左写真は，当社において初めてECBモード反射型カラーLCDの製品化が行われた1/64デューティーのカラーグラフ関数である）。

表2　ECBモード反射型カラーLCDのパネル仕様

	カラーグラフ関数電卓	モバイルPC[6]
パネルサイズ	63×48	160×78
ドット数	96×64	480×200
ドットピッチ	0.54×0.51	0.30×0.31
デューティー	1/64	1/200
写　　真		

12.6 今後の課題

　カラーフィルターを用いないECBモード反射型カラーLCDの低消費電力・低コストを必須条件とした携帯端末機器への製品化はますます進んでいくであろう。その際に黒色表示（高いコントラスト表示をベース）や多色化（16色表示以上），また更なる高色純度化や高輝度化が要求されるであろう。そのために，表1に示す以外の光学素子を採用していく必要があると考える。

文　　　献

1） Scheffer T.: "New Multicolor Liquid CrystalDisplays that use a Twisted Nematic", Journal of Applied Physics, Vol.44, No.11 (1978)
2） 飯島千代明，百瀬，和田，岩下，永田：「TintモードマルチカラーLCD」テレビジョン学会報告, Vol.45, No.14, p.51 (1990)
3） 末田哲夫「オプトロニクス技術活用のための光学部品の使い方と留意点」，オプトロニクス社，p.199
4） 西野利晴，遠藤建三，佐藤彰：「STNを用いた反射型カラーLCD」，O plus E, No.209, p.103 (1997)
5） 白坂康弘，池田悟志，田中武，吉田直子：「単純マトリクス反射型カラー液晶デバイス（Ⅱ）」第44回応用物理学講演予稿集，No.3, p.879
6） V-TECH社カタログより

13 ECBモード反射型カラーLCD(2)

赤塚 實[*]

13.1 はじめに

反射型カラー液晶表示素子は低消費電力のため,携帯電話や携帯情報機器用の表示デバイスとして有望かつ必須な素子と考えられる。

この反射型カラー液晶表示素子を実現する方法として様々な方式が提案されているが,ECB(Electrically Controlled Birefringence)方式はCF(Color Filter)が不要なため明るくかつ安価な方式である。ここではECB方式を改善したSRC(Super Reflective Color)[1]を紹介する。

13.2 SRCの設計

13.2.1 開発方針とSRCの概要

安価で明るい反射型カラーを実現する上では以下の項目が重要開発ポイントとなる。

① CFを使用しない:CFは高価であり,かつ表示が暗くなる。
② 単純マトリクス型の採用:アクティブ型は高価である。
③ 白色背景の表示:背景が暗いと表示が暗くなり,また背景が着色していると表示色の色純度が劣化する。
④ 少なくとも3色表示:白背景に赤,青,緑がベスト。色による識別能力が高まり,3原色であれば混色による多色表示も容易。

CFなしでカラーを表示する方式としてECB[2]が知られているが,従来のECBは電気光学特性がシャープでないため,スタティックあるいは低デューティの素子にしか採用できなかった。そこで位相差板とSTN(Super Twisted Nematic)をECBに導入することによりシャープネスの改善を行い,高デューティのカラー表示素子にも適用できるようにしたものがSRCである。

SRCの構成を図1に示す。基本的なパネル構成は従来の白黒表示用STNと同様であり,STNパネル,位相差板,一対の偏光板及び反射板から構成される。主な相違点はSTNパネル及び位相差板のリタデーション値であり,白黒STNではきれいな白黒

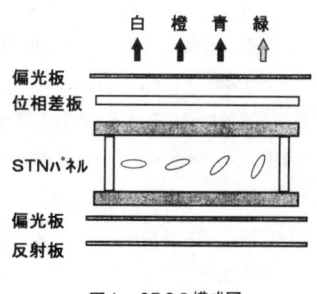

図1 SRCの構成図

---

[*] Minoru Akatsuka オプトレックス㈱ 開発部 技術開発課 課長

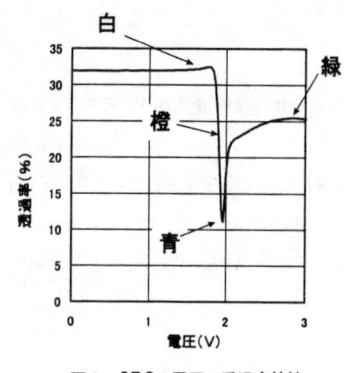

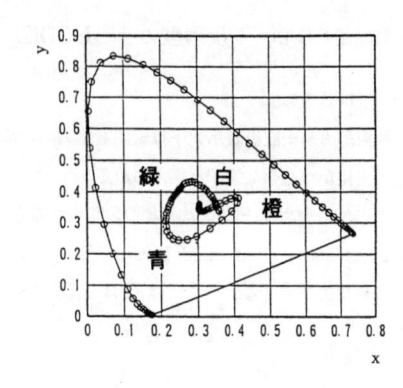

図2　SRCの電圧vs透過率特性　　　　図3　SRCにおける色変化

が表示できるようできる限り着色を抑えた設計となっているのに対し，SRCでは電圧を印加した時にできる限りきれいな色がでるよう設計されている。しかし，それ以外の構成部材及び製造方法は従来の白黒STNと同様なため，パネルとしてのコストアップ要因はほとんどない。発色原理は図1に示すように，電圧の印加により液晶分子が立ち上がりリタデーションが変化するためである。図2，図3にSRCの印加電圧に対する透過率変化及び色度図上の色変化の一例を示す。

13.2.2　SRCの原理

最初にECBの発色原理から説明する。リタデーション値がΔndの複屈折による位相差は次式で表される。

$$\delta(\lambda) = 2\pi \cdot \Delta n(\lambda) \cdot d / \lambda \tag{1}$$

また，直交した偏光板間にこの複屈折媒体を遅相軸が45°になるように挿入した場合の通過率は，

$$T\perp(\lambda) = 1/2 \cdot \sin^2(\delta(\lambda)) \tag{2}$$

であり，平行な偏光板に挿入された場合には，

$$T\|(\lambda) = 1/2 \cdot \cos^2(\delta(\lambda)) \tag{3}$$

となる。図4に$T\|(\lambda)$のΔnd及び波長依存性を示す。$T\|(\lambda)$は波長依存性が大きいため，Δndの増加と共に色相が白→黒→青→緑→黄→ピンクと変化する。一方$T\perp(\lambda)$の場合にはT‖(λ)と補色の関係となり，黒→白→橙→紫→青→緑と変化する。このようにECB方式ではΔndの変化で容易に色を変化させることが可能であるが，従来方式のままでは電気光学特性がシャープでないため，高デューティへ応用するためにはSTNが必須である。

しかし，STNは波長分散がきわめて大きい。図5にSTNのポアンカレ球上[3]での400から700

図4　ECBにおける発色原理

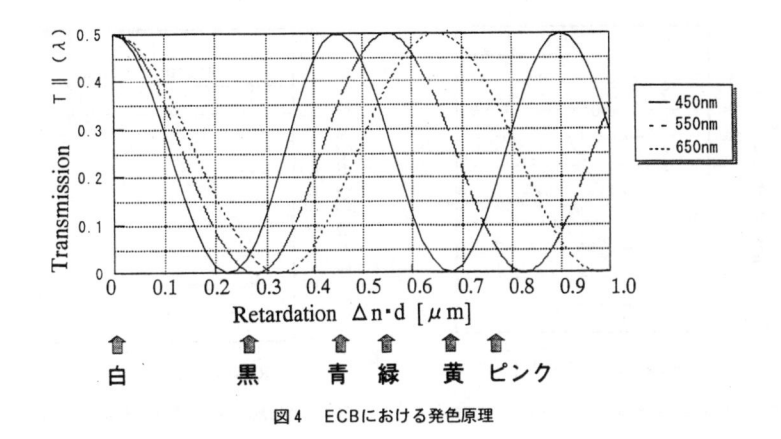

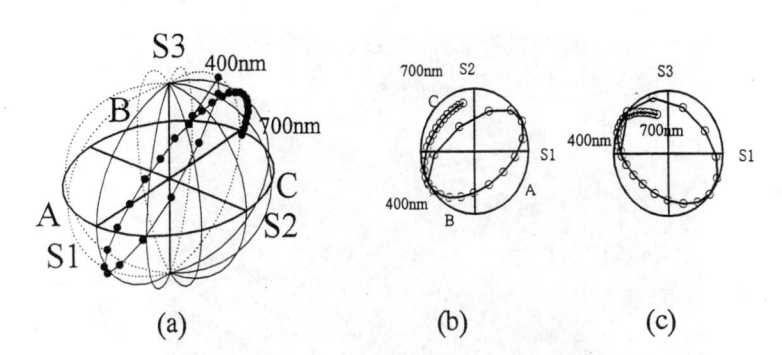

白　黒　青　緑　黄　ピンク

図5　STNパネルにおける波長依存性のポアンカレ球表示

nmにおける偏光状態の一例を示す。ポアンカレ球上で波長分散がこのように大きな軌跡を描くことは背景色が色付くことを意味する。このためSTNセルだけで白色背景を得ることは不可能である。このため背景色を白くするため、位相差板の適用が必須となる。図6、図7にSTNセルと位相差板における位相差値のΔnd及び波長依存性を示す。STNセルにおいて、Δndが小さい時はツイスト角の影響があるためΔndと位相差に比例関係はないが、Δndが大きくなるとほぼ比例関係となり位相差板で補正できることがわかる。

このようにSRCにおいてはECBにおける着色原理を利用しながら、高デューティ化対応のためSTNを採用し、かつ白色背景化のために位相差板を導入し、各種パラメータを最適化したものである。

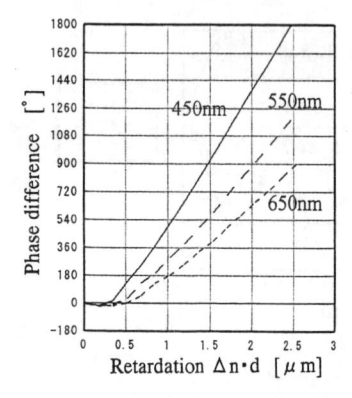

図6　STNパネルのΔnd値と位相差との関係

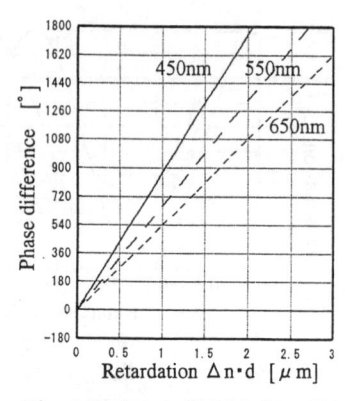

図7　位相差板のΔnd値と位相差との関係

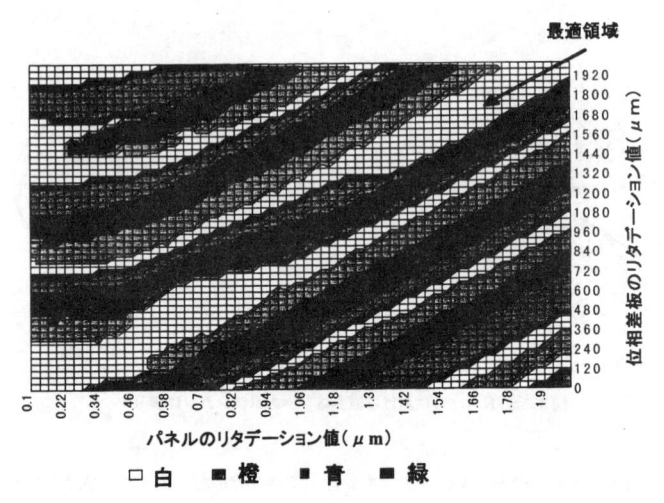

図8　パネルと位相差板のリタデーション値による色変化

13.2.3　SRCの最適化

(1) パネル

　パネル仕様の最適化[4]を行うために，Berremanの4×4マトリックス法[5]を用いてシミュレーション計算を行った。図8にSTNパネル及び位相差板のリタデーション値をパラメータとした，電圧無印加時の背景色の計算結果を示す。電圧を印加するとSTNパネルのリタデーション値が小さくなるため，この図で左側が電圧印加時と考えることができる。

高デューティで駆動できるためには，できるだけ小さな電圧変化で色変化が発生することが求められる。この観点よりSTNのリタデーションは大きい方が好ましく，また白色背景を実現するためにはSTNパネルと位相板のリタデーション値に最適領域がある。

一方液晶パネルのリタデーション値が大きいと，一般には温度変化によるリタデーション変化が大きくなり，特に高温で白色背景がオレンジ色へ変化しやすいデメリットもある。このため，液晶のTcはできるだけ高くする必要があるが，高Tcの液晶は応答性が悪くなる。様々な検討の結果，T＝55℃まで白色背景を維持するためには，Tc＝100℃程度の液晶が必要であることが判明した。

(2) 駆動方法

SRCでは印加電圧を制御することにより色変化を行っているため，白黒液晶では白と黒の2レベルであるのに対し，SRCでは少なくとも4レベルの階調電圧が必要である。また印可電圧により色変化が発生するため，印可電圧は温度変化も含めて厳密に制御することが必要である。

駆動方式の設計手法として，携帯電話用に開発した仕様をもとに以下説明を行う。この仕様での主なスペックは，最大駆動デューティ1／65D，動作温度範囲−20〜55℃，色数は白色背景を含め橙，青，緑の4色である。

まず最初に階調レベルの決定を行った。通常駆動方法におけるOFF状態を階調0％で白色，ON状態を階調100％で緑色とし，動作温度範囲である−20〜55℃において橙色及び青色が許容できる階調レベルの範囲を測定した。結果を図9に示す。温度と共に駆動電圧を変化させることは電気回路上容易であるが，階調レベルを変化させることは困難なため，動作温度範囲内で共通な階調レベルが必須である。図9より共通な階調範囲は，橙色は41〜52％，青色は71〜79％である。青色が最も階調範囲が狭くそのマージンは8％であるため，最低でも13レベルの階調数が必

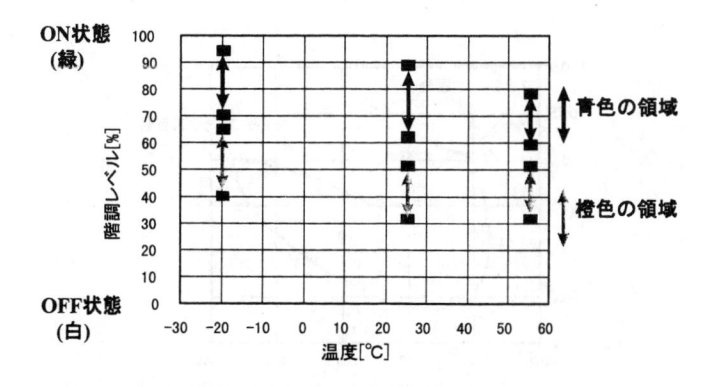

図9 各色に対する階調レベルの温度依存性

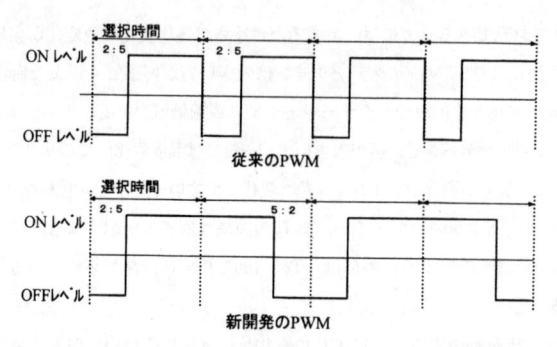

図10 従来のPWMと新開発のPWMにおけるカラム信号波形の比較

要であり，さらにその中心値に精密に電圧を制御するためには，この3倍程度の階調数が必要である。このため，実際には32レベル以上の階調数が必要とされる。

階調電圧を得る方法としては，FRC（Frame-Rate-Control）とPWM（Pulse-Width-Modulation）が一般的である。FRCの場合，完結周期が5フレーム以上の場合にはフリッカーが発生し表示品位を低下させる。一方高階調のPWMでは駆動波形における周波数成分が高くなり，クロストークが発生する。

前述したようにSRCでは32レベル以上の階調が必須なため，我々は4フレームのFRCと9分割のPWMを併用して32レベルの階調信号を得た。また，できる限り駆動周波数を下げるため，図10のように1選択期間ごとにカラムの信号を反転した。

(3) フレームレスポンスの抑制

実際のマルチプレックス駆動を行った場合，SRCの色純度は図11のようにスタティック駆動

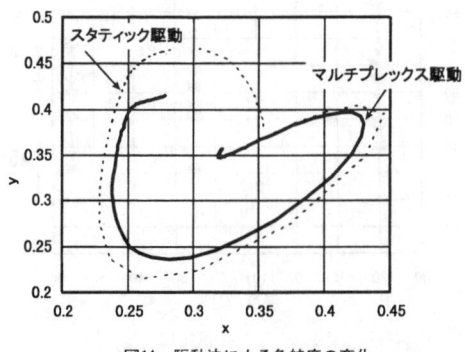

図11 駆動法による色純度の変化

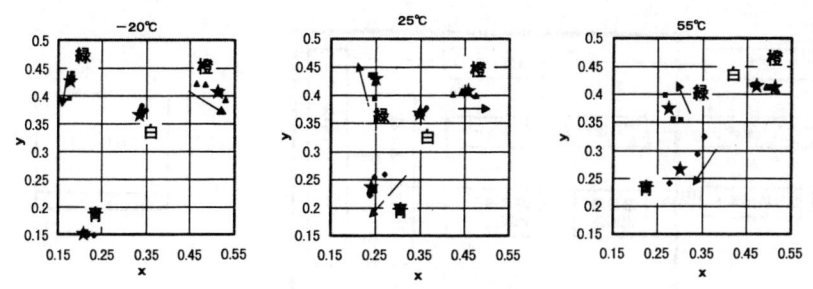

1/7B, 1/6B, 1/5B（★），1/4B（矢印の方向は低バイアス）
(1/65D, f_F=70Hz)

図12 バイアスによる色純度の変化

の時より悪くなる。これはフレームレスポンスの影響で混色が発生するためである。大幅な回路変更なしにフレームレスポンスを抑制する方法として，①フレーム周波数を高くする方法，②バイアスを下げる方法がある。①のフレーム周波数を高くする方法では，クロストークが問題となり，また消費電力が大きくなり反射型カラーの最大の特徴が失われてしまう。

一方②のバイアスを下げる方法は，ON／OFFマージンを低下させる懸念がある。図12に階調レベルは固定したまま，バイアスを1／4B，1／5B，1／6B，1／7Bに変化させた場合における色変化を示す。矢印の方向が低バイアスの方向を示す。高温では低バイアスの方がフレームレスポンスが抑制されるため，色純度が良い。一方低温ではフレームレスポンスの影響が小さいためON／OFF比の大きい高バイアスの方が色純度が良い。これらの兼ね合いで，この仕様では1／5Bが最適となった。

液晶の応答スピードを遅くすることも，フレームレスポンスを抑制するのに有効である。しかし，SRCでは高Δnの液晶を採用しているため，低温での応答スピードが従来の白黒ＳＴＮより遅い。このため，これ以上応答スピードを遅くすることは得策ではない。

13.3 量産上の留意点

SRCでは，前述したように各色に許容される電圧範囲が極めて狭く，温度変化に対しても厳密に電圧コントロールのできる駆動回路が必要である。また，逆にSRCのパネルは再現性良く同一な温度依存性を持ち，かつ経時変化もほとんどないものを製造することが要求される。

13.3.1 駆動回路

携帯電話用に１チップのコントローラ／ドライバーをICメーカーと共同で開発した。このICのブロックダイアグラムを図13に示すが，電圧レギュレータにより電源電圧の安定化を行い，駆動電圧の温度依存性を１℃きざみで任意に設定できるようになっている。またパネルの特性に合

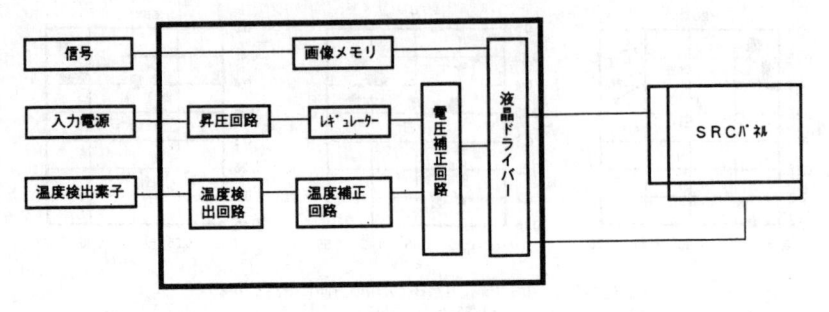

図13 コントローラ／ドライバーICのブロックダイアグラム

わせて32階調から任意の4レベルを選択できるようになっている。

13.3.2 パネル特性

前述したようにSRCにおいては青色の階調許容幅は8％であるが，これはON／OFFマージンを100％とした場合であり，実際は1／64Dの場合ON／OFFマージンは13％であるため電圧の許容幅は厳密には1％程度しかない。量産する全てのパネルの駆動電圧をこの範囲に制御することは現在の量産設備では不可能に近い。このため，個々のパネルの駆動電圧は個々のMDLごとに微調整することが必要である。しかしながら駆動電圧の温度係数は，動作保証温度範囲において全てのパネルで1％程度に抑える必要がある。また，経時変化も実用的な年月に対してこの範囲内に抑える必要がある。

このため，SRCのパネル製造に関しては，従来のSTNより経時変化の影響の少ない材料系を選択し，かつはるかに厳しい工程管理を行い，さらにロットごとの温度特性をチェックしながら生産を行う必要がある。

13.4 今後の課題

このようにSRCは安価な反射型カラーとして非常に有望であるが，市場の要望としては以下の要求あるいは課題がある。

① 色純度の向上：特に赤色をもっと鮮やかに
② 使用温度範囲の拡大：特に高温側を70℃まで
③ 視角依存性の改善
④ 応答スピードの改善
⑤ 色数の増加

これらの中で①から④については，新しい素子仕様，材料，駆動方法を開発中である。一方⑤

は色純度の改善により将来8色程度は可能と思われるが，ウィンドウズCE対応の携帯情報機器に必要とされる256色以上という要求に対しては本質的に対応できず，こちらは他の方式による反射カラーの適用範囲と考えられる。

文　　献

1) M.Ozeki et al., SID'96 Digest, p.107 (1996)
2) T.Scheffer, "Nonemissive Electrooptic Displays", p.45 (1975), Plenum Press New York and London
3) C.Iijima et al., Japan Display, p.300 (1989)
4) H.Mori et al., SID'97 Digest, p.136 (1997)
5) D.W.Berreman, *J. Opt. Soc. Am.*, 62, p.502 (1972)

14 コレステリック選択反射モード・カラーLCD

橋本清文*

14.1 はじめに

19世紀末の液晶発見当時からコレステリック相の選択反射現象が観察されており，反射型液晶素子の表示原理としては最も古くから知られている方式の一つである。1960～70年代にかけて液晶の表示素子への応用研究が精力的に行われ，コレステリック選択反射モードも動作原理や駆動方法についての基本的な知見が得られている[1,2]。

その後，ゲスト・ホスト，TN，STNモードによる表示素子の実用化が始まり，コレステリック選択反射モードはその影に隠れた形になったが，地道な研究が続けられた結果，最近になって選択反射による明るい反射型表示，メモリー性による超低消費電力など反射型表示素子としてのユニークな特徴から改めて注目されている。

本節ではコレステリック選択反射モードの特徴と原理，最近の開発状況について述べる。

14.2 特　徴

コレステリック選択反射モードは下記に代表される他の表示モードに無いユニークな特徴を有している。

・選択反射

液晶そのものが光を反射するため偏光板，反射板が不要。

また，液晶材料の調整で反射波長が選択できるためカラーフィルター不要。

・メモリー性（双安定性）

選択反射状態と透明状態の2状態で安定なため，電界ゼロでも一旦書き込まれた表示画像は半永久的に保持される。

単純マトリックス駆動で高画素数素子が可能。静止画表示では超低消費電力化が可能。

・積層型カラー素子

RGB各色の素子を3層積層することが可能で，光の利用効率が高い反射型カラー素子を実現できる。

一方，本モードはSTNのように印加電圧の蓄積効果で駆動することが出来ず，マトリックス駆動の場合1ラインずつ状態を確定しながら書き込みを行うため，ビデオレートでの動画表示は困難である。

---

* Kiyofumi Hashimoto　ミノルタ㈱　研究開発本部　画像メディア技術部　担当課長

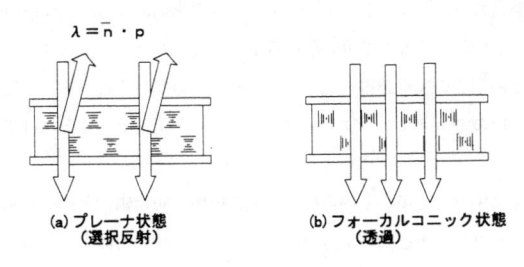

(a) プレーナ状態　　　　(b) フォーカルコニック状態
　　（選択反射）　　　　　　　　（透過）

図1　表示原理

14.3　原理

図1にコレステリック液晶素子の表示原理を示す。一対の基板間に挟持したコレステリック液晶は電圧無印加の状態でプレーナ配列（a）とフォーカルコニック配列（b）の2つの安定な状態をとることができる（双安定性）。

プレーナ配列状態をとるコレステリック液晶の螺旋軸は基板面に対してほぼ垂直な状態となっており、この状態の液晶セルに入射した光は左旋光と右旋光の2つの円偏光に分かれ、一方は透過し他方はすべて反射される（選択反射）。すなわち理論上の最大反射率は50％となる。ここで反射される円偏光の反射が最大となる波長λは，

$$\lambda = n \cdot p$$

で示される。nは螺旋軸に直交する平面内での液晶の平均屈折率，pは螺旋ピッチである。また反射スペクトルの半値幅はコレステリック液晶材料の屈折率異方性Δnに比例した値となる。

一方，フォーカルコニック配列時には，螺旋軸は基板面に対してほぼ平行な状態をとる。螺旋のピッチが可視光の波長より短い場合には液晶セルに入射した可視光のほとんどはセルを透過する。

これら2つの状態を電気的に切り換えることにより表示の切り換えが行われる。

14.4　素子構成

コレステリック選択反射モード素子は上記のように電圧無印加状態でも表示状態が維持されるというメモリー特性を有するため，TFTで代表されるようなアクティブ素子を必要とせず，単純マトリックス電極構造を用いることが可能である。従って低コストで高精細な表示素子を容易に作製することができ，ガラス基板以外にプラスチック基板を用いることも可能であり，薄く軽量な表示素子を得ることができる。

基本的には一対の透明電極付き基板間に選択反射特性を示すコレステリック液晶材料を挟持す

ることにより作製される。コレステリック液晶の配列の違いによる選択反射の有無で表示状態が決定されるため，TN型やSTN型で用いられるような偏光板は不要であり，偏光板による入出射光のロスがないため明るい表示が得られる。偏光板を用いないことから，液晶分子を偏光軸方向に揃える必要もないので，ネマチック型やスメクチック型素子で必要とされている配向処理も不要である。

また反射型表示素子として用いる場合には，光入射側（観察側）とは反対側に光吸収層を配置する。光吸収層は，プレーナ配列時には反射されなかった片側円偏光成分および選択反射以外の光を吸収し，フォーカルコニック配列時には液晶層を透過した全ての光を吸収する。この効果により，黒－選択反射のコントラストの高い表示が可能となる。

液晶材料としては，正の誘電率異方性を有するネマチック液晶材料に液晶分子に捻りの力を付与するカイラル剤を適量添加したカイラルネマチック液晶材料を使用するのが一般的である。このカイラルネマチック液晶材料を実使用領域でコレステリック相を示し，かつ可視域に選択反射が現れるように調整することで反射型表示素子用材料として使用できる。反射波長の調整はカイラル剤の添加量で行われ，添加量を増すとネマチック液晶を捻る力が増しコレステリック相の螺旋ピッチが小さくなり反射波長は短波長側へシフトする。

コレステリック液晶単体で作製することも可能であるが信頼性，温度特性，材料選択の幅等を考慮するとカイラルネマチック液晶が優位である。

カイラル剤添加量を制御することにより容易に赤，緑，青の選択反射を示すコレステリック（カイラルネマチック）液晶材料が得られ，これらを組み合わせることによりマルチカラー表示素子が得られる。従って従来の液晶表示素子に用いられているようなカラーフィルタが不要であることもこのモードの大きな特徴のひとつである。

通常のセル構造の他に，液晶材料中に高分子のネットワークを導入しメモリー安定性を高めた高分子分散タイプのPSCT（Polymer Stabilized Choresteric Texture）も提案されている[3]。

14.5 カラー化

コレステリック選択反射モードによるカラー化の方式としては，赤（R）・緑（G）・青（B）の選択反射を示す3種類の液晶材料を用いた加法混色法を用いることになる。3原色の配列方法として，RGBを同一平面内に配置するRGB並列配置方式と，RGBを積層する方式とが考えられる。

前者は一般的にTN型やSTN型液晶表示素子に用いられているマイクロカラーフィルタと同様のカラー表示方式であり，一平面内にそれぞれ選択反射波長が異なるコレステリック液晶材料を配列する構成となる。一対の透明電極基板のみで構成されるというメリットはあるものの，作製

は非常に困難である。またＲＧＢ並列配置では積層型にくらべ光の利用効率は低くなるため明るい反射型カラー表示素子を実現することは難しい。

一方積層方式は一つの画素で全ての色を再現することが可能であり，光利用効率の非常に優れた素子構成であると言える。さらに透明電極のパターニング解像度も並列配置方式の１／３となり製造工程での歩留まり向上につながるとともに，高精細化に有利な方式である。図２に積層型カラー素子の構成を示す。

しかしながらコレステリック液晶の選択反射は光干渉による効果であることから，原理的に入射光の角度がコレステリック液晶の螺旋軸に対して大きくなるにしたがい選択反射波長が単波長側にシフトするという問題が生じる。すなわち視野角や照明条件により表示色が変化することになり，カラー表示素子としてはこの波長シフトを抑えることが重要なポイントである。波長シフトの改善方法として素子内に選択反射波長以外の光を吸収する色素やフィルターの導入，反射波長や半値幅の最適化など液晶材料自体の改善などが考案されている。

コレステリックモードは原理的には中間調表示が可能であることは知られていたが，現実のフルカラーディスプレイを実現するためには中間調表示に適し選択スピードの速い単純マトリックス駆動方法，均一なセルギャップとメモリー安定性を示すセル構造，高コントラストを示す液晶材料等の開発が必要であった。

筆者らはこれらの課題を解決し，コレステリック反射モードの積層型フルカラー表示素子を開発した[4]。この素子は厚さ100μmのフィルム基板を使用したＲ・Ｇ・Ｂ３層構造で，明るい反射型表示を実現している。表１に試作したパネルの特性を示す。

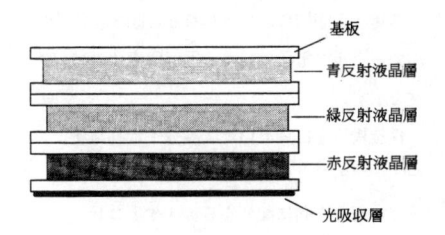

図２　積層型カラーパネルの構成

表１　試作パネルの特性

方式	コレステリック３層積層型
大きさ	3.3×3.3インチ
パネル厚さ	約0.6mm
画素数	240×240画素（72dpi）
表示色数	32,000色
駆動スピード	3 ms/line
反射率	30％以上
コントラスト比	7：1以上（白／黒）

14.6　駆動方法

コレステリックモードの素子においてフォーカルコニック状態とプレーナ状態の切り換えはパ

ルス電圧の印加により行われる。図3に印加するパルス電圧に対する反射率変化の特性を示す。

　螺旋構造をとっていた液晶分子は高電圧を印加することによりその螺旋がほどけ，一様に電界方向に配列するホメオトロピック状態となる。その後急激に電界を取り去ることで螺旋軸が基板に垂直なプレーナ状態となる。一方，螺旋が完全にほどけない中間的な電圧印加後電界を取り去ることでフォーカルコニック状態となる。このように本モードでは素子の状態選択が電界を取り去った後の液晶の緩和現象を利用するため，マトリックス駆動の場合1ラインずつ確定してゆく必要があり駆動速度を制限する原因の一つになっている。

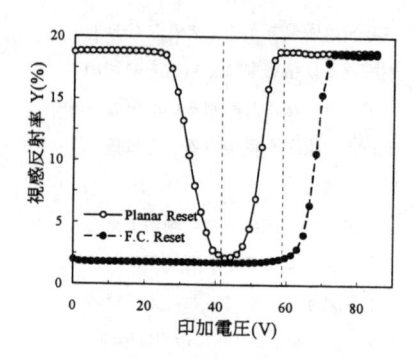

図3　パルス電圧－反射率特性
（パルス幅3 ms）

　この駆動速度の遅さを改善するため，複数の電圧パルスを用いてパイプライン方式で駆動するダイナミックドライブ方式[5]や応答の遅いフォーカルコニック状態への変化を全面同時に行うフォーカルコニックリセット方式[4]等，駆動方法の改善による表示の高速化も精力的に行われている。

14.7　応用と課題

　コレステリック反射モードを用いた反射型素子は，明るい反射型表示，電力ゼロでも画像表示を維持するメモリー性，高精細・大面積化に適しているなど他の反射型素子に無い魅力的な特徴を備えている。一方で現時点ではビデオレートでの動画表示が困難であるため，これらの特性を踏まえた応用検討を行う必要がある。しかしながら我々の周りを見てみると本，新聞，雑誌等の出版物，ポスターや広告板等の大型情報表示媒体など画像情報は静止画である場合の方が多い。コレステリック選択反射モードの特徴を生かすためには単に現在ある表示装置の置き換えを考えるのではなく，紙媒体で流通している静止画像情報を簡単に表示できる装置など，新規な応用製品の開拓が期待されている。

　実用化への課題としては，
・低コストを達成できる素子構成と製造方法の確立
・更なる表示特性の向上
・特徴を生かした用途開発

などが挙げられる。

　以上述べたようにコレステリック反射モードを用いた表示素子は静止画用途という制約はあるものの，明るいフルカラー表示の見通しが立ったことで反射型表示方式の有力な候補の一つとして期待が高まっている。

文　　献

1 ）　G.H.Heilmeier and J.E.Goldmacher, Proc.of IEEE, Vol.57, No.1（1969）
2 ）　W.Greubel, U.Wolff and H.Kruger, *Mol. Cryst. Liq. Cryst.*, Vol.24, p.103（1973）
3 ）　D.-K.Yang, L.-C.Chien and J.W.Doane, IDRC, Proc.49（1991）
4 ）　K.Hashimoto *et al.*, SID98 Digest, p.897
5 ）　X.-Y.Huang, D.-K.Yang, P.J.Bos and J.W.Doane, SID 95 Digest, p.347

第3章　反射型カラーLCDの構成材料

1　液晶材料

田中征臣*

1.1　はじめに

　携帯機器の表示素子では，薄型・低消費電力の要求が強く，従来は，単純マトリックス駆動によるモノクロあるいはマルチカラーの反射型LCDが用いられてきた。携帯型情報端末の高機能化により，高密度表示，更には，フルカラー化の要求が強くなっている。低消費電力と高画質とを両立させるべく，アクティブマトリックス駆動（AMD）と組み合わせた様々な反射型モードが提案されている[1]。代表的な反射型モードとしては，TNモード，相転移型ゲストーホスト（PCGH）モード，垂直配向（VA）モード，高分子分散液晶（PDLC）があげられる。LCDの基本特性（駆動電圧，応答速度，視野角等）は，液晶材料の諸物性（弾性定数，誘電異方性，光学異方性，粘性率等）と密接な関係があり，LCDとしての要求特性に合わせて，液晶材料の物性の最適化がはかられる。単一の化合物により，液晶材料に対する全ての要求を満足させることが困難であるため，通常10～20種類の化合物を混合して要求を実現させている。

　以下に，反射型AM-LCD用液晶材料に対する要求物性と，それに対する液晶材料の開発動向を紹介する。

1.2　反射型TN-TFT LCD

　反射型TN-TFT LCD用の液晶材料に求められる特性は，基本的には透過型TN-TFT用液晶の場合と同じで，高信頼性（高VHR），低電圧駆動，高速応答（低粘性）が要求される。これらについては，液晶化合物の構造と物性との相関が系統的に検討され，液晶組成物としての総合的な特性改善が示されている[2]。反射型において，特徴的なのは，コントラスト向上，白色表示時の色味の抑制には，低Δn系液晶材料が好ましいとされている点である。

＊　Yukiomi Tanaka　メルク・ジャパン㈱　液晶事業部　厚木テクニカルセンター
　　主任研究員

1.2.1 高信頼性

反射型に限らず，AM-LCDでは，ディスプレイのフレーム時間内で電圧を保持するために，液晶材料には高比抵抗が求められる。また，経時的な比抵抗の低下は電圧保持率の低下をもたらし，コントラストの部分的な異常などの表示不良につながることから，光・熱に対する安定性が要求される。シアノ基を極性基とする液晶材料に比べ，フッ素基を極性基とするものは耐光・耐熱性に優れている[3]。そのため，AM-LCD用液晶材料には，信頼性に優れたフッ素系材料が用いられる。

また，表示の焼き付き不良と密接な関連を持つ残留DCについて，液晶セル内のイオンの挙動に着目した理論的な解析も進んでいる[4]。図1に示したように残留DCは，液晶セル内のイオンの総電気量と相関がある。したがって，焼き付き不良の抑制のためには，液晶材料の高純度化が重要である。ただし，セル内の総電気量は，液晶材料由来のイオン性物質以外に，注入時の不純物の溶け込み，配向膜からの溶出等，様々な要因があるため，焼き付きの改良には配向膜・シール材等の周辺部材の最適化も必要となる。

1.2.2 低電圧駆動

低消費電力は，反射型LCDの特長のひとつであり，低電圧駆動を強く求められる。LCDの駆動電圧は液晶材料の誘電率異方性（$\Delta\varepsilon$）と弾性定数（K_{ii}）で決まる。たとえば，TNモードの閾値電圧（V_{th}）は次式で表される。

$$V_{th} = \pi (K / \varepsilon_0 \Delta\varepsilon)^{1/2}$$

$$K = K_{11} + (K_{33} - 2K_{22}) / 4$$

ここで，ε_0は真空の誘電率，K_{11}, K_{22}, K_{33}は，それぞれスプレイ，ツイスト，ベンドの弾

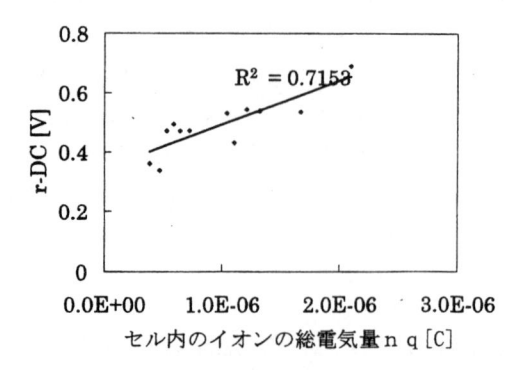

図1 液晶セル内のイオンの総電気量と残留DCの相関

性定数である。この式から明らかなように低電圧駆動のためには，液晶材料の弾性定数を小さくし，$\Delta\varepsilon$を大きくすれば良い。

弾性定数の最適化のために，分子構造との相関が調べられているが[5]，その分子構造依存性は，十分に明確になってはおらず，液晶材料の弾性定数の精密なコントロールは難しいのが現状である。

一方，液晶材料の高$\Delta\varepsilon$化についても研究が進められている[6]。表1にその例を示す。極性基にフルオロロメトキシ基（$-OCF_3$，$-OCF_2H$）を導入し，さらに，主骨格のベンゼン環にフッ素置換していくことで高$\Delta\varepsilon$化が達成できる。

$\Delta\varepsilon$が大きい液晶材料は，平均誘電率も大きくなり比抵抗値が小さくなるという傾向がある[7]。したがって，高信頼性と低電圧駆動の両立のためには，できるかぎり弾性定数を小さくして，$\Delta\varepsilon$が大きくならないことが望ましい。低電圧駆動用の液晶材料の開発に際しては，単純に$\Delta\varepsilon$を大きくするのではなく，弾性定数とのバランスを考慮して液晶物質を選択する必要がある。図2に，液晶物質のK_{11}と$\Delta\varepsilon$の関係を示した[2]。図中の直線は，TNモードでの特定のV_{th}となる

表1 主骨格のフッ素置換の効果

構造	$\Delta\varepsilon$
C_3H_7-〇-〇-C_2H_4-〇-OCF_3	6.7
C_3H_7-〇-〇(F,F)-C_2H_4-〇-OCF_3	10.7
C_3H_7-〇-〇-〇-OCF_3	8.7
C_3H_7-〇-〇(F,F)-〇-OCF_3	13.0
C_3H_7-〇-〇(F,F)-〇(F,F)-OCF_2H	15.0

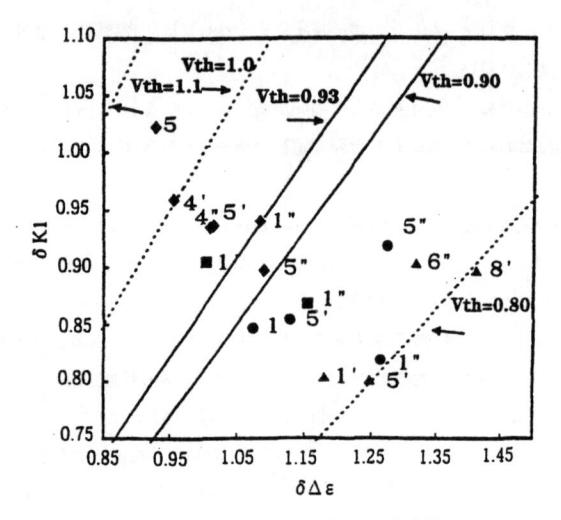

図2 液晶物質の誘電率異方性と弾性定数

K_{11}と$\Delta\varepsilon$との関係を示している。同じV_{th}であっても液晶物質により$\Delta\varepsilon$が違っており，適当な液晶物質の選択により，$\Delta\varepsilon$を小さく出来ることがわかる。

1.2.3 高速応答

TNモードの場合の応答速度は次式で表される。

$$t_{on} = \gamma 1 d^2 \{\pi^2 K (V^2/V_0^2 - 1)\} - 1$$

$$t_{off} = \gamma 1 d^2 / \pi^2 K$$

ここで，$\gamma 1$は，液晶の回転粘性，dはセル厚である。この式より，高速応答を実現するためには液晶の回転粘性を小さくすれば良いことがわかる。ただし，ここでいう回転粘性とは，回転粘度計で測定される液晶材料のバルクとしての粘度ではなく，外部場により液晶分子が回転する際の微視的な粘性係数のことである。

図3に液晶物質の回転粘性とV_{th}の関係を示す[2]。一般にV_{th}が低い液晶物質は，回転粘性が大きくなる傾向があるが，低V_{th}と低回転粘性を両立させる液晶物質もあることがわかる。このような物質を用いることで，低電圧駆動と高速応答を同時に実現させる液晶材料の開発が可能になった。

1.2.4 低Δn化

現在主流となっている一枚偏光板型の反射型TN－TFTでは，表示品位の向上のためdΔnを

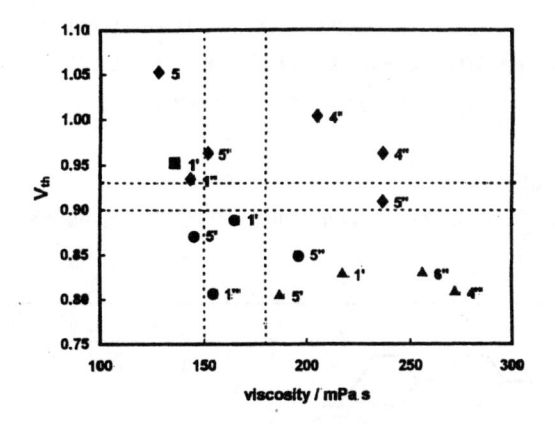

図3　液晶物質の回転粘性と閾値電圧

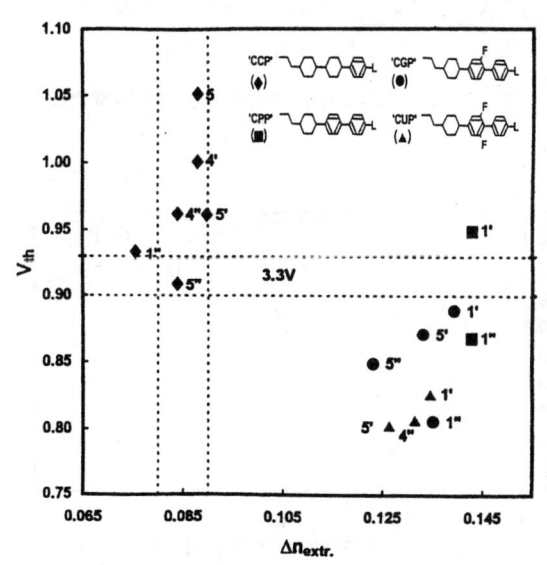

図4　液晶物質の屈折率異方性と閾値電圧の関係

小さく設定することが望ましく[8,9]，液晶材料に関しても，低Δn化を要求される。図4に種々の構造のF系液晶につき，ΔnとV$_{th}$との相関を示す[2]。低Δnとしては"CCP"（ビシクロヘキシルフェニル）骨格の材料が挙げられる。これにΔnがあまり大きくなくΔεの大きな液晶化合物を組み合わせることで，低Δn化と駆動電圧の低減が期待できる。

1.3　VA-LCD

VA-LCDにおいても，上述のTN-TFT用液晶材料と同様の高い信頼性が要求される。しか

No.	Structure	R-R'	Acronym	Clp[℃]	Δε
I		3-3 5-5	CCN	51.8	−3.2
II		3-2 5-2	D	61.0	−2.7
III		3-2 4-2 5-2	CCP	125.0	−2.8

図5　電圧保持率および残留DCの評価に用いたネガ型液晶物質

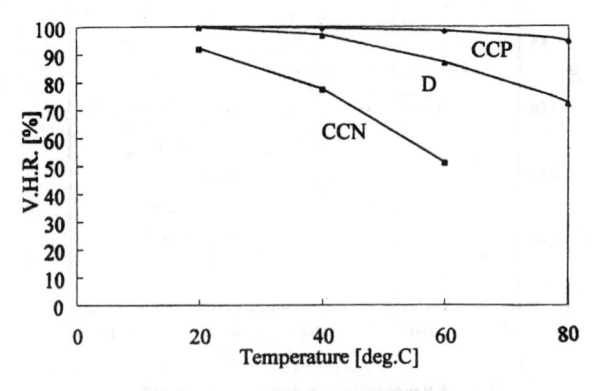

図5 a)　ネガ型液晶物質の電圧率の温度変化

表2 代表的なネガ型液晶物質

Substance		T_c^{ext}	Δn^{ext}	ΔE^{ext}	V_{th}	HR
C₃H₇-⟨⟩-⟨⟩-⟨F,F,O-C₂H₅⟩	A	165.1	0.146	−5.3	0.83	○
C₅H₁₁-⟨⟩-⟨⟩-⟨F,F⟩-C₂H₅	B	110.8	0.139	−2.2	0.93	◎
C₅H₁₁-⟨⟩-⟨⟩-⟨N,F⟩-C₃H₇	C	146.3	0.155	−4.0	0.86	−
C₃H₇-⟨⟩-⟨N,F⟩-C₁₀H₂₁	D	−5.4	0.120	−3.4	0.83	×
C₃H₇-⟨⟩-⟨N,F⟩-O-C₂H₅	E	−2.2	0.198	−9.9	0.64	−
C₃H₇-⟨⟩-⟨N,F⟩-O-CH₃	F	−	0.190	−8.5	−	×
C₃H₇-⟨⟩-⟨⟩-CH₂CH₂-⟨F,F⟩-O-C₂H₅	G	94.0	0.127	−4.8	0.86	○
C₃H₇-⟨⟩-⟨⟩-CH₂CH₂-⟨F,F⟩-O-C₂H₅	H	159.9	0.088	−5.3	0.88	◎
C₃H₇-⟨⟩-⟨⟩-O-⟨F,F⟩-C₅H₁₁	I	122.1	0.087	−5.0	0.84	−
C₃H₇-⟨⟩-⟨⟩-CH₂-O-⟨F,F⟩-O-C₂H₅	J	158.0	0.093	−8.0	0.76	△
C₃H₇-⟨⟩-CH₂-O-⟨F,F⟩-O-C₂H₅	K	−3.4	0.096	−9.5	0.66	×

(つづく)

Substance		T_c^{ext}	Δn^{ext}	ΔE^{ext}	V_{th}	HR
C₃H₇-⟨⟩-CH₂CH₂-⟨F,F⟩-O-C₂H₅	L	−11.4	0.096	−5.7	0.77	△
C₂H₅-⟨⟩-⟨⟩-⟨F,F⟩-CH₃	M	−	0.092	−2.7	−	◎
C₃H₇-⟨⟩-⟨⟩-⟨F,F⟩-CH₃	N	138.3	0.095	−2.7	0.96	◎
C₃H₇-⟨⟩-⟨⟩-⟨F,F⟩-O-C₂H₅	O	172.4	0.096	−5.9	0.83	◎
C₅H₁₁-⟨⟩-⟨⟩-⟨F,F⟩-O-C₂H₅	P	176.6	0.091	−5.3	0.84	◎
C₃H₇-⟨⟩-⟨⟩-⟨N,F⟩-O-C₂H₅	Q	170.6	0.083	−8.4	0.76	×
C₃H₇-⟨⟩-⟨F,F⟩-O-C₂H₅	R	−12.2	0.106	−7.0	0.72	○
C₃H₇-⟨⟩-⟨F,F⟩-O-C₂H₅	S	−	0.099	−6.2	−	◎
C₃H₇-⟨⟩-COO-⟨F,F⟩-O-C₂H₅	T	209.2	0.083	−5.8	0.84	◎
C₃H₇-⟨⟩-COO-⟨F,F⟩-O-C₂H₅	U	52.7	0.090	−7.0	0.74	△
C₅H₁₁-⟨⟩-COO-⟨N,F⟩-O-C₂H	V	25.8	0.080	−7.7	0.70	×
C₃H₇-⟨⟩-⟨N⟩-C₃H₇	W	18.2	0.027	−8.2	0.70	×

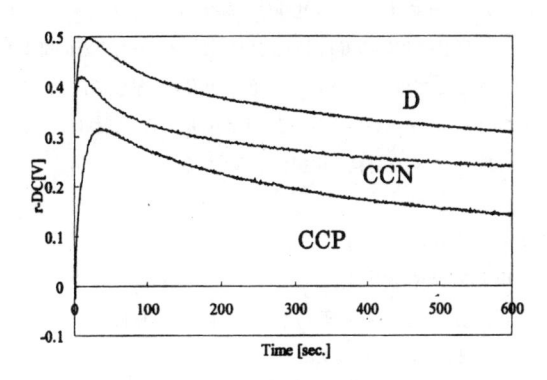

図5 b) ネガ型液晶物質の残留DC

し，従来の単純マトリックス駆動用の材料では，抵抗値，電圧保持率の点でAM駆動を満足できる水準になかった。そのため，負の$\Delta\varepsilon$を有する液晶材料でも，高信頼性，低電圧駆動，低粘性を目標としてネガ型液晶化合物が検討された[10]。表2に代表的な液晶物質の例を示す。フッ素基を導入した液晶物質の開発により，従来のシアノ系の液晶物質に比べ比抵抗値や電圧保持率に優れたものが見出された。図5には，3種類の負の$\Delta\varepsilon$を有する液晶物質につき電圧保持率の温度変化および，残留DCを示した[11]。フッ素系の液晶物質は，シアノ系あるいはエステル系の液晶物質に比べ高温でもVHRの低下が小さく，残留DCが小さいことが確認され，AM駆動用液晶材料として好ましい特性を示す。

表3にこれまでの考察に基づき開発された液晶組成物を示す。VA－LCD用の液晶材料においてもTN用液晶材料と同様に0.065〜0.010とΔnにバリエーションを持たせることが可能で，反射型，透過型いずれのタイプにも対応できる。

表3　VA－LCD用液晶材料

	MLC－2037	MLC－2039	MLC－2038
Tn-i／℃	71	91	80
Δn	0.065	0.082	0.103
$\Delta\varepsilon$	－3.1	－4.1	－5.0
γ1／mPa・s	132	163	179

1.4 PCGH−LCD

　PCGH−LCD用の液晶材料に対する要求性能は，高信頼性，低電圧駆動，高速応答，低Δnであり，基本的に上述の反射型TN−TFT用の液晶材料に対するものと同様である。PCGH−LCD用に固有の要求特性としては，その他に，二色性色素の溶解度の向上，液晶材料中での色素分子の配向秩序度の向上，の2点が挙げられる。しかしながら，これは，液晶材料のみで解決できるものではなく，適当な二色性材料の選択が必須となる。

1.5 反射型PDLC

　反射型PDLCを実現するための要件は，
　① Off時の散乱強度が強く，十分な明度・コントラストが得られること
　② TFT（MIM）で駆動し得るだけの低電圧化
　③ TFT駆動に十分なVHR

の3点である。PDLCの電気光学特性は，液晶や樹脂の物性のみならず，液晶小滴の粒径・形状等のモルフォロジーにも大きく依存する。液晶材料に対する要求特性としては，高Δn，高$\Delta \varepsilon$，高信頼性の3点である。

　代表的な高Δn液晶物質としては，ビフェニル骨格，ターフェニル骨格のものがある。主骨格内に三重結合を有するトラン系液晶化合物や，ピリジン環，ピリミジン環等の複素環を主骨格に有した液晶化合物も高Δnだが，加熱あるいはUV照射によるVHRの低下が大きく，AM駆動のPDLCには向かない。表4は，極性基による液晶の物性値の違いを比較したものである[13]。N−I点，Δn，粘度，$\Delta \varepsilon$のいずれの値もF＜Cl＜CNの順に大きくなっていく。塩素系液晶の物性は，N−I点，Δnに関してはCN系とF系との中間の値をとり，粘度，$\Delta \varepsilon$はフッ素系液晶に近い値となっている。また，UV照射に伴う電圧保持率の変化でもフッ素系液晶に準ずるものと

表4　液晶物質の物性（極性基の効果）

X	K−N (℃)	N−I (℃)	Δn	η_{20} (cSt)	$\Delta \varepsilon$
CN	108	115	0.25	103	29
Cl	80	82	0.20	22	5.1
F	42	57	0.169	19	4.4

H_7C_3−⟨⟩−⟨⟩−C_2H_4−⟨⟩−X
　　　　　F

表5 塩素系ターフェニルの物性値

構造	Δn	Δε	K-S/N	S$_A$-N	N-I
C$_3$H$_7$-〇(F)-〇-〇-Cl	0.28	7	125	132	169
C$_5$H$_{11}$-〇(F)-〇(F)-〇-Cl	0.25	12	60	—	112
C$_5$H$_{11}$-〇(F)-〇(F)-〇(F)-Cl	0.22	14	66	—	77
C$_5$H$_{11}$-〇(F)-〇-〇-Cl	0.27	5.2	96	134	158
C$_5$H$_{11}$-〇(F)(F)-〇-Cl	0.24	3.2	68	—	106

表6 AMD-PDLCD用液晶材料

	TL-205	TL-213
Tn-i/℃	87	88
Δn	0.217	0.239
Δε	5.0	5.7
Flow Viscosity/cSt	45	49

なっている[12]。高信頼性,高Δnという観点から,塩素系のターフェニルが優れている。表5に塩素系ターフェニルの液晶物質の例を示した[13]。また,表6にこれらの物質を主に構成された液晶組成物を示す。

1.6 まとめ

様々なモードの反射型LCDが提案され,あるものは実用化されている。すべてのLCDに共通しているのは,駆動電圧の低減,高速応答に対する要求である。これらに対して,誘電率異方性の増大,弾性定数および回転粘性の低減の検討を行った。また,高信頼性への要求については,VHR,残留DCを,液晶セル内の可動性イオンの挙動に着目し,解析を行った。以上の考察を基に行われた,反射型LCDに係わる液晶材料の開発動向について述べた。

文　献

1) T.Uchida, *SID 96 DIGEST*, 31 (1996)
2) K.Tarumi, et al., *ASIA Display '95*, 559 (1995)
3) S.Naemura, *Digest AM-LCD '94*, 76 (1994)
4) 中園ら，信学技報，EID96-89 (1996)
5) A.Beyer, et al, *Freiburger Arbeitstabgung Flissigkristalle*, 22 (1993)
6) E.Bartmann, et al., *Freiburger Arbeitstabgung Flissigkristalle*, 19 (1994)
7) G.Weber, et al., *Proc.2nd Merck LC Seminar* (1998)
8) Y.Itoh, et al., *SID 98 Digest*, 221 (1998)
9) Y.Iwai, et al., *SID 98 Digest*, 225 (1998)
10) M.Bremer, et al., *Digest AM-LCD '95*, 105 (1995)
11) 中園ら，信学技報，EID96-178 (1996)
12) D.Coates, et al., *Proc. 6th Merck LC Seminar*, 57 (1992)
13) M.J.Goulding, et al., *Liquid Crystal*, 14 (5), 1397 (1993)

2 ガラス基板

2.1 はじめに

小野俊彦*

　ガラスには組成によってさまざまな種類があり，それぞれ異なった特性を持っている[1]。ガラスを反射型カラー液晶に使用する際には，それらの中から使用目的に合ったガラスを選ぶ必要がある。選ぶ際に留意するべき点は，第一にそのガラスの特性（熱的特性，機械的特性，化学的特性）が使用目的に合っていること。第二に，そのガラスから製造されたガラス基板が，基板として必要な品質，寸法精度，表面粗さ，表面品質などを充たしていること。そして第三に，ガラス基板が安定した品質と量で供給されており，適切な価格で入手できることである[2]。本節では，ガラスを基板として用いる時に特に問題となる組成と特性，製造工程によって決まる製品品質について述べる。

2.2 ガラス組成

　液晶ディスプレイ用ガラス基板には，ソーダ石灰（ソーダライム）ガラス，無アルカリガラス，そして石英ガラスが使用されている。

　ソーダライムガラスは，通称青板と呼ばれ，窓ガラス等に使用されている普通のガラスで，製造コストが安い。しかし，アルカリを含んでいてガラス表面から溶出しやすいのでSiO_2膜を形成させ，アルカリが溶出するのを防止している[3]。また，熱膨張係数が大きく，急激な温度変化に弱い。ソーダライムガラス基板は，主に単純マトリックスLCD(PM-LCD)に使用されている。

　無アルカリガラスは，アモルファスシリコン（a-Si）TFT（Thin Film Transistor）やMIM（Metal-Insulator-Metal）液晶ディスプレイに使用されているガラスである。その理由として，TFTやMIM素子の形成は，繰り返し熱処理を受けるために，耐熱性が必要であること，および，駆動素子の信頼性を損なうアルカリを嫌うために，良好な化学的特性が要求されているからである。

　石英ガラスは，溶融，成形温度が1000℃以上と高いために高価であるが，最高使用温度が900℃と耐熱性に優れているので，プロセス温度が1000℃近い，高温プロセスで作られる多結晶シリコン（P-Si）TFTに使用されていた。最近では，多結晶化プロセス温度の低温化が進み，低温プロセス（600℃以下）が開発されたことと，コーニング社Code1737などの歪点の高い無アルカリガラスが開発されたことから，石英ガラス基板より安価な無アルカリガラス基板を，アニールすることで使用できるようになってきた。

---

* Toshihiko Ono　コーニングジャパン㈱　静岡テクニカルセンター　研究員

表1　LCD用各種ガラス基板の諸特性[4~6, 9]

Glass Type	Soda Lime	Alkali free								Vitreous Silica	
Code	AS	7059	1737	AN635	AN100	OA2	OA10	NA45	NA35	AQ	7940
Maker	AGC	C.I	C.I	AGC	AGC	NEG	NEG	NHT	NHT	AGC	C.I
Strain point[℃]	511	593	666	635	670	650	650	610	650	1000	990
Coefficient of Thermal Expansion [10^{-7}/℃]	85	46	38	48	38	47	37	46	37	6	5.5
Temp.range [℃]	50 - 350	0 - 300	0 - 300	50 - 350	50 - 350	30 - 380	30 - 380	100 - 300	100 - 300	50 - 200	0 - 300
Density [g/cm³]	2.49	2.76	2.54	2.77	2.51	2.7	2.5	2.78	2.50	2.20	2.20
Young's modulus [Gpa]	72	68	72	73	77	75	70	69	70	72	73

AGC：旭硝子㈱
C.I ：CORNING INCORPORATED
NEG：日本電気硝子㈱
NHT：NHテクノガラス㈱

表1に各種液晶用ガラス基板の特性を示す[4~6, 9]。

2.3　熱的特性

ガラスの熱的特性は，液晶製造プロセスで繰り返し行われる加熱・冷却における，ガラス基板の安定性に関わる重要な特性である。ここでは，歪点，熱膨張，熱収縮について述べる。

2.3.1　歪点

ガラスは過冷却液体であり，温度の上昇と共にその粘性が減少する。ガラスの温度特性を示す基準として，4つの温度（特性温度：低い方から，歪点，除冷点，軟化点，作業点）が選ばれている。歪点はその一つであり，ガラスの粘度が$10^{14.5}$dPa-s（$10^{14.5}$poise）になる温度を言う。一般に歪点は，良くアニールされたガラスの実用上の最高使用温度と考えられている。古典的な定義に従えば歪点以下の温度では粘性流動を起こさないとされているが，実際は時間の関数であり，構造緩和，あるいは薄板の場合，面変形などの問題となることもありうる[5]。液晶ディスプレイ製造工程でのプロセス温度は歪点以下であるが，熱による変形には，十分注意する必要がある。

2.3.2　熱膨張

ガラスを加熱すると，粘度の減少と共に熱膨張により体積が増加する。温度の上昇に伴う単位長さ当たりの長さの変化（線熱膨張率，$\Delta L/L=(L-L_0)/L$）をプロットしたものが熱膨張曲線と呼ばれている。図1にコーニングCode1737の熱膨張曲線を示す[6]。ここでLはある温度Tで

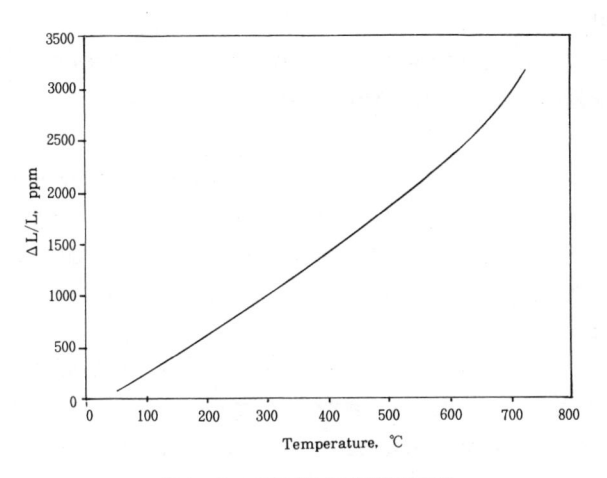

図1 Code1737ガラスの熱膨張曲線[6]

の長さ，L_0は基準温度（0℃）における長さである。線熱膨張率$\Delta L/L$は，温度の上昇と共にほぼ直線的に増加して行く。この時の勾配が熱膨張係数である。一般に熱膨張曲線は低温領域であっても正確には直線ではなく，温度の上昇に伴い傾きも増加している。通常は，測定温度領域を付記し，その温度領域内での平均熱膨張係数αとして記述することが多い。

2.3.3 熱収縮

ガラスは前述したように過冷却液体であり，高温でのガラスの構造が室温まで維持されている。このため，ガラスを構成する原子は，準安定状態にあり，ガラス構造は疎である。このような状態のガラスを再度高温状態にさらすと，準安定状態であるガラスの構成原子は，より安定な平衡状態をとろうとして移動し，ガラス構造は密になる。結果として，ガラスの寸法は収縮することになる。これが熱収縮（コンパクション）である。このような加熱工程での寸法収縮は，繰り返し熱処理を行いながら駆動素子を作る液晶ディスプレイのパターンずれの原因になる。熱収縮は，ガラスを構成する原子の配置が準安定状態である以上必ず起こるが，現在使用されているガラス基板のように，基板の熱収縮が要求値以下であれば使用可能である。

熱収縮を抑えるための方法は，アニールによって構造緩和を起こさせ，予め熱収縮をさせておく方法と，歪点の高い，プロセス温度で構造緩和の起こらないようなガラスを使用する方法とがある。プロセス中での基板の収縮を小さくするためには，高歪点ガラスの開発や，基板のアニールによって，プロセス温度における収縮を極力抑えたガラスを供給することのほかに，プロセス温度の低温化を進めることも，一つの方法である。

2.4 化学的特性

ガラス組成が異なると,それぞれ異なった化学的特性を示す。ガラス基板を液晶製造工程で使用する際は,耐薬品性(エッチング)と耐候性(洗浄,保存)に注意する必要がある。

2.4.1 耐薬品性

液晶ディスプレイ製造工程,特にフォトリソプロセス(Photo-lithography process)のエッチングや洗浄工程で,ガラス基板は酸やアルカリ等の薬液や,反応性ガスなどにさらされる。これらの薬液や反応性ガスの,濃度,組成,温度などの使用条件は,各社で独自に定めている。したがって個々の溶液やガスに対する耐薬品性は,それぞれ評価する必要がある。ここでは一般的な耐薬品性について述べる。

薬液は,大別して2種類に分類できる。一つのグループは,ガラスの網目構造そのものを侵食して全体を溶解する,フッ酸,熱濃燐酸,強アルカリ等である。もう一つのグループは,硫酸,塩酸,硝酸などの酸で,網目構造の侵食作用は小さいが,網目修飾イオンなどを選択的に溶解させる。

これらの薬品に対するガラスの耐薬品性を調べる方法は,2種類ある。一つは重量減法と呼ばれる方法で,ある薬液にガラスを一定時間浸漬させ,重量の減少を測定して,単位面積当たりの溶解量(mg/cm^2)を知る方法である。もう一つは,ある薬液に一定時間浸漬し,その溶液中に溶け出した成分と量を定量分析によって知る方法である。表2は,重量減法によるCode1737の耐薬品性を示した例である[6]。

表2 Code1737ガラスの耐薬品性(重量減法)[6]

薬品,浸漬時間,温度	重量減(mg/cm^2)
5%HCl, 24hrs, 95℃	0.5
0.02N NH$_2$SO$_4$, 24hrs, 95℃	0.15
DI water, 24hrs, 95℃	0.035
10%HF, 20min., 20℃	7
10%NH$_4$F・HF, 20min., 20℃	1.3
5%NaOH, 6hrs, 95℃	1.4
0.02N NaOH, 6hrs, 95℃	0.09

2.4.2 耐候性

ガラスを長時間水中に放置すると,ガラス中のアルカリ成分や,金属イオンが選択的に溶出し,ガラス表面にシリカリッチ層を形成する。この変質層は屈折率が低く,青色の干渉色を示すので,"青焼け"と言う。このことから,ガラスを長時間水中に放置することは好ましくない。

大気中に放置していても，ガラス表面で反応は起きる。ガラスを保管している場所の温度や湿度を急激に変化させると，空気中の水分がガラス表面に結露する。表面で結露した水分に，ガラス中のアルカリ性分などが選択的に溶出し，空気中のCO_2やSOxと反応して，炭酸塩，亜硫酸塩が析出される。これらの塩が水分を吸収することで，さらに大きな腐食性を持ち，ガラス表面を侵食する。このようにしてできたガラス表面の析出物や，侵食による凹凸で，光は散乱して白っぽく見えるようになる。これを"白焼け"という[2]。

　これらの青焼けや白焼けを除去するには表面を研磨するしか方法はない。従って，ガラス基板は，長時間保存せずに早く使用することが望ましい。やむなく保存する場合は，湿度の少ない，清浄なところを選ぶ必要がある。

2.5　機械的特性

　携帯情報端末の表示用として使用される反射型液晶ディスプレイにとって，破壊強度，切断安定性，たわみなどの機械的特性は，非常に重要なものである。

2.5.1　破壊強度

　ガラスの破壊は，微小クラックなどの起点に引張り応力が集中し，クラックが進展することで起きる。

　ガラスの破壊強度 σ_f と，クラックの大きさ c の関係は，

$$\sigma_f = 1/Y \cdot K_{Ic} \cdot c^{-1/2}$$

であらわされる。Y は形状による定数である。K_{Ic} は，破壊靱性と呼ばれ，ガラスの物性値であり，クラックの進展のしやすさをあらわす数値である。しかし，K_{Ic} はそれぞれのガラスの物性値であるものの，液晶ディスプレイ用ガラス基板として使用されているガラスではほとんど差がない[7]。このため，高い破壊強度を得るためには，クラックをなくするかできるだけ小さくし，基板に引張り応力をかけないようにする必要がある。

　クラックの発生は，液晶ディスプレイ製造工程中である場合が多い[8]。これまでに破面解析などで確認されたケースは，アライメントピンによる「こすれ」によるクラック，クランプによる圧痕，ハンドリング中の衝撃等が原因となってクラックが発生している。ガラス基板を割らないためには，これらの機械的ダメージを与えないようにすべきである。

　基板割れの原因となった引っ張り応力は，ほとんどのケースが，熱処理工程での冷却時に発生している。プロセス時間を短縮するために，冷却を速める傾向にあるが，基板の破壊を抑え，安定したプロセスにするためにも，機械的な応力はもちろんのこと，急激な温度変化による熱応力を加えないことが望ましい。それ以上に，ガラス基板に衝撃や，摩擦などで破壊の起点となるクラックを発生させないようにすることが効果的である。

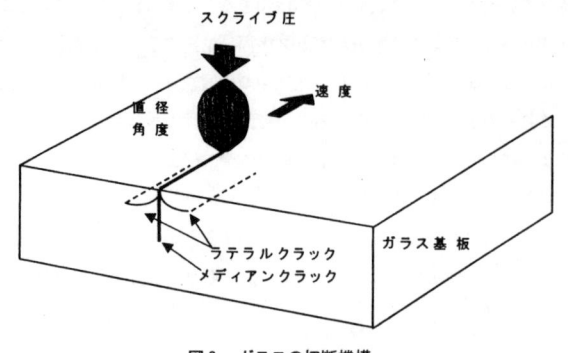

図2 ガラスの切断機構

セル分断されたままのエッジには，微小クラックが存在し，また，鋭利なエッジであるため，クラックが発生しやすい。製品の割れを防ぐためにも，セル端面の面取りが望ましい。

2.5.2 切断安定性

反射型カラー液晶などの小型液晶ディスプレイは，大型基板に複数のセルを作り込んだ後で，それぞれを切断により分断し，セルの多面取りをする。

ガラスの切断は図2に示すように，まず所望の位置にダイヤや，超硬ホイールでスクライブしてメディアンクラックを発生させる。次いで曲げや，局部圧縮などによってメディアンクラックに引張り応力を加え，クラックを進展させて分断する。この時，スクライブ圧が低すぎるとメディアンクラック深さが浅くなり，割不良を引き起こす。逆にスクライブ圧が高すぎるとラテラルクラックも発生させ，分断時に剥離して，ガラスチップが飛び散ってしまう。ラテラルクラックの発生は，スクライブ圧以外にも，ホイールの刃先角度にも依存する。一般に，刃先角度が大きい場合はラテラルクラックの発生が少ない。その反面，メディアンクラック深さも浅くなる傾向にある。メディアンクラック深さや，ラテラルクラックの発生はガラスの種類によっても異なるので，ガラスにあったホイールや，切断の条件出しをする必要がある。

2.5.3 たわみ

ガラス基板の大型化，薄板化に伴い，ガラス基板の自重によるたわみが大きくなり，搬送系などで問題が起きる可能性がある[9]。ガラス基板の長辺のみを，2辺支持した時の中央部の最大たわみ量 w は次式で求めることができる。

$$w = k(\rho/E)(\ell^4/t^2)$$

ここで k は定数，ρ はガラスの密度，E はヤング率，ℓ は支持間隔，t は基板の板厚である。この関係から，たわみ量を少なくするために，比重が小さく，ヤング率の高いガラスを使用する

のも一方法であることが分かる。しかしながら，たわみ量は支持間隔の4乗に比例していることから，最適支持間隔を算出し，ハンドリングを含めた支持方法を適正化する方が効果的といえる。

2.6 ガラス基板製造プロセス

ガラス基板の製造プロセスは，基板表面や，内部欠陥などの表示品質を決めるプロセスである。図3にガラス基板製造プロセスのフローチャートを示す。

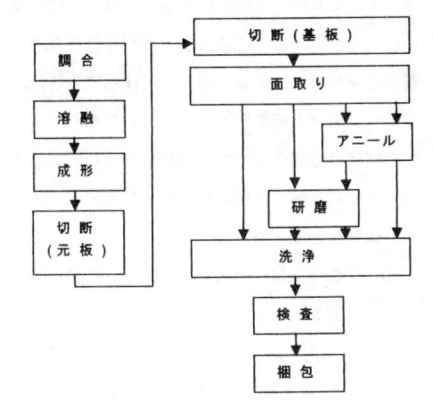

図3 ガラス製造工程フローチャート

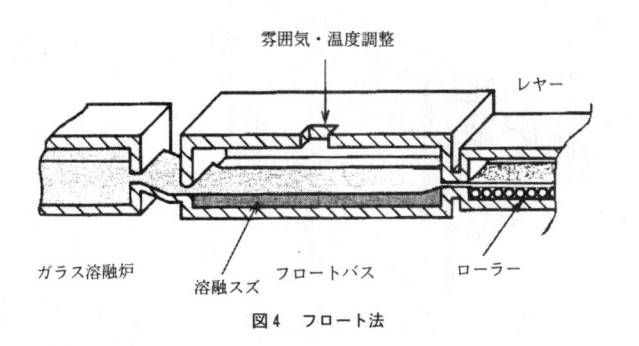

2.6.1 溶融工程

ガラス原料は，所定の組成になるように調合され，溶解炉で溶融される。この段階でガラスの内部欠陥である泡や異物，脈理等の品質が決まる。これらの欠陥については厳しい品質が要求されており，後工程での歩留まりに大きく影響する[10]。

2.6.2 成形工程

溶融ガラスは，成形温度まで冷却された後，薄板に成形される。成形技術は大別して以下の3種類の方法が採用されている[11]。

(1) フロート法（図4）

フロート法は，ピルキントンブラザース社で開発された方法で，解けた錫の上に溶融ガラスを流し込むと，錫より比重の軽いガラスは浮き，反対側から引き出すことで薄板に成形できる。

図4 フロート法

ソーダライムガラスの成形に適しており，最も量産性に優れている。この方法で成形されたガラス基板を液晶ディスプレイ用として使用する時は，成形時に大気と接する面にマイクロコルゲーションと呼ばれる細かなうねりが存在することと，また，溶融錫と接した面に錫が含まれていることから，研磨が必要である。

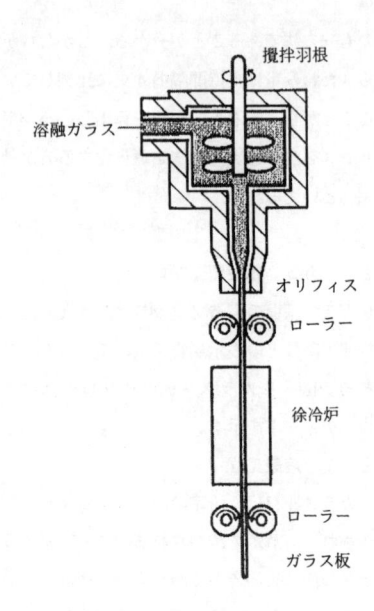

(2) ダウンドロー（スロットダウンドロー）法（図5）

ダウンドロー法は，細長いスリットを設けたオリフィスから，溶融ガラスを下方に引き出す製法であり，特に薄いガラス板の成形に適している。しかし，この方法では，ガラス表面がオリフィスと接して成形されるため，ガラス表面にオリフィスの凹凸が転写され，平滑な表面を得ることが難しい。液晶用ガラス基板としてこの方法で成形されたガラス基板を使用する場合も，研磨を必要とする。

図5 スロットダウンドロー法

(3) フュージョン法（図6）

フュージョン法は，フュージョンパイプの両側からあふれた溶融ガラスがパイプ下方で融合（フュージョン）し，1枚の板となって引き下げられる方法である。この方法では，ガラス表面

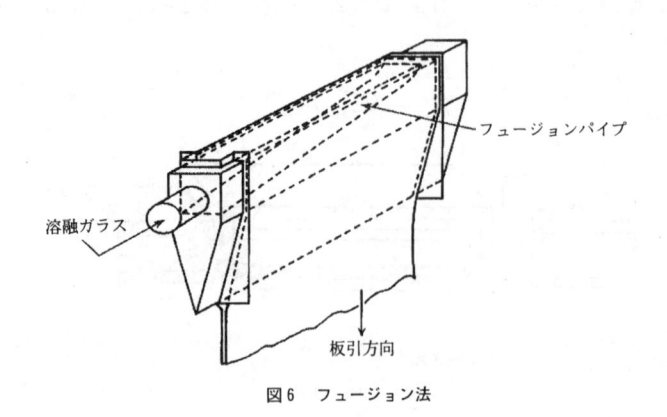

図6 フュージョン法

表3 TFTLCD用ガラス基板の製品仕様の例
(550×650基板仕様)

項　　目		規　　格
寸法規格	外形寸法　[mm]	550±0.4×650±0.45
	板厚　　　[mm]	0.7±0.07
	コーナーカット[mm]	1.5±0.1
	直角度	1/1000
	そり　　　[mm]	0.6以下
	うねり	0.1μm以下/20mm カットオフ0.8〜8.0mm
外観規格	キ　ズ 付着物	10,000Lux光源下 目視にて認められないこと
	クラック，割れ	1,500 Lux光源下 目視にて認められないこと
	インクルージョン	100μm以上のものなきこと

は，空気以外とは接することがないので，無欠陥の火造り面が得られる。このため，フュージョン法で成形したガラス基板は，無研磨で液晶ディスプレイ用として使用することが可能である。

　ガラス基板の厚さは，表示素子の軽量化のために，0.7mmから，さらに0.5mmへと薄くすることが検討されている。

2.6.3　ガラス基板加工工程

　溶融，成形後に切断された元板ガラスは，基板サイズに切断され，面取りが施される。この工程で，基板の寸法精度や，表面品質が決定される。表3に，基板仕様を示す。

　面取りは，切断によって発生したラテラルクラックを除去するために行われ，ダイヤモンドホイールによる研削でR-面形状に仕上げられる。近年，フォトマスク基板やSiウェハなどの高精細パターニングを施す基板は，エッジ部分を鏡面にして，プロセス内での発塵源にならないための対策が取られている[12]。液晶ディスプレイも高精細化が進められているので，パーティクルに対する要求も年々厳しくなってきている。近い将来，液晶用ガラス基板に対しても鏡面エッジの検討が必要になると考えられる。

2.6.4　研磨，アニール工程

　研磨は，フュージョン法以外の成形方法で作られたガラス基板の表面を平滑にしたり，ガラス表面についた傷や付着物を除去するためにされる。研磨は粗い砥粒を用いて板厚を落とすラッピング工程と，酸化セリウムを用いて表面を鏡面にするポリシング工程とからなる。研磨工程は，生産性が悪く費用がかかるのでできるだけ簡略化し自動化することが望ましい[2]。フュージョン

法で成形されたガラス基板は，もともと表面が平滑なため研磨の必要はない。研磨をしないことの利点は，コストを抑えることができる以外に，潜傷による問題が避けられることである。潜傷は，研磨工程でガラス表面に生じた目に見えない微小傷のことをいう。潜傷は，TFT製造工程の洗浄やエッチングによって浸食を受け，大きなキズに成長して回路の断線の原因になることがある[13]。

アニール工程は，熱収縮率の小さなガラスが必要な時に施される。前述したように，成形されたガラスの構造は，準安定状態であるため，再加熱すると，熱収縮を起こす。アニール工程では，成形されたガラスを再び歪点近傍まで加熱した後，緩やかに冷却してより安定な状態にする。

2.6.5 洗浄工程

ガラス基板の洗浄は，洗剤，ブラシ洗浄，超音波洗浄を組み合わせ，枚葉式か，バッチ式の洗浄機で行われる。洗剤には，通常アルカリ性洗剤や，中性洗剤が用いられる。アルカリ洗剤は，ガラス表面の汚染を取り除くために用いられているが，その後のすすぎが不十分であると，洗剤自身が汚染源になりかねないので，すすぎには，大量の純水が使われる。また，乾燥工程では，IPA（Iso-Plopyl-Alcohol）を用いたり，熱風乾燥や温純水引き上げ乾燥などが用いられている。ガラスは絶縁体であるため，乾燥した暖かい空気を当てると，表面に静電気が発生する。この静電気で，工程雰囲気中のパーティクルをガラス表面に集めることもあるので，気中パーティクルの管理や，ガラスの除電を行う必要がある。

最近のガラス基板は，550×650mmと大型化している。この大型ガラス基板をバッチ式超音波洗浄機で洗浄するためには，大きな洗浄槽と大量の純水が必要となる。この時，槽内に高い洗浄能力を均一に得るために，超音波の出力を高めに設定すると，ガラス表面に超音波によるダメージが発生することもある[14]ので，注意が必要である。

最近では，表面数分子層の有機汚染を除去するためのUVオゾン洗浄や，静電気を除電するための軟X線照射なども実用化されている。

2.6.6 検査工程

LCD用ガラス基板の検査には，大別して寸法検査と外観検査がある。

(1) 寸法検査

寸法検査はガラス基板が表3に示すような規格に入っているかを確認する検査である。これらの項目のうち，そりと，うねりに関しては，ガラスの成形時に決まるので，規格に照らし合わせた検査だけではなく，ガラス成形プロセスへのフィードバックも考えた検査になっている。そり，うねり以外の寸法は，ガラス加工プロセス諸条件の設定によって決まる。現在の加工機はガラス基板への要求精度よりも高い寸法精度で加工できるので，これらの寸法検査は抜き取りで行われているのが一般的である。

(2) 外観検査

ガラス基板表面品質は，AM-LCDの製造の歩留まりやプロセスの安定性に大きな影響を与える。そのガラス基板表面品質を決定する上で，外観検査により，以下の不良，欠陥が検出される。欠陥は，大別して表面欠陥と内部欠陥，そして外周不良に分けられる。主な表面欠陥には，キズ，汚れ，付着物がある。内部欠陥は内部異物，もしくはインクルージョンと呼ばれる泡とブツがある。外周不良は，面取りなどで発生する不良である。表面欠陥についての合否判定基準は，表面と裏面とで異なっており，当然，デバイスを形成する表面の方が裏面より厳しい。これら全ての欠陥について，短時間に，かつ550×650mmサイズの基板の表裏全表面について検査しなければならないのが，現在のガラス基板検査である。

(a) キズには大別して3種類あり，①見る角度によっては非常に見えにくいスリーク，②荒れた表面を持つ擦りキズ，③パターニング工程でのエッチング等で可視化される潜傷である。これらのキズは，電極線の断線の原因となりうるので，あってはならない欠陥の一つである。

(b) 汚れは，面積を持った付着物を指し，指紋，洗浄不良等があり，電極材料の膜はがれや，性能低下を引き起こす原因となる。

(c) 付着物は，点状のものを指し，付着ガラス片，研磨剤残渣，そしてゴミなどである。付着物は成膜時にピンホールを形成したり，電極線の断線の原因となる。

(d) 外周不良は基板のエッジ上にあるチップ，クラックなどを指す。これらの欠陥は，LCD工程での割れの原因になったり，ガラス粉の発生源になったりする[15]。

(e) 表面欠陥のほとんどがガラス基板の加工工程で発生しているのに対し，内部欠陥は基板の溶融－成形工程で形成される欠陥である。内部欠陥は，表面形状に影響を与えていない限り，デバイスの形成には影響しない。現在，「0.1mm以上の内部欠陥が無いこと」という仕様が決められているが，一画素の大きさが小さくなる傾向にあるので，将来どの大きさまで許容されるのか，定量的な検討をすべきである[2]。

(3) 現在の検査技術：目視検査

現在，液晶ガラス基板の検査は，主に目視検査によって行われている。目視検査は，人間の肉眼で欠陥の検出，欠点の種類判別，合否判定までのすべてを行う官能試験である。欠陥検出は，基板に光を当てた際の，欠陥からの散乱光を検出することによって行われる。光を照射し，欠陥からの散乱光のみを検出すると，高いS/N比で微小な欠陥を検出することができる[16]。種類の判別には，点状，線状，および面状であるか，また欠陥の光り方の違いなどで行う。合否判定は，決められた検査光源を使い，規程の照度下で，検出可能か否かで行われる。また，限度見本を検査標準とすることもある[2]。光源としては，照度のレベルによって使い分けられ，蛍光灯（低照度，1000〜2000ルクス），水銀灯（中照度，5000ルクス），集光器（高照度，1万ルクス）が用い

られる。この目視検査は光源の照射方向から反射光を利用した方法と，透過光を利用した方法の2種類に大別できる。TFT用ガラス基板の検査では，主に反射光を利用した方法で行われている[17]。

人による目視検査は，多種類の欠陥を判別したり，臨機応変な対応が可能である。しかし，検査員の熟練度，体調，個人差などによるバラつきがあり，検査基準の定量化も難しい。また，ガラス基板の大型化に伴い，手による扱いの難しさ，判定ミスの増加などが懸念されるなど，問題点もある。さらに，人はクリーンルームの中での主な発塵源であり，人によらない検査方法が，ガラス表面付着物低減の観点からも望まれる。

これらのことから，目視検査に変わる検査の自動化が必要である。1台で高速，かつ正確に総合的な合否判定が可能な，自動検査装置の実現が目標となる。自動検査装置の導入に際して最もネックとなっているのは，欠陥種の識別能力である。特に基板表面のゴミも欠陥として検出されるため検査の障害となる。検出感度は高いが，ガラス表面にあるものすべてを検出しているからである[18]。LCDメーカーで問題となる欠陥と，そうでないものとを識別することの必要性が指摘されている。

文　献

1) 作花済夫,"ニューガラス"日刊工業社, pp.20-25 (1987)
2) 岡本文雄, 液晶ディスプレイ製造技術ハンドブック（嶋田隆司監修),サイエンスフォーラム, pp.191-205 (1992)
3) 山口繁実,"液晶ディスプレイ基板用ガラス",Hybrid, Vol.4, No.2, pp.13-17.
4) 中尾泰昌,"次世代ガラス基板材料",電子ディスプレイ・フォーラム98, proceedings 6, pp.23-27 (1998)
5) 牧野純, STEP/FPDガラス基板, SEMIジャパン, pp.31-35 (1998)
6) CORNING, "1737F Material Information" (1994)
7) S.T.Gulati, 18th ICG Digest D4, pp.39-44 (1998)
8) T.Ono, to be published at Asia Display 98 (1998)
9) 三和晋吉, 月刊LCD Intelligence 2月号, pp.84-87 (1998)
10) 林孝和, 電子材料, 9月別冊, pp.58-63 (1994)
11) D.R.Uhlemann & N.J.Kreidl, "Glass:Science and Technology Vol.2.Processing I", Academic Press, p.82 (1984)
12) 柴野由紀夫,電子材料7月号, pp.27-31 (1997)
13) 鈴木勲, ガラス製造の現場技術第四巻, 小川晋永編, 日本硝子製品工業会, pp.37-58

(1993)
14) Y.Fukushi et al., to be published at Asia Display 98 (1998)
15) SEMIスタンダード FPDテクノロジー委員会,「カラーTFT液晶ディスプレイ」, SEMIジャパン, p.178 (1994)
16) 河野嗣男,「先端産業における表面欠陥検査法」, アイピーシー, p.49 (1989)
17) 小野俊彦,「平成9年度ニューガラスの先端加工技術に関する調査研究」, ニューガラスフォーラム, pp.11-18 (1998)
18) 丸山正和,「平成3年度セラミック系新素材の性能評価の標準化に関する調査研究」, ニューガラスフォーラム, pp.13-19 (1992)

3 プラスチック基板

藤井貞男[*1], 疋田敏彦[*2]

3.1 はじめに

近年,携帯電話・PHS・ページャーなどの携帯情報端末が急速に普及している。今後,持ち運びのしやすい情報端末のニーズはますます高まるものと思われる。このようなニーズを受け,情報端末機器にプラスチックフィルムを基板とするLCDの量産化が行われるようになっている[1~9]。

ここでは,プラスチック基板の特長とプラスチック基板に求められている特性について概説する[5~6]。

3.2 プラスチック基板の特長

液晶表示装置にプラスチック基板を用いた場合,ガラス基板に比べて次のような特長がある。
① 薄型軽量化が容易
② 落下などの衝撃に強い
③ 異形状化が可能

基板材料をガラスからプラスチックにすることで,5インチLCDの場合,重量が約4分の1になることが報告されている(表1)[7]。

表1 ガラスLCDとフィルムLCDの比較[7]

	ガラスLCD	フィルムLCD	フィルム/ガラス比
外形サイズ	5インチ	5インチ	—
基板厚み (mm)	0.7	0.1	(0.15)
総厚み (mm)	2.1	0.9	(0.43)
重量 (g)	33.6	8.4	(0.25)

また反射型LCDの場合,図1に示すようにLCDを斜めから見たとき,基板が厚いと液晶像と反射像がずれるため画面が非常に見にくいという問題が生じる。しかしプラスチック基板では,基板厚さを0.1mmまで薄くすることができるためこのような問題は起こらない。

さらにフィルムLCDは曲面表示も可能なため,これまでのガラスLCDにはない表示方法も可

[*1] Sadao Fujii 鐘淵化学工業㈱ 電材事業部 基幹部員
[*2] Toshihiko Hikida 鐘淵化学工業㈱ 電材事業部

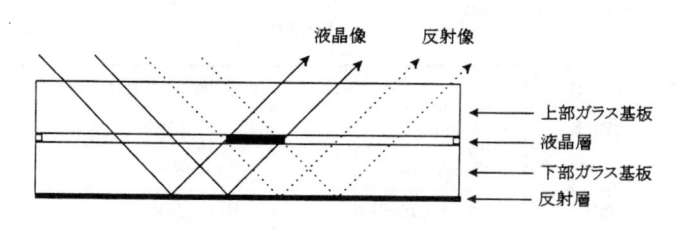

図1 反射型LCDによる像形成

能である。

3.3 プラスチック基板の要求特性

　プラスチック基板は，ガラス基板のように一種類の材料でできているわけではなく，多層構造を有している（図2）。代表的な例では，図2に示すように基材フィルムをベースとして，その両面に「ガスバリア層」と「ハードコート層」が存在する。これらの層は，ガラス基板が持つ特性をフィルム基板にも持たせるためのものである。換言すれば，従来のLCD製造技術がガラス基板をもとにしているため，プラスチック基板の特性をガラス基板の特性にあわせる方がメリットが大きい，ということになる。

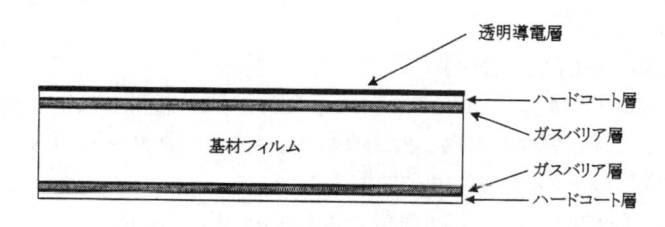

図2 代表的なフィルム基板構成

　このようにガラス基板代替としてのプラスチック基板に求められる特性としては，主に，①光学特性，②耐熱性，③表面性，④ガスバリア性，⑤耐薬品性，などが挙げられる。フィルム基板においては，現在のところ，基材フィルムだけでは全ての特性を満足することができず，④の特性はガスバリア層，⑤についてはハードコート層で補う形を取っている。表2にフィルム基板に求められる各種特性を示す。

表2 プラスチック基板に要求される各種特性[8]

要求特性	項 目	代表的な特性値
光学特性	高い光線透過率 低複屈 光学等方性	80％（λ =550nm) 0.3％ 20nm以下
耐熱性	高温時での寸法安定性	0.1％以下（130℃）
表面性	高い表面平滑性	30nm[5]
ガスバリア性	空気・水蒸気に対する低透過性	$0.2cc/m^2/day$
耐溶剤性	耐アルカリ性 耐有機溶剤性	変化なし（KOH10分） 変化なし（5分浸漬）

3.3.1 基材フィルム

基材フィルムに関しては主に光学特性・耐熱性・表面性が重要視される。

① 光学特性

表2に示したように,必要とされる光学特性にはいくつかの項目がある。いずれの項目も重要であるが,その中でも光学等方性に関してはLCDの表示品位に関わるため特に重要である。

光学等方性に関しては,式(1)で示されるレターデーション（Re）で判断されている。すなわちRe値が小さいと光学的に等方であると判断することができる。

$$Re = \Delta n \times d \tag{1}$$

（Δn：複屈折, d：光路長）

LCDは液晶分子の配向を電気的に制御することにより文字などを表示している。すなわち液晶分子の光学異方性を制御していることに他ならない。そのため基材フィルムが大きな光学異方性を有するとコントラストの低下を招く原因となる。

光学等方性を有する基材フィルムを作るためには,式(1)に示すように複屈折を小さくする必要がある。基材フィルムの複屈折は,配向複屈折と応力複屈折に分類される。配向複屈折の低減はフィルムを製造する際に,分子の配向をいかに抑えるかがポイントである。配向複屈折の程度は分子の分極率にも関連する。また,応力複屈折は,フィルムをLCDに組み立てる際,偏光板の収縮などに起因するフィルムにかかる応力による複屈折の発現に関係する。いずれの場合も,近似的には光弾性係数の大きさで議論することができる。光弾性係数は式(2)で示され,基材フィルムに使われるポリマーに固有のものである。

$$\Delta n = c \times \delta \tag{2}$$

（c：光弾性係数, δ：応力）

表3 光弾性係数[10, 11]

ポリマー	$10^{-13}/cm^2 \cdot dyn^{-1}$
ポリカーボネート	74
ポリエーテルスルホン	69
ポリスチレン	8.3～10.1
光学ガラス	0.5～2.8
PMMA	−2.7～−3.8

表3に代表的なポリマーの光弾性係数を示す[10, 11]。光学ガラスに比べると、ポリカーボネート・ポリエーテルスルホンなど主鎖に芳香族を有するポリマーは分極率が大きく、光弾性係数がかなり大きい。一方、PMMAに代表される脂肪族ポリマーの光弾性係数はかなり小さいことから、フィルム基板に光学等方性を持たせるためには、PMMAやポリオレフィンなどの脂肪族ポリマーを用いるのが有効である。

しかし一方で、分子構造を設計することで主鎖に芳香族をもつプラスチックでも光弾性係数を小さくすることができる。たとえば、主鎖に対して垂直方向に置換基を持たせることにより、光弾性係数を小さくする方法がある[12]。表4では各種ポリカーボネート誘導体の光弾性係数を示す。この表から主鎖に対して垂直位置にある置換基$R_1 \cdot R_2$によって光弾性係数が大きく変化していることがわかる。同様の傾向はポリアリレートの場合でも認められる。

上記の方法以外にも、光弾性係数を下げる方法がいくつか報告されている[12]。

表4 ポリカーボネート誘導体の光弾性係数[12]

R_1	R_2	$10^{-13}/cm^2 \cdot dyn^{-1}$
CH_3	CH_3	71.9
CH_3	C_2H_5	70.4
C_2H_5	C_2H_5	40.9
C_3H_7	C_3H_7	39.1
$iso\text{-}C_4H_{10}$	$iso\text{-}C_4H_{10}$	39.6
C_6H_5	CH_3	54.4
C_6H_5	C_6H_5	22.1

$$\left[-O-\text{\textlangle}\bigcirc\text{\textrangle}-\underset{R_2}{\overset{R_1}{\underset{|}{\overset{|}{C}}}}-\text{\textlangle}\bigcirc\text{\textrangle}-O-CO- \right]$$

② 耐熱性

ガラスLCDの製造プロセスでは、液晶配向膜を形成するために150℃付近で処理される工程が

あるため，加熱収縮などの寸法変化を起こさないフィルム基板が要求される。一般に基材フィルムに耐熱性を持たせるためには，ポリエーテルスルホン・ポリアリレートのように高分子主鎖に芳香族を多く持たせる方法がある。しかし先に述べたように主鎖に芳香族を多く含むフィルムは一般に複屈折が大きくなりやすく，いかに光学特性と耐熱性を両立させるかが課題となる。一方，光学的特性も睨み，置換ノルボルネン系等の高耐熱ポリオレフィン系材料の利用も提案されている。

③ 表面性

表示品位がよくなるにつれ，要求される表面性は厳しくなる。STN方式の場合，セルギャップが小さくなるため基板の表面性が無視できなくなる。必要とされる基板の表面性は平均表面粗さで約30nmといわれており，フィルム基板にこのような表面性を持たせるために，基材フィルム製造には後述する「溶剤キャスト法」などいくつかの方法が取られている。

3.3.2 ガスバリア層，ハードコート層

ガラスと比較した場合，プラスチックは水蒸気やガス透過性がかなり高い。そのためプラスチックフィルムに直接電極を形成した基板を液晶セルとして用いた場合，液晶中にガスが徐々に溶け込む。特に長期にわたって使用している間に衝撃などで溶存ガスが気泡となり，結果的に表示面に黒点が観察される。このような問題点を解決するために，基材フィルムの両面に水蒸気およびガス透過防止用のガスバリア加工が必要となる。

さらにガスバリア層の上にはハードコート層が設けられる。この層は，耐薬品性向上以外にも傷防止や導電膜との密着性向上という目的で行われている。

3.4 プラスチック基板作成技術

ここではプラスチック基板（基材フィルム・ガスバリア層・ハードコート層）の製造方法について概説する。

3.4.1 基材フィルム

基材フィルムの成形方法としては，溶融押し出し法・溶剤キャスト法・注型法の3つの方法が用いられている[5,6,13]。

① 溶融押し出し法

加熱溶融したプラスチックをTダイなどから一定の厚みに押し出し冷却する方法である。この方法は生産性が高くコスト面では他の方法に比べて非常に有利である。現在，ポリエーテルスルホンがこの方法で作られている。この方法の課題としては，残留ひずみやダイライン・フィッシュアイ・樹脂焼けによる異物の発生などがある。最近，溶融押し出し後，熱アニールや弾力性のある研磨材による研磨により残留ひずみやダイラインを改善[14,15]，あるいは熱プレスによる

表面性改善[16]などの報告がなされている。

② 溶剤キャスト法

溶剤にプラスチックを溶解後,フィルターで異物を除去し,その溶液を支持体に流延・乾燥する方法である。この方法は異物が少なく,表面性に優れたフィルムが得られるなど光学特性を重視するLCD用のフィルムとして好適である。現在ポリカーボネートフィルムやポリアリレートフィルムなどが塩化メチレンを溶剤にして,この方法で生産されている。しかし前方法に比べて溶剤を揮発乾燥させる必要があるため,生産性や溶剤回収設備が必要となるなどの課題がある。

また溶液キャスト法は,塩化メチレンなどのハロゲン系溶剤が,低沸点であり爆発しにくいなど,扱い易さの点から主に使用されている。近年の地球環境に対する問題意識の高まりから,1,4-ジオキソランなど,非ハロゲン系溶剤を用いる試みが成されている。

③ その他

上記以外の方法に注型法が挙げられる。特に溶剤キャスト法には不向きな厚手のフィルム(約0.4mm)を製造する際に用いられる。また鋳型の表面性さえよければ溶剤キャスト法とほぼ同等のフィルムを得ることができる。この方法では,アクリルやエポキシなどからなる硬化性低分子量プラスチックを鋳型に流し込んだ後,熱あるいは電子線で硬化させるものである。

ただし生産は毎葉処理のため,前2法のロールフィルムと比較し,量産性に課題がある。

3.4.2 ガスバリア層

ガスバリア層には有機系と無機系の2種類が知られている。有機系はビニルアルコール含有重合体が一般に用いられており[17],溶媒に溶かしてコーティングするため比較的安価にできる。しかしながら有機系バリア層は湿度依存性を有するため,高い湿度のもとではガスバリア性が著しく低下する欠点がある(表5)。

表5 ガスバリア層の酸素透過率[5]

	相対湿度	
	RH=0%	RH=100%
有機系バリア層	0.5cc/m²/day	40〜60cc/m²/day
SiO_x	0.5cc/m²/day	2〜3cc/m²/day

一方,無機系バリア層は酸化珪素・窒化珪素などをスパッタ法などによって積層させる。有機系バリア層に比べ湿度に対するガスバリア性の低下はほとんど見られない。ただしバリア加工は蒸着やスパッタ装置などを用いるため,有機系に比べて高価である。

最近は，有機系と無機系を組み合わせて，ガスバリア層の信頼性を高める試みが成されている。

3.4.3 ハードコート層

主に熱硬化型と紫外線硬化型が，また電子線硬化型がまれに用いられている。いずれの場合もロールフィルムの特徴を生かすため連続的に処理できるようになっている。一般に，溶剤希釈したハードコート剤をロールコーターやグラビアコーターなどで塗布し，乾燥炉にて溶剤を揮発させた後硬化させる。

用いられるハードコート剤としては，エポキシアクリレート系やウレタンアクリレート系・シリコーンアクリレート系が一般に用いられている。

生産性から見れば，数秒の紫外光照射で製造できる紫外線硬化型が圧倒的に有利である。しかし十分に硬化の進む熱硬化型に比べて，未硬化分がわずかに残る。一方，電子線硬化型は短時間で十分な硬化が得られるものの設備が大がかりになる。

3.5 おわりに

本稿では，液晶表示装置用プラスチック基板に求められる特性とその製造方法について紹介してきた。現在のフィルム基板はガラス基板代替としての位置づけのため，市場としてはさほど大きくないのが現状である。

しかしながら，冒頭でも述べたように，フィルムLCDの特徴である「薄型軽量化」「耐衝撃性」「異形状化」などのキーワードは，携帯情報機器に求められる特性に適合しているように思われる。またプラスチック基板の場合，ロール状で供給できるため毎葉加工に比べて生産性が高くコストメリットも大きい。このようなフィルム基板特有のメリットを生かすためにも，より一層の努力が望まれる。

文　　献

1) 福地俊夫，フラットパネルディスプレイ1994，日経BP，p.129（1994）
2) 小野陽一，日向章二，小林茂夫，月刊ディスプレイ，3 (1)，37（1994）
3) 上原清博，光技術コンタクト，26，52（1988）
4) 矢野経済編，マーケットシェアマンスリー，No.83, p.7（1996）
5) 藤井貞男，95液晶ディスプレイ産業年鑑，シーエムシー，p.71（1995）
6) 藤井貞男，関口泰広，細野和登，in press
7) 対馬修一，電子技術，p.45（1997）

8) 布山栄士，山田敏雄，工業材料，**46**，50（1998）
9) 日向章二，細萱祐之，今関佳克，小林茂夫，小野陽一，月刊LCD Intelligece，p.81（1997）
10) 大塚保治，日本ゴム協会誌，**61**，805（1988）
11) メーカーカタログ値
12) 堀江一之，谷口彬雄編，光・電子機能有機材料ハンドブック，朝倉書店，p.407（1995）
13) 沖山聡明編，プラスチックフィルム（第2版），技報堂出版，p.52（1995）
14) 特開平7-168169，特開平9-123275
15) 特開平10-123491，特開平10-123492
16) 特開昭62-81621，特開平6-16732
17) 特開昭61-80122

4 透明導電膜

吉田 博*

4.1 はじめに

可視域(約400〜700nmの波長)で透明であり,導電性のある透明導電膜は,現在各種フラットパネルディスプレイ,太陽電池などに広く応用されている。

以前は透明導電膜としてAu膜,SnO_2膜などが使われていたが,Au膜は透明性,導電性,膜強度に問題があった。また,SnO_2膜は「ネサ膜」と呼ばれ,主に化学的製法(スプレー法)で作製されていたが,その膜特性は透明導電膜を工業的に応用することに対しては満足できるようなものではなかった。

透明導電膜は,現在ではITO (Indium Tin Oxide:スズをドープした酸化インジウム)膜が主流である。この節では,ITO膜の歴史,作製方法,特性などについて述べる。

4.2 ITO膜の歴史

ITO膜は,1969年に工業技術院大阪工業試験所(現大阪工業技術研究所)の勝部氏らが開発に成功した[1]。従来の透明導電膜よりも,

① 導電性,透明性が優れている(低抵抗,高透過率である)
② パターニング加工が容易である(酸の中でも比較的取り扱いやすい塩酸系をエッチャントとして使用できる)
③ 成膜後の焼成が不要である

ことから,急速に普及した。

当社では1972年にITO膜の製造実施権を取得して量産を開始した。液晶表示用電極としては1973年頃から電卓や時計のエイトセグメント表示に使用され始めたのが最初で,1978年頃からは小型表示画面のワープロや電話のドットマトリックス表示に使われ始めた。1980年代後半からはワープロ,ノートパソコンといったOA機器のグラフィックス用ドットマトリックス表示に使用され,需要が拡大した。

4.3 ITO膜の作製方法

図1に当社のITO膜の製造工程を示す。ここでは基板,洗浄,成膜,検査について紹介する。

4.3.1 基板

基板はガラス,カラーフィルターが多く,他にPC(ポリカーボネート)やPMMA(メタク

---

* Hiroshi Yoshida ジオマテック㈱ 技術本部 開発室 開発2課 主任研究員

リル樹脂)に代表される樹脂基板も使われる。

ガラス基板は受け入れ検査を行うまでに切断,面取り,研磨の工程を経てきているため,微細キズ,研磨剤残り,付着異物などが管理項目としてあげられる。

また,カラーフィルター基板は上記の工程に画素(顔料分散もしくは染色樹脂)やオーバーコートを積層させる工程が加わるため,これらに起因する欠陥も管理項目に加える必要がある。

樹脂基板の場合は搬送中に帯電し,周辺のダストを吸着しやすい。そのためキズや付着異物だけでなく,静電気除去も重要な管理項目となってくる。また,吸水性が高いため,吸水に対する管理が,特に厚い基板の場合は切断面も含め必要となってくる。

4.3.2 洗　浄[2]

洗浄の目的および方法は一般的に,

① 有機物除去：有機溶剤処理,界面活性剤処理,ブラシ水洗,酸処理,アルカリ処理,ＵＶ(オゾン)処理など
② 酸化物除去：フッ化水素酸処理,酸処理など
③ 金属不純物除去：酸処理など
④ イオン性不純物除去：超音波水洗など
⑤ 粒子状不純物除去：超音波水洗,ブラシ洗浄など

の5つに分けられる。

超音波を使った洗浄はバッチタイプと枚葉タイプとに分けられるが,いずれも基板の種類やサイズにより超音波のパワーや周波数,使用する洗剤などの最適化を行い,洗浄精度を管理している。

また,製品の用途によりITO成膜後に洗浄が必要となる場合には,ITO膜に対するダメージを防ぐことが必要となる。

4.3.3 成　膜

成膜方法は一般的に図2に示すような方法があるが,当社では真空蒸着法,スパッタリング法,イオンプレーティング法といったPVD(物理気相成長)法を用いている。

スパッタリング法の装置にはバッチ式とインライン式とがある。バッチ式装置の特徴として,

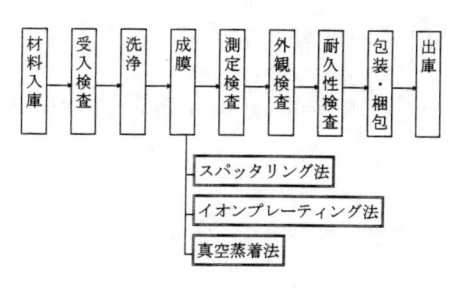

図1　当社のITO膜製造工程

・多品種少量生産向きである
・装置の改造がやりやすい

などが，インライン式装置の特徴として，

・大量生産向きである
・基板の脱着を含めた自動化が可能である

などがあげられ，用途に応じて使い分けている。

```
                        ┌─ スパッタリング法 ─┬─ DCマグネトロン
                        │                    ├─ RFマグネトロン
           ┌ 物理的方法 ┤                    └─ イオンビーム
           │            │                    ┌─ DC
           │            ├─ イオンプレーティング法 ┼─ RF
           │            │                    └─ HCD
           │            └─ 真空蒸着法
           │            ┌─ 浸積法
           │            ├─ スプレー法
           └ 化学的方法 ┼─ ゾルゲル法
                        ├─ 塗布法
                        └─ CVD法
```

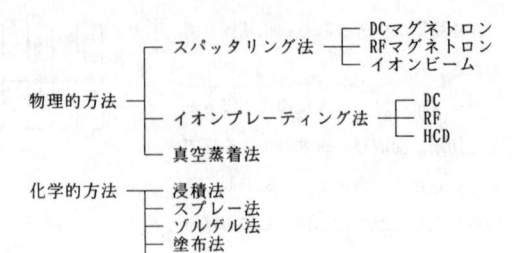

図2　代表的なITO膜作製方法

4.3.4　測定検査・外観検査・耐久性検査

基本的な項目として，

① 測定検査（膜特性）：シート抵抗値・透過率・膜厚
② 外観検査：キズ・カケ・汚れ・異物・ピンホール
③ 耐久性検査：耐アルカリ性・耐熱性・耐湿性

があげられる。

表1　ITO膜の代表的な評価方法

評価項目			評価方法・装置
基本的性質		膜厚	触針式膜厚計
	電気的性質	シート抵抗 比抵抗・ キャリア濃度・ホール移動度	4探針法 }van der Pauw法
	光学的性質	分光透過率・反射率 光学定数	分光光度計 （分光）エリプソメトリー
	機械的性質	付着力 残留応力	テープテスト・スクラッチテスト X線応力測定法
	構造	形態・表面形状 結晶構造	SEM・TEM・AFM X線回折法
		組成	EPMA・XPSなど
実用に即した評価		微小部 不純物分析 表面	FIB-SIM・TEM・AES・EPMAなど SIMS AFM・AES・XPSなど

・SEM ：走査電子顕微鏡　　　　　　　　　・TEM ：透過電子顕微鏡
・AFM ：原子間力顕微鏡　　　　　　　　　・EPMA：電子線プローブマイクロアナライザ
・XPS ：X線光電子分光分析法（ESCA）　　・FIB ：集束イオンビーム加工法
・SIM ：走査イオン顕微鏡　　　　　　　　・AES ：オージェ電子分光分析法
・SIMS：二次イオン質量分析法

このうち耐久性は，各ユーザーによりパターニングやセル組などの条件が異なるため，きめ細やかな対応が必要となる。

4.4 ITO膜の特性[3]

ここではITO膜の特性として，シート抵抗値・膜厚・透過率，屈折率，表面形状，残留応力，

表2 ITO膜の膜厚・シート抵抗値・透過率の関係

（成膜温度300℃）

成膜法	規格シート抵抗値 $[\Omega/sq]$	平均シート抵抗値 $[\Omega/sq]$	透過率 (at550nm) [%]	膜厚 [nm]
真空蒸着法	≦200	100	81≦	35±15
	≦30	20	78≦	100±20
	≦15	12	82≦	165±25
	≦10	9	75≦	215±25
イオンプレーティング法	≦200	100	81≦	30±15
	≦30	16	78≦	90±20
	≦15	11	82≦	150±20
	≦10	9	75≦	200±20
スパッタリング法	≦200	100	81≦	30±15
	≦30	20	78≦	90±20
	≦15	12	81≦	150±20
	≦10	8	75≦	200±20
	≦7	6	75≦	220±20
	≦4.5	4.3	79≦	350±30

（成膜温度200℃）

成膜法	規格シート抵抗値 $[\Omega/sq]$	平均シート抵抗値 $[\Omega/sq]$	透過率 (at550nm) [%]	膜厚 [nm]
イオンプレーティング法	≦9	8	75≦	280±20
	≦7	6	75≦	370±30
スパッタリング法	≦40	25	81≦	150±20
	≦10	9	75≦	280±20
	≦6	5.5	75≦	300±20
	≦4.5	4	70≦	400±30

組成について紹介する。なお，シート抵抗値は4探針法で，透過率は分光光度計で，屈折率は分光エリプソメーターで，表面形状はAFM（原子間力顕微鏡）で，組成はXPS（光電子分光法）でそれぞれ評価している。なお，残留応力はX線応力測定法で評価しているが，実用上問題となるのは基板のソリであるため，直接基板のソリを測定する方法も使われる。

また，表1に上記の方法以外も含めた，ITO膜の代表的な評価方法を示す。

4.4.1　シート抵抗値・膜厚・透過率

表2に当社の量産品におけるシート抵抗値・膜厚・透過率の関係を示す。成膜温度300℃はガラス基板を，成膜温度200℃はカラーフィルター基板をそれぞれ対象としている。ITO膜の比

図3(a)　スパッタリング法によるITO膜表面のAFM像

図3(b)　イオンプレーティング法によるITO膜表面のAFM像

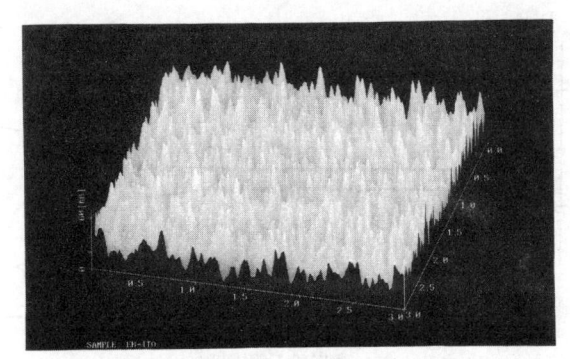

図3(c)　真空蒸着法によるITO膜表面のAFM像

抵抗（体積抵抗率）には膜厚依存性があるため，表のような関係になっている。

4.4.2　屈折率

真空蒸着法で作製したITO膜の屈折率は約1.7，イオンプレーティング法で作製したものは約1.8～1.9，スパッタリング法で作製したものは約1.9～2.0となっている。ただし，成膜条件により上記の値は若干異なってくる。

4.4.3　表面形状

図3にガラス基板上に作製したITO膜のAFM像を示す（像の高さ方向のスケールは60nm）。いずれも成膜温度は300℃，膜厚は約170nmである。真空蒸着法で作製したＩＴＯ膜は表面があれているが，イオンプレーティング法，スパッタリング法で作製したITO膜は表面がなめらかで

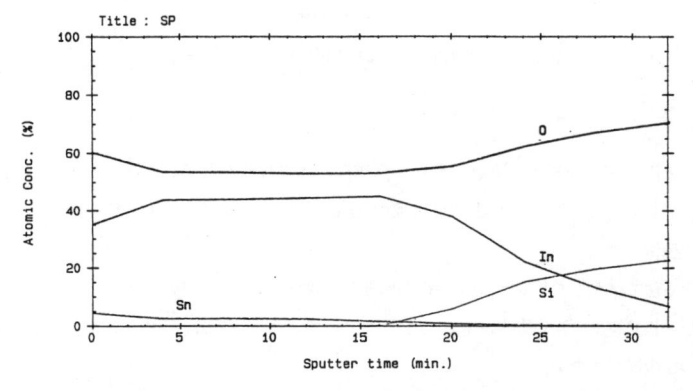

図4(a)　スパッタリング法によるITO膜のデプスプロファイル

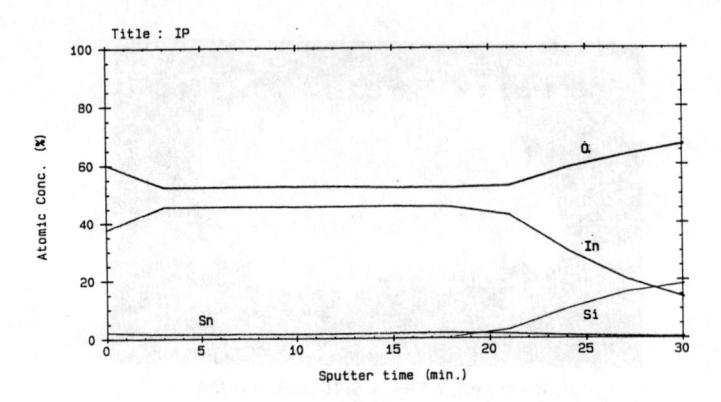

図4(b) イオンプレーティング法によるITO膜のデプスプロファイル

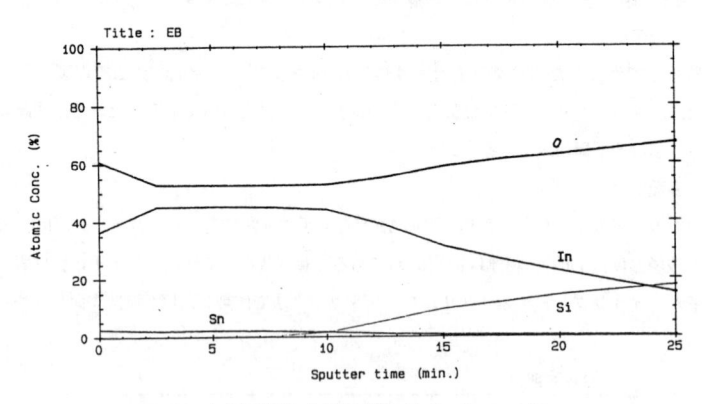

図4(c) 真空蒸着法によるITO膜のデプスプロファイル

ある。

このことと上記の屈折率の違いとから，真空蒸着法で作製したITO膜は，スパッタリング法やイオンプレーティング法で作製したITO膜よりも粗になっていると考えられる。

4.4.4 残留応力

真空蒸着法で作製したITO膜は引っ張り応力を，スパッタリング法，イオンプレーティング法で作製したITO膜は圧縮応力を示す。大きさは，スパッタリング法，イオンプレーティング法，真空蒸着法の順で大きい。

このため，スパッタリング法でITO膜を作製する場合は応力を緩和させることも考慮して成膜

条件の管理をする必要がある。

4.4.5 組成

図4にXPSによるデプスプロファイルを示す。成膜方法によりITO膜中のSnの含有量が異なっているのは，シート抵抗が最も低くなるようにSnO_2を成膜材料に添加させているが，その添加量が各成膜方法によって異なるためである。

また成膜方法によらず膜中ではIn・Sn・Oの量はほぼ一定で，最表面ではSn，Oの量が多くなっていることがわかる。

4.5 今後の展開

LCDに使われる透明導電膜としては，今のところITOに絞られるだろう。LCDの高画質化・高精細化・大型化に伴い，ITO膜のさらなる低抵抗・高透過率，一定したパターニング（エッチング）特性，大型基板対応，低欠陥であることなどの要求が今後一層厳しくなっていくことが予想される。このことに対応するため，成膜装置や成膜材料の選定などのハード面および成膜方法や成膜条件の確立などのソフト面の両面から，新規のものも含めた検討が必要となろう。

さらに，ITO膜の物性・品質に対する要求が多様化しハイレベルになってきていることに対し，最適な分析・解析システムによる問題点の早期解決にも取り組んでいく考えである。

文　献

1) 勝部能之，真空蒸着法による酸化物透明導電膜の製造ならびにその応用に関する研究（1981）
2) 高橋勉，ファインプロセステクノロジー・ジャパン'96 セミナー要録
3) 吉田博，月刊ディスプレイ，Vol.2, No.9（1996）

5 カラーフィルタ

田口貴雄*

5.1 はじめに

　液晶ディスプレイは，軽量，小型，低消費電力という特性をいかし，電卓や時計など反射型として登場した。カラーフィルタは液晶ディスプレイをカラー化することによって，ノート型パソコンの急速な普及に貢献した。カラー化の代償として，カラーフィルタによって吸収される光量を補うために，バックライトを用いざるを得なくなり，液晶ディスプレイのもつ本来の特性が犠牲になった。現在，さらに大型化，広視野角化が検討され，CRTの領域であるデスクトップモニター市場に進出しつつある。一方，対極にある用途が注目されている。インターネットの普及，通信インフラの整備などを背景に期待されるPDA（Personal Digital Assistant）等のモバイルPC，さらにデジタルカメラ，小型ビデオカメラ，携帯ゲーム機等の市場である。ここではカラー表示と携帯性の両立をめざした，反射型液晶ディスプレイの開発が盛んである。

　明るさの確保のために，ゲストホスト液晶などカラーフィルタを用いないシステムが提案されている。しかし，反射電極，散乱層，光制御層などパネル構造上の工夫によって光の利用効率を向上させ，カラーフィルタを用いても十分明るい反射型液晶ディスプレイが，実用域に入っている。カラーフィルタ自体も，色純度が向上し明るい表示が可能となってきていることもその一助になっている。本稿では，反射型液晶ディスプレイに用いるカラーフィルタの要求特性，材料およびその構造について解説する。

5.2 カラーフィルタへの要求性能

　代表的なディスプレイの構造を図1に示す。反射型は，外光を反射板により反射させ，微細な各カラーフィルタに相当する液晶を制御して光をスイッチングすることでカラー化する。三原色

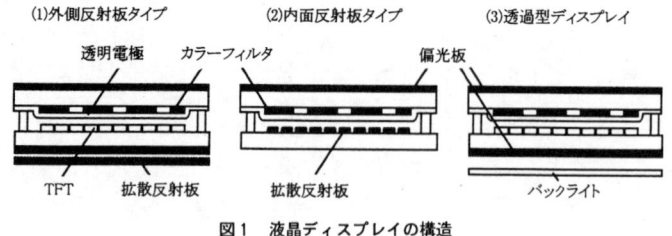

図1　液晶ディスプレイの構造

*　Takao Taguchi　凸版印刷㈱　総合研究所　材料技術研究所　チームリーダー

の加法混色によりフルカラー化できる。図1(1)は反射板がパネルの外にあるタイプで，図1(2)はパネルの内側にあるタイプである。図1(3)は透過タイプのディスプレイである。反射型の特徴は，光源が外光であること，そして入射光が眼に至るまでにカラーフィルタを2回通過することである。

5.2.1 色特性と明度

比較のために，表1に反射でみる画像の背景の反射率とコントラストを示す。偏光板を利用するタイプでは，偏光板で1/2の光が吸収され，カラーフィルタで2/3が吸収されるため，白地の反射率は17％以下になる。色票で反射率17％は濃いめのグレーであり，この上に吸収により着色した画像が乗ることになり，かなり暗いものになる

表1 代表的な反射画像の背景の反射率とコントラスト

	反射率(%)	コントラスト
新　聞	57	1 : 5
カレンダー	80	1 : 21
雑　誌	63	1 : 8
PCコピー	80	1 : 9
TN-LC	25	>1 : 5

ことは想像できる。新聞でも反射率は50％あり，この絶対的な光量の不足を補うために，パネルの構造から反射光の指向性を改良し，実質的に観察者の目に至る光量を上げることが不可欠であり，このことにより初めてカラーフィルタの利用が可能になっている。色純度よりも明度を重視したカラーフィルタを用い，2度通過することを考慮して，透過率の二乗のスペクトルを色の基準として用いる。

5.2.2 ホワイトバランス

白色は，ディスプレイにおいて重要である。透過型ディスプレイの場合，カラーフィルタを通してバックライトの光を見ることになるので，ホワイト点は常に一定で，光源のスペクトルと，三色のカラーフィルタの平均透過率スペクトルを掛け合わせた色になる。一方反射型は，光源がディスプレイを使用する環境の光であるため，環境によりホワイトバランスは変化する。人間の目に好ましいホワイトの位置は，作業環境によりずれることが知られており，常に一定の透過型よりも環境に自動的に順応する反射型の方が好ましいとも言われている。ただし，透明電極，反射板や配向膜等黄色成分が含まれることから，目標ホワイト点は，光源色よりも高色温度側にずれていることが好ましい。

5.2.3 耐性

パネル組立工程で要求される耐性，例えば耐熱，耐溶剤などの特性は透過型と共通であり，製品として必要な特性も大きな違いはない。ただバックライトに常に暴露される透過型に対して，用途によっては，屋外で太陽の直射に曝される機会が反射型は多いという差がある。表2に要求される特性をまとめた。

表2 要求特性

要求項目	内容	要求部門	
		プロセス	製品
分光特性	R, G, Bの色は3原色規格値に近似		○
耐熱性	配向膜やITO成膜時の熱処理に耐えること	○	
	（アクティブマトリックス　200℃60min）		
	（単純マトリックス　250℃60min）		
耐薬品性	配向膜の溶剤や洗浄液などで外観等に変化なきこと	○	
平滑性	突起異物なく平滑であること	○	○
	（単純マトリックスの方が厳しく0.1mm以下）		
寸法精度	画素電極とのあわせで問題なきこと	○	
信頼性	シール材との密着性がよいこと		○
	ヒートショック，高温放置で分光，外観に変化がないこと		

5.3 カラーフィルタの構造と材料

カラーフィルタ自体の構造は，反射型と透過型で大きな違いはない。反射型は2回透過で色特性を最適化するため，フィルター自体の色は淡く，透過率の差に起因する着色剤含有量の差，塗布特性，塗膜特性から組成の調整が必要であること，明度の重視からの構造上の工夫がある。

5.3.1 色の設計

透過型およびRGBタイプの反射型カラーLCDに用いるカラーフィルタの代表的な分光透過率カーブを図2に示す。また，反射型のフィルタを二回通過するとして計算したのが図3で，2回通過しても透過型よりもかなり明るい。

色の定量的な扱いは，等色関数，$\bar{x}(\lambda)$，$\bar{y}(\lambda)$，$\bar{z}(\lambda)$光源の分光分布$D(\lambda)$およびフィルタの分光透過率$T(\lambda)$から計算される三刺激値X，Y，Zおよび(X,Y,Z)空間でのX+Y+Z=1平面への各点の投影点であるCIEの色度図（x, y）平面上で評価できる。各値は，

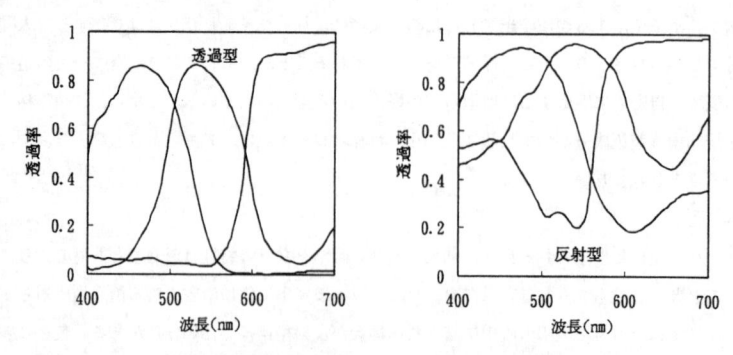

図2 透過型と反射型カラーフィルタの分光透過率

$$X = \frac{100}{K} \int T(\lambda) \bar{x}(\lambda) D(\lambda) d\lambda$$

$$Y = \frac{100}{K} \int T(\lambda) \bar{y}(\lambda) D(\lambda) d\lambda$$

$$Z = \frac{100}{K} \int T(\lambda) \bar{z}(\lambda) D(\lambda) d\lambda$$

$$K = \int \bar{y}(\lambda) D(\lambda) d\lambda$$

および

$$(x, y) = \left[\frac{X}{X+Y+Z}, \frac{Y}{X+Y+Z} \right]$$

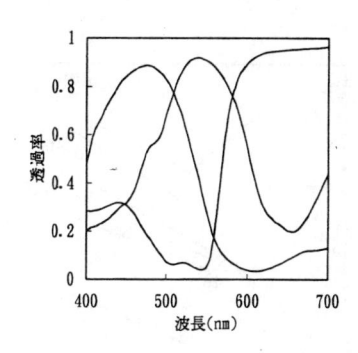

図3 反射型カラーフィルタを2回透過したときの分光透過率

で計算できる。ここで，加法混色の場合，(X, Y, Z)において加成性が成り立つ。単純に一つのピクセルをRGBが三等分しているとすると，ホワイトの色は，

$$(X_W + Y_W + Z_W) = \left[\frac{X_R + X_G + X_B}{3}, \frac{Y_R + Y_G + Y_B}{3}, \frac{Z_R + Z_G + Z_B}{3} \right]$$

となり，(x, y)平面上では，

$$(x_W, y_W) = \left[\frac{X_W}{X_W + Y_W + Z_W}, \frac{Y_W}{X_W + Y_W + Z_W} \right]$$

となる。光源としては，透過型では，C, F10等を一般には用い，反射型では屋外で使用することを前提に，D65を用いて計算することが多い。ホワイト点の位置は黄み，赤みが嫌われ青みが好まれる。したがって光源に対して，できるだけxとyが小さいことが好ましい。

明るさは，ホワイトの明度Y_Wで表現される。この値は，実際の反射光の分光分布に人間の眼の比視感度をかけたものを100分率で表したもので，目で見た反射率に相当し，100％反射でY_W=100になる。透過型では30前後のものを使うが，反射型では，40-60の明るいものを使用する。

3色のカラーフィルタで表現できる色の範囲は，(X, Y, Z)空間上で，各色が液晶の変調で動く軌跡上の3色の足し算で合成される点の集合となる立体で表される。しかし，便宜上(x, y)上に各色をプロットし，三角形の面積で表現する。NTSCのRGBの面積0.1582に対する比率で表現することもある。各色の彩度が高いほどホワイト点から外側に近づき，三角形の面積が大きい方が表現色が多くなる。

カラーフィルタの膜厚や着色剤の含有量を変化させることで，彩度と明度を変化させることができる。図4に同じ色材での着色剤の量（膜厚，着色剤含有率）と彩度の関係を示す。またその時の明度と彩度の関係を図5に示した。同じ着色剤を使う場合，明度と彩度はトレードオフの関係にある。

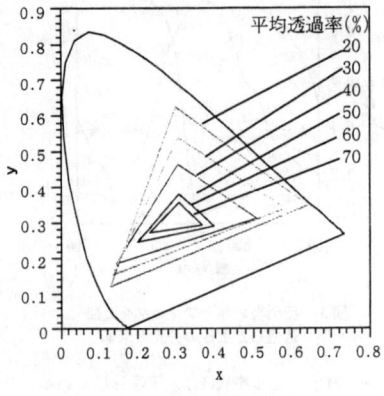

図4　着色剤濃度の変化による平均透過率と彩度の関係

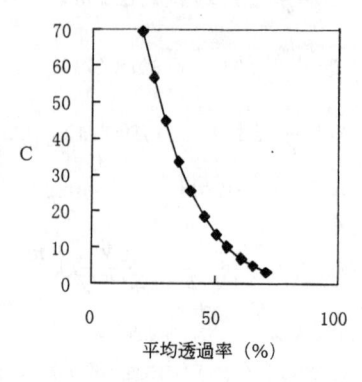

図5　着色剤量変化による平均透過率と彩度Cの関係

図6は，膜厚と各波長での光学濃度の関係を示すが，かなり高濃度の領域まで直線関係にあり，カラーフィルタレベルの分散状態では，含有量と吸光度の比例関係が成り立つことがわかる。すなわち，基準の分光透過率を$T_s(\lambda)$とし，着色剤の量をn倍にした場合，分光透過率は，

$$T(\lambda)=10^{n\log(T_s(\lambda))}$$

の式で変換できる。このことは，着色剤が決まれば，明度と彩度，ホワイト点の位置など3色の設計を，シミュレーションにより行うことができることを示す。

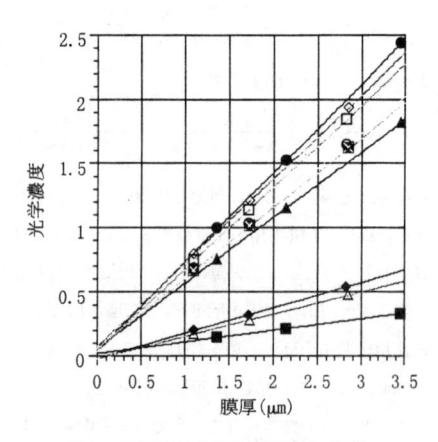

図6　各波長での膜厚と光学濃度の関係

5.3.2　製造方法

カラーフィルタの製造方法として，染色法，電着法，印刷法，および顔料分散法等が知られており[3,4]，分類および特徴を表3と表4に示した。特に耐熱，耐光性の優れた顔料分散法が主に使用されており，分散技術の向上および顔料の選択により色特性も染色タイプと差がなくなっている。ガラス基板上にブラックマトリックスを形成する。これは画素間の光漏れを防ぐことによりコントラストを上げる役割をするとともにTFT液晶の場合には，TFTに外光が当たるのを防ぐ目的がある。材質は，Cr，CrOx/Crが中心であるが，コストの低減のため樹脂ブラック等も

表3 カラーフィルタ製造方法の分類

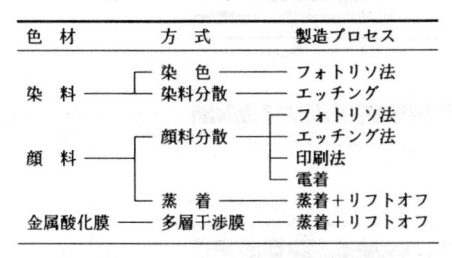

色材	方式	製造プロセス
染料	染色	フォトリソ法
	染料分散	エッチング
顔料	顔料分散	フォトリソ法
		エッチング法
		印刷法
		電着
	蒸着	蒸着+リフトオフ
金属酸化膜	多層干渉膜	蒸着+リフトオフ

表4 カラーフィルタ製造方法と特徴

製造方法	染色法	顔料分散法	印刷法	電着法
色材	染料	顔料	顔料	顔料
分光特性	◎	◎	○	○
解像性(μm)	10〜20	10〜20	70〜100	10〜20
膜厚(μm)	1.0〜2.5	0.8〜2.5	1.5〜3.5	1.5〜2.5
平坦性	○	○	○	◎
耐熱性(℃)	180	220〜300	250	250
耐光性(hr)	<100	>1000	>1000	>1000
耐薬品性	△	○	○	○
工程	△	○	○	△

使用されている。このブラックマトリックス間に，RGBのカラーフィルタ層を形成する。カラーフィルタ層は染色法の場合は，パターンニングした画素を染色し固着処理を行って形成するが，顔料分散法では顔料の分散されたレジストを使用し，これを塗布，露光，現像してパターンを得られる。カラーフィルタ層上に，必要に応じてオーバーコート層が形成される。この上に透明電極であるITOをスパッタリング等で形成する（図7）。

インクジェット法を用いたカラーフィルタの製造方法が提案されている[5,6]。プロセスの工程数の少なさからスループットの向上，低コスト化が期待されている。コストの低減のためには材料より，プロセスの改良が効果的であり，用途により強く要求される低コスト化には，画期的な製造プロセスの出現が期待されている。

5.3.3 材料

現在主流になっている顔料分散法（着色感材法）について述べる。用いる感光材料の成分を表5に示す[7]。プロセスの中で色特性に特に影響を与えるのが，顔料分散である。顔料分散は二次凝集により大きくなっている顔料粒子を微細化するとともに，樹脂の中に均一に分散し安定な状態を作る工程である。図8にはサイズと，分光透過率の関係を示し，図9には，明度と彩度の関係を示す。ここでCは彩度である。微粒化により明度と彩度ともに向上する。しかし過度の微粒化は，再凝集や分散液の増粘などの原因になり，これを防ぐための分散方法，分散剤，樹脂組成，

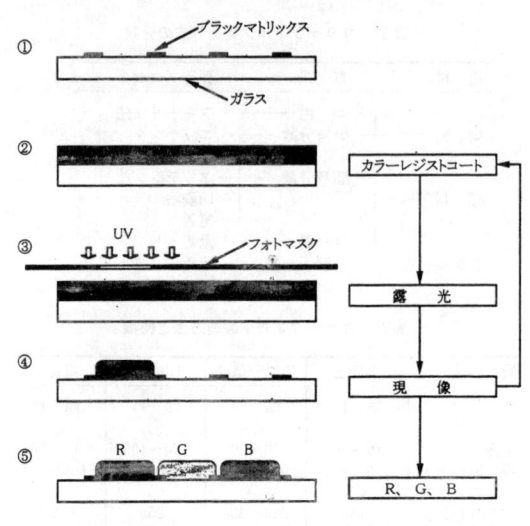

図7 顔料分散フォトリソ法のCF製造プロセス

表5 顔料分散フォトリソ法に用いる材料

成 分	代表的な材料	役 割
着色剤	フタロシアニン系,ジアキサジン系,アントラキノン系,アゾレーキ系,縮合アゾ系,キナクリドン系,イソインドリノン系,ペリノン系ペリレン系,不溶性アゾ系,これらの混合物	色純度,濃度耐光性,分光特性
ポリマーオリゴマー	アクリル酸/アクリル酸エステル系共重合体,メタクリル酸/メタクリル酸メチル系共重合体,ポリビニルアルコール誘導体,ポリイミド系,ノボラック型フェノール樹脂,多官能アクリル樹脂,多官能ウレタンアクリレート系,ポリメチロールメチル化メラミン誘導体	光硬化,硬化耐熱性,耐薬品性
開始剤	ベンゾイン化合物,カルボニル化合物,複素環化合物,ハロゲン化合物,オニウム塩,イオウ化合物,硼酸塩,金属塩,錯体,有機金属,シラン化合物等のラジカルあるいは酸発生剤,分光増感剤	感度,重合時間,硬度
分散剤	アゾ顔料,フタロシアニン顔料等の誘導体,縮合環状化合物,アクリルアミノエステル,尿素樹脂系等の樹脂状活性剤,脂肪酸変性ポリエステル系,3級アミン変性ポリウレタン系等	均一性,色特性
その他	シランカップリング剤など	密着性

図8　顔料の粒径と透過率

図9　顔料の平均粒径と明度・彩度

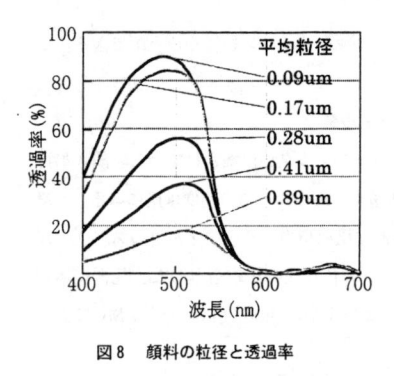

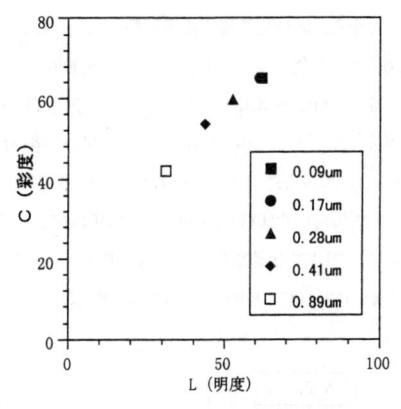

溶剤の検討が色特性の向上につながる。分散技術の向上から，使用できる顔料の種類が増加しつつある。

明るく彩度の高いカラーフィルタは，材料に依存するところが大きい。今後，顔料ではなく，粒子性がないために消偏性が小さく高コントラストが得られる染料を色材として用いるものが，再び使われる可能性がある。

5.3.4　構造の工夫

図1のように反射板とカラーフィルタには，液晶の厚み，あるいはガラス基板を含めた距離があるため，同じフィルタを二回通過するだけでなく，フィルタに斜めに入った光はある確率で，隣の色のフィルタから出る。この場合，従来のフィルタでは，両方のフィルタを透過できる波長域がほとんどないため，両フィルタで完全に吸収される。この斜めの光を明度向上に有効に利用するために，スペクトルの裾の上がったカラーフィルタを用いる。また，同じ理由で，透過スペクトルカーブの重なりの小さい青と赤を隣り合わせにしないよう，緑の幅を1/2にし両者の間に配列するという提案もなされている。

透過型用のカラーフィルタの材料に関しては，色特性など製品の性能，塗液適性，塗布適性など製造工程の性能について改良が重ねられてきており，この透過型のレジストをそのまま使って，反射型に要求される明るいフィルタを作製する方法が提案されている。各セルに一定の大きさの抜けの部分があるカラーパターンを設けるものである。通常のRGBの透過カーブに一定の大きさの透過が乗ることになり，パターン形状の変更のみで，通常のレジストを用いて所望の色特性を得ることができる。

コストの低減が最重要の用途があり，ブラックマトリックスを省いた構造も検討されている。カラーフィルタを二回通過するため，パターンの隙を往復ともに通過する白色の漏れ光量が小さ

いことから，明度を重視する反射型においては，ブラックマトリックスを省くことができる。この場合には各色のレジストレーションが課題になる。

5.3.5 YMC(イエロー，マゼンタ，シアン)カラーフィルタ

BGR（青，緑，赤）の補色であるYMCを用いたカラーフィルタが提案されている。前者が可視光の1/3のみを透過するのに対して，後者は2/3を透過するために，白の明度は倍になる。YMCタイプに用いる顔料の例を図10に示す。図11に代表的な反射型のカラーフィルタのスペクトルを示す。図12に透過型及び，反射型RGB，YMCタイプの色特性の比較を示した。色再現域は広くかつ明度は向上する。ただし，YMCの掛け合わせのRGBの色純度は低く，YMCによる

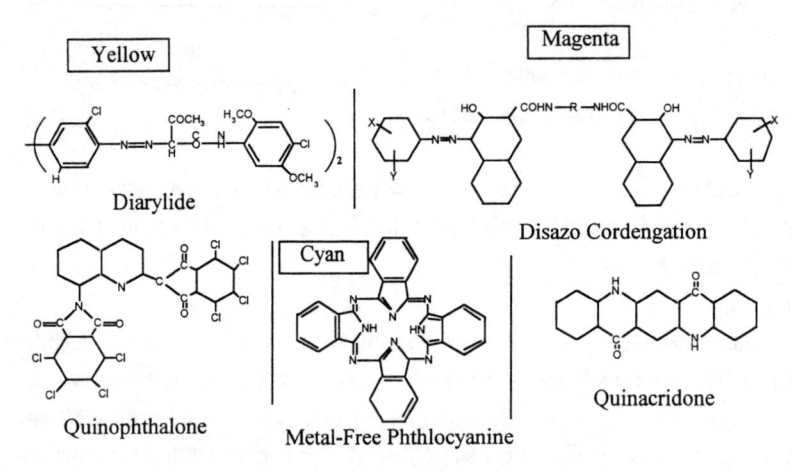

図10 代表的なYMCタイプ反射型カラーフィルタ用顔料

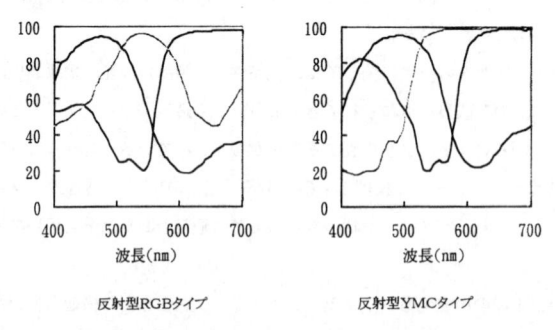

図11 反射型カラーLCD用カラーフィルタの分光透過率

ディスプレイは，自然な表現に多少難があるといわれている。また現状のYMCは，ホワイトバランスが不充分であり，改良の余地がある。

5.4 まとめ

反射型液晶ディスプレイに於いて，カラーフィルタの課題は，より明るく，かつより色鮮やかな表現を与えることである。現状の着色剤を用いる限りは，色純度と，明度はトレードオフの関係にある。更なる色特性の向上は，着色剤の化学構造と素材の能力を最大限引き出す分散技術に依存している。現在まで分散技術の検討が進み，使用できる顔料の選択の幅が広がりつつあり，好ましいスペクトルの設計技術も向上している。一方，パネル構造の改良により光の利用効率が上がり，そのことによりカラーフィルタの利用が可能になった。さらに最近のパネル構造による特性の向上は著しく，明るく鮮やかな映像を見ることができるようになった。ディスプレイの技術的な進展と歩調をあわせて，素材技術，調製技術，設計技術の総合により，今後ともカラーフィルタがより一層魅力を与えることを期待する。

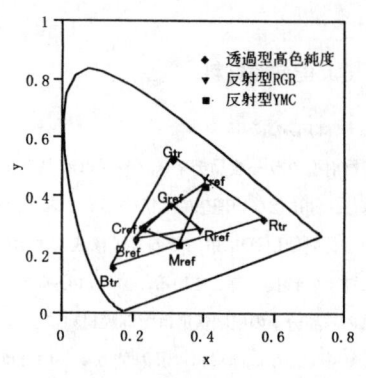

図12 反射型LCD用カラーフィルタの色特性

```
            透過型 : B G B : YMC
彩度 :      53.8  :  7.3  : 10.9
明度 :      35.8  : 62.9  : 66.1
```

文　献

1) 電子ディスプレイフォーラム97予稿集，Session 2 (1997)
2) 電子ディスプレイフォーラム98予稿集，Session 4 (1998)
3) 山崎ほか，カラー液晶TFT液晶ディスプレイの構造と構成要素，カラーTFT液晶ディスプレイ，SEMIスタンダードFPDテクノロジー部会，217-229
4) 谷瑞仁，カラーLCD用カラーフィルタ材料と特徴，液晶ディスプレイの最先端，シグマ出版，152-241
5) N.Nonaka, et al., Digest of SID'97, 2238-241(1997)
6) 鷹取靖，月刊LCD Intelligence, 16-19(12.1997)
7) 松嶋欽爾，電子材料別冊「液晶ディスプレイ技術1997年」，31(1997)

6 配向膜材料

栗山敬祐*

6.1 はじめに

反射型カラー液晶ディスプレイは液晶ディスプレイ（LCD）本来の低消費電力という特長を有し，他にはない理想的な携帯用ディスプレイとして注目されている[1]。現在までに提案されている反射型LCDには，その素子構成や表示様式の異なるものが多数提案されており，それぞれに種々の特長を有している[2]。これら種々の反射型LCDのほとんど全てにおいて，電界無印加時の液晶分子の配向状態は配向膜材料によって制御されている。

従って，配向膜材料は反射型カラーLCDの極めて重要な構成材料と言える。ただし現時点で提案されている反射型LCDには，透過型LCD用途と同種の配向膜材料が用いられている。そこで本稿では総括的にカラーLCDにおける配向膜材料の機能特性について述べるとともに，機能発現を可能とする配向膜材料の分子構造設計指針を紹介する。

6.2 LCDにおける配向膜の役割

現在主流のLCDでは，配向膜を塗布した二枚の固体電極基板内に液晶分子を挟み込んだ素子構成となっている。液晶分子は室温近辺では粘性流体ではあるが，上下二層の配向膜と接することで巨視的な配向状態のそろったモノドメインを形成する。LCDでは上下基板の（透明）電極より印加される電界によって液晶分子の初期配向状態を変化させ，それに伴う光学的特性の変化を利用している（電気光学効果）。ところで液晶分子の初期配向状態すなわち電界無印加時の配向状態は上下基板上の配向膜によって規定されるので，配向膜はLCDの電気光学特性を左右するとともにその液晶配向機能によってLCDの表示モードに多様性を与えていると言える。

現在実用化されている配向膜の液晶配向特性を大きく分類すると，水平配向（ホモジニアス配向）と垂直配向（ホメオトロピック配向）の二種類に分けられる[3]。図1はそれぞれの配向膜上での液

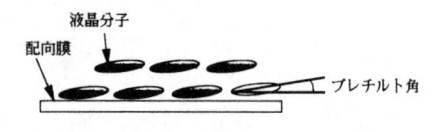

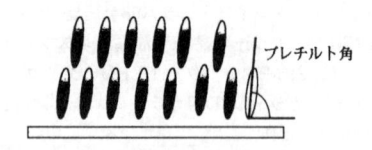

図1 配向膜の液晶分子配向機能を表わす模式図

---

* Keisuke Kuriyama JSR㈱ 四日市研究所 ディスプレイ材料開発室

晶分子の配向状態を表わす模式図である。水平配向膜を塗布した基板上では，液晶分子は基板平面とほぼ平行方向に配向する。一方，垂直配向膜上では液晶分子は基板面に対してほぼ垂直に配向する。

6.3 配向膜の形成方法と配向膜材料の代表的構造

　配向膜は有機溶媒に溶解させた配向膜高分子を電極基板上に塗布後，ホットプレートなどで加熱焼成することによって形成される[4]。配向膜高分子としてはLCD作製プロセスにおける耐熱性や液晶との相互作用の大きさから，剛直な分子鎖を有し，かつ極性の高いポリイミドやその前駆体であるポリアミック酸が使用されることが多い[5]。図2はポリイミドおよびポリアミック酸の構造式である。ポリアミック酸は加熱焼成時に部分的もしくは大部分がポリイミドへと転化する。焼成によって得られた配向膜には布で一方向に擦るラビング処理が施される場合が多い。ラビング処理は配向膜表面の高分子鎖の一軸延伸を促し，それに接する液晶の均一配向を達成させる[6]。ポリイミドやポリアミック酸はラビング処理によっても膜けずれや基板からの膜の剥離などが起きにくく，均質な膜構造が保持されやすい。

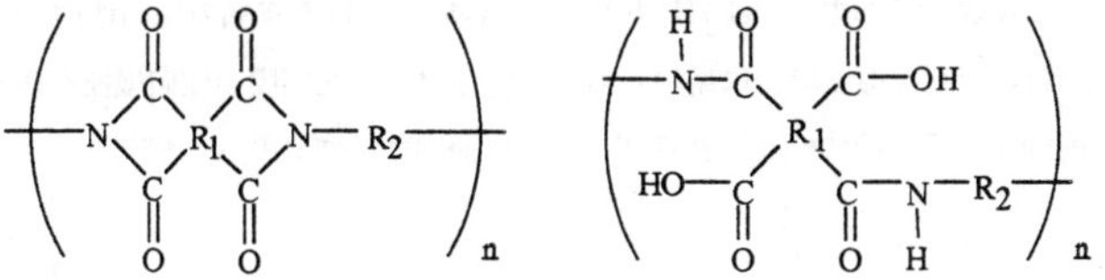

(a) ポリイミド　　　　(b) ポリアミック酸

図2　ポリイミドおよびポリアミック酸の構造式

　ところで配向膜には液晶を配向させる以外にもプレチルト角の発現や電圧保持等の付加的な機能発現が求められる。通常，これらの機能発現には配向膜高分子主鎖に官能基を導入することで応えることが多い。即ち実用に供される配向膜では，ポリイミドもしくはポリアミック酸の主鎖構造に種々の官能基を導入し，多様な機能特性の発現と最適化を図っている。官能基の導入は構成単位（モノマー）である酸二無水物とジアミン化合物に特定の化学種を用いることで行われる[7]。図3はポリアミック酸およびポリイミドの合成方法を表わしたものである。酸二無水物とジアミン化合物の重縮合によってポリアミック酸が生成される。そしてポリアミック酸の加熱によってポリイミドが得られる。またポリイミドはポリアミック酸の溶液中での化学的イミド化によって得られる場合もある[8]。次に具体的な配向膜の機能と材料の分子設計指針について解説する。

図3　ポリアミック酸およびポリイミドの合成方法を表わす模式図

6.4　配向膜の液晶配向機能

6.4.1　水平配向膜

水平配向膜はTN型，STN型，PCGH型等の，電界無印加時の液晶の配向状態が基板界面において基板面とほぼ平行である場合に用いられる。図4は水平配向膜の配向機能を表わす模式図である。水平配向膜では一般にラビング処理によって面内での液晶の均一配向とプレチルト角が

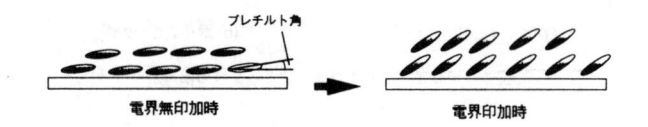

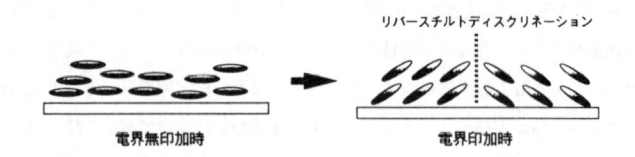

図4　水平配向膜の配向機能を表わす模式図

発現される。プレチルト角は電界印加による液晶の配向変化の方向性を整え，リバースチルトディスクリネーションの発生を抑制する。水平配向膜の基本骨格は図2に示すようなポリイミドやポリアミック酸であり，その構成単位の酸二無水物とジアミン化合物の化学種の組み合わせから，プレチルト角や電圧保持率等の最適化が図られる。特にプレチルト角の発現は，特定の官能基を有するモノマー成分を所定の分率で共重合させることで達成される場合が多く，そのような機能を有するモノマーをプレチルト角発現成分と呼んでいる。

図5は検討例として挙げた，フッ素原子を含有する4種のプレチルト角発現成分（フッ素含有ジアミン）の構造式である。また図6はプレチルト角（液晶はMerk社製ZLI-2293を使用）のフッ素含有ジアミン導入量依存性である[9]。プレチルト角の発現挙動はジアミン種で大きく異なるが，用いたジアミン種によっては導入量によって1〜40°間で任意のプレチルト角が発現できることがわかる。液晶配向膜のプレチルト角発現機構は完全に解明されているとは言えないが，一般的には表面張力による効果で説明され，低表面張力の配向膜ほど高いプレチルト角を示すものと考えられている[10]。ここで図7は本系におけるポリイミド配向膜の表面張力とプレチルト角の関係を表わしたものである[9]。図7より配向膜の表面張力とプレチルト角の間には，相関が認められる系とそうでない系があることがわかる。プレチルト角の発現には配向膜の表面張力のような巨視的な物性のみではなく，配向膜高分子鎖の微視的な表面形態（主鎖のコンフォメーション，側鎖の表面での分布状態等）に基づく分子レベルでの界面相互作用も重要であることを

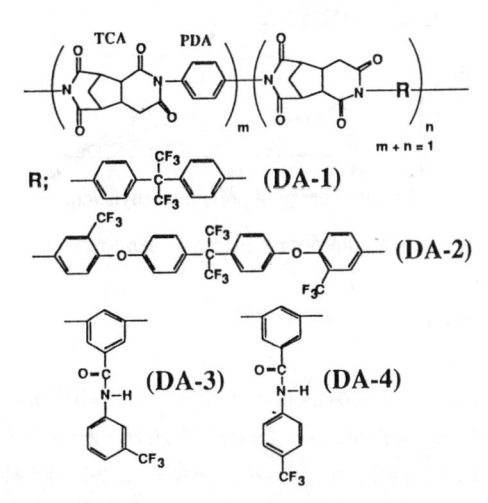

図5　フッ素原子を含有する4種のプレチルト角発現成分の構造式

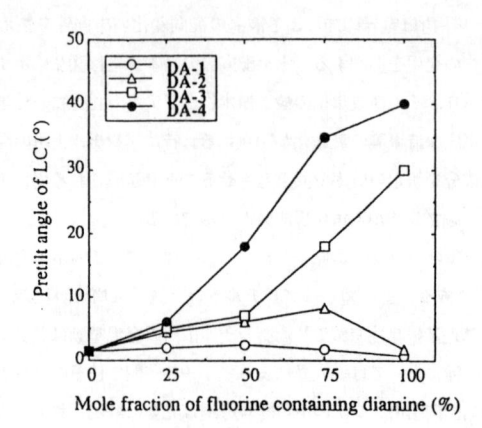

図6　プレチルト角のフッ素含有ジアミン導入量依存性

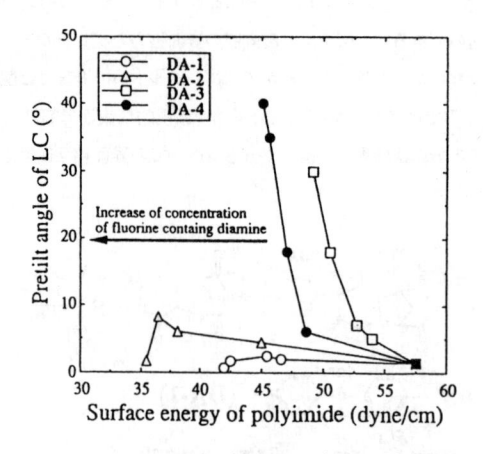

図7　ポリイミド配向膜の表面張力とプレチルト角の関係

示唆しているものと考えられる。

6.4.2　垂直配向膜

　垂直配向膜は誘電率異方性が負の液晶を用いたGH等の反射型LCDに用いられる。垂直配向膜を用いる駆動モードでは、電圧印加によって液晶分子が垂直から水平の配向状態へと変化する。そのため、配向膜には安定な垂直配向能が必要不可欠となる。ところが水平配向の場合とは異なり、垂直配向では平滑な配向膜膜面と個々の棒状液晶分子との接触面積は小さく、配向膜の界面

相互作用に基づく配向規制力は小さくなってしまう。そこで配向膜による安定な液晶垂直配向の達成においては，図8に示すような櫛状配向膜表面高分子による，液晶分子との異方的排除体積効果が有効と考えられている[11]。

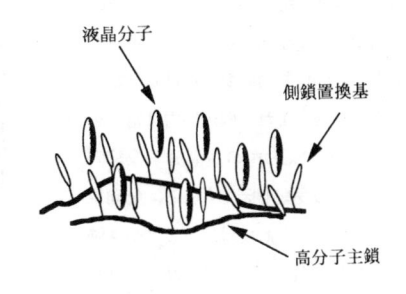

図8では界面に突き出た配向膜高分子側鎖にそって，液晶分子は配向膜表面に垂直に配向している。この場合高分子側鎖に接する液晶分子の排除体積は最小となり，エントロピー増大の寄与から液晶分子集合体の配向の自由エネルギーは最小となる。ここで高分子側鎖には長鎖のアルキル基等が用いられる。図9はアルキル鎖長およびアルキル基導入量を変えたポリイミドの表面張力とプレチルト角の関係を示したものである[12]。ここでは表面張力は表面に突き出たアルキル側鎖の量と相関しており，表面張力が小さいほど表面でのアルキル基の存在密度は大きい。図9より，表面に突き出たアルキル基の量の増大が異方的排除体積効果を顕在化させ，90度にいたるプレチルト角を達成していると理解される。

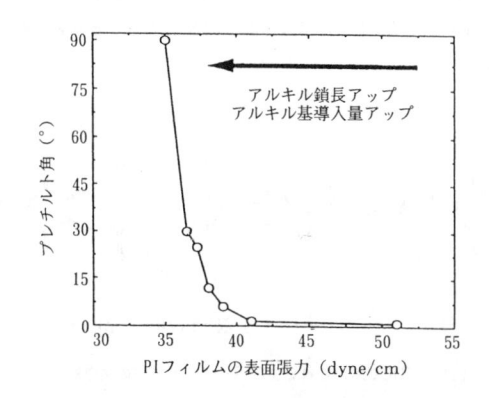

図8　櫛状配向膜による異方的排除体積効果を表わす模式図

図9　アルキル鎖長およびアルキル基導入量を変えたポリイミドの表面張力とプレチルト角の関係

6.4.3　配向規制力

LCDの高品位化にともない，長期使用時の駆動モードの動作の安定性が注目されるように

なってきた。配向膜においては，液晶の所望の初期配向状態の発現安定性として，配向規制力の概念が重要視されてきている。また配向規制力は電界を切った際のLCD中の液晶分子の配向緩和過程の支配要因でもある。配向規制力の物理量としてはアンカリング強度が挙げられる[13]。アンカリング強度が大きいほど，その配向膜の液晶に及ぼす配向規制力は大きい。特定の配向膜高分子では主鎖基本骨格成分が大きなアンカリング強度を有していることが明らかとなっている[14]。図10はトルクバランス法により算出した，方位角方向アンカリング強度のプレチルト角発現成分導入量依存性である。ここで主鎖には図11に示すような典型的なポリイミドを用いた。また用いたプレチルト角発現成分は嵩高いアルキル側鎖を有するジアミンである。図10より側鎖アルキル基成分導入量の増大にともない，アンカリング強度が急激に減少してゆくことがわかる。これはビフェニルを基本骨格成分とする液晶分子と図11に示すような主鎖との間の強い分子間相互作用が，主鎖にほぼ垂直に突き出たアルキル基側鎖によって阻害されることを意味している。

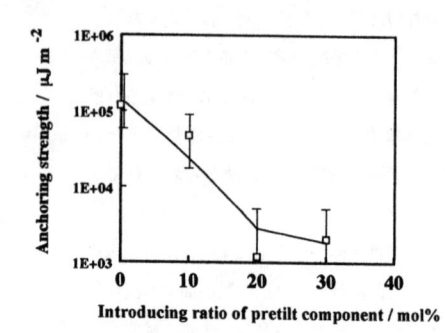

図10 方位角方向アンカリング強度のプレチルト角発現成分導入量依存性

図11 図10で用いられる主鎖ポリイミド骨格の構造式

また図12はこの配向膜のプレチルト角のプレチルト角発現成分導入量依存性である。ここではプレチルト角発現成分導入量の増大にともない，プレチルト角は直線的に増加している。即ち特定のプレチルト角発現成分においては，アンカリング強度とプレチルト角の発現はトレードオフの関係にあると言える。実用的配向膜では適切な主鎖ポリイミドと側鎖プレチルト角発現成分の

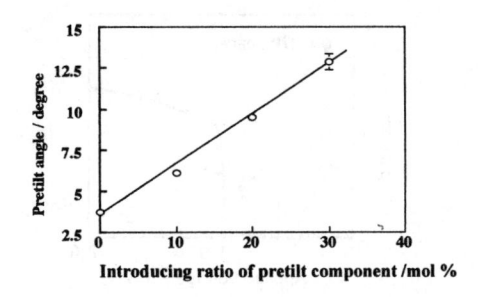

図12 図10で用いられる配向膜のプレチルト角のプレチルト角発現成分導入量依存性

組み合わせによって,高いプレチルト角と大きなアンカリング強度の両立を図ることが多い[14]。特にこのような配向膜はSTNのような強い液晶配向規制力を求められるLCDにおいて極めて重要である。

　図13は当社STN配向膜を用いたSTNセルのセルギャップ(d)/ピッチ長(p)マージンのSTNねじれ角依存性を表したものである[14]。なおプレチルト角はすべての場合において8度とした。図13より,ねじれ角が270度の場合でもSTNの作製マージンがとれることがわかる。これはアンカリング強度を分子構造の立場から制御することによって,これまで困難であったねじれ角270度のSTNセルの作製が可能であることを示している。また図14は作製したねじれ角270度のSTNセルのキャパシタンス(C)-印加電圧(V)カーブである。C-Vカーブには印加電圧の増大,減少におけるヒステリシス挙動がみられず,用いている配向膜高分子の強いアンカリング強度が示唆される。低消費電力反射型LCDではパッシブマトリックス駆動のSTN方式も有望視されている

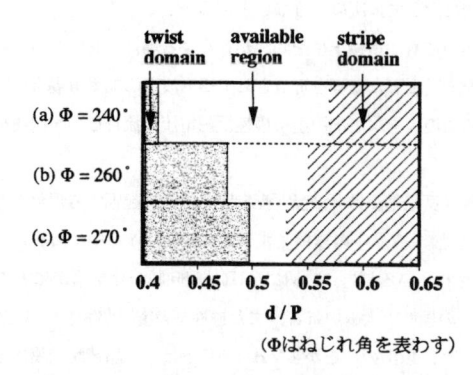

図13 新規配向膜を用いたSTNセルのd/pマージン

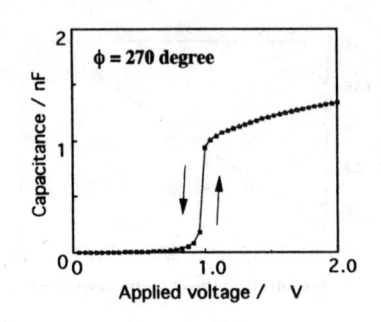

図14 ねじれ角270度のSTNセルのC-Vカーブ

が，上記配向膜材料はその具現化に寄与しうるものと考えられる。

6.5 配向膜の電気的特性

TNやPCGHをはじめ反射型LCDの多くがアクティブマトリックス（AM）駆動であり，配向膜には透過型のTFT-TNモードの場合と同様な電気的特性が要求される。ここでは配向膜の重要な電気的特性として，電圧保持率と残留直流電界について説明する。

6.5.1 高電圧保持率

AM駆動の場合，瞬時的に印加された電圧がフレーム周期の間LCD内で保持されなければならない。この電圧保持能力は電圧保持率（VHR）として表される[15]。VHRの支配因子は必ずしも明らかではないが，VHRの低下は極性の反転にともなって流れる過渡電流（極性反転電流）に起因すると言われている[16]。極性反転電流は電圧降下を引き起こし，VHRを低下させる。この極性反転電流に関しては次のようなことがわかっている[17]。

①高抵抗の液晶を用いても，電極上に配向膜が存在する場合においてのみ液晶セルには極性反転電流が流れる。②配向膜上下に電極を形成させて矩形波を印加する場合には極性反転電流は流れない。③極性反転電流の大きな配向膜上に極性反転電流の流れない配向膜を塗布すると極性反転電流は流れない。

以上のことから，極性反転電流は（液晶／配向膜）界面に起因する現象と考えられている。またVHRに関しては配向膜や液晶中の無機イオンではなく，液晶中に溶解した極性有機物が影響を及ぼすことが報告されている[18]。さらにVHRは配向膜の化学構造に大きく依存し，用いる酸二無水物やジアミンの極性が大きいほど，また極性基の密度が大きいほどVHRは低下することが知られている[16,19]。以上のことからVHRの低下は（液晶／配向膜）界面に吸着された液晶中の極性有機物の変位に誘起される極性反転電流によるものと推測されている。配向膜の極性

が大きいほど界面に吸着される極性分子数は増加すると考えられる。従ってVHRを高くするためには，ポリイミドやポリアミック酸の化学構造をできるだけ極性が低くなるように設計するのが一つの方向性と言えよう。

6.5.2 低残留直流電界

TFT-TNモードのLCDでは画像品位の著しい向上に伴い，長時間駆動時の焼き付き現象が課題として取り上げられるようになってきた[20]。焼き付き現象とは所定電圧印加時の画素の透過率の初期状態からの変動であり，周囲の非駆動領域との間にコントラストを生じさせる。この焼き付き現象の原因の一つとして，LCD内部に蓄積，残留される直流電界（RDCV）成分があげられる[21]。図15は液晶セル内部でのRDCVの発生機構を表わした模式図である。駆動波形の直流電界成分によって，液晶層内部に存在する不純物イオンが分極するとともに，配向膜高分子鎖の配向分極が生じる。そしてこれらの分極は外部電界を切った後にも残留し，液晶層に実効的な内部直流電界として作用するために，焼き付き現象を生じさせると考えられている。

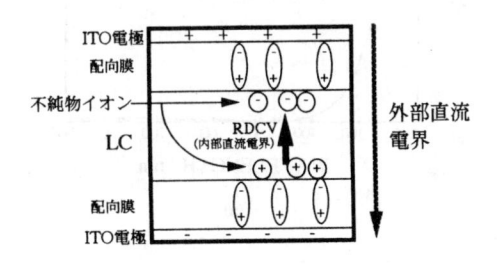

図15 液晶セル内部での直流電界の発生機構を表わす模式図

RDCVを軽減させるためには，不純物イオンの吸着を抑制できるように，配向膜の化学構造を分極しにくい，極性の小さなものにするなどの分子設計が有効とされる[22]。瞬間的な電圧印加が行われるVHRの場合と異なり，焼き付き現象の場合は長期的な直流電界の印加が誘因となるため，高分子鎖の応答の遅い内部分極やその緩和挙動も考慮しなくてはならないと考えられている[16]。即ちVHRでは電界無印加時の自発的な極性分子の界面吸着が問題となるが，RDCVでは長期の電界印加に起因する配向膜の配向分極とそれに伴う不純物イオンの非可逆的な吸着挙動が問題となると言うのである。

6.6 配向膜の光透過性

透過型LCDでは，バックライトからの光が上下の配向膜層を一度ずつ，計二層の配向膜層を

通過する．それに対し，反射型LCDでは外部光源からの光が上下配向膜層を二度ずつ，計四層の配向膜層を通過する．従って反射型LCD用には，より高い光透過性，即ち低い光吸収特性を有する配向膜が望ましい．ポリイミドやポリアミック酸の配向膜高分子の光吸収特性は，その化学構造に大きく依存する．図16(a)，(b)はそれぞれ典型的な全芳香族ポリイミドと全脂肪族ポリイミドの紫外可視吸収スペクトルである．スペクトル中にそれぞれのポリイミドの化学構造を示した．(a)の芳香族ポリイミドのスペクトルには，π電子雲に起因する大きな吸収ピークが観測されている．一方(b)の全脂肪族ポリイミドでは測定波長領域にほとんど吸収がなく，優れた

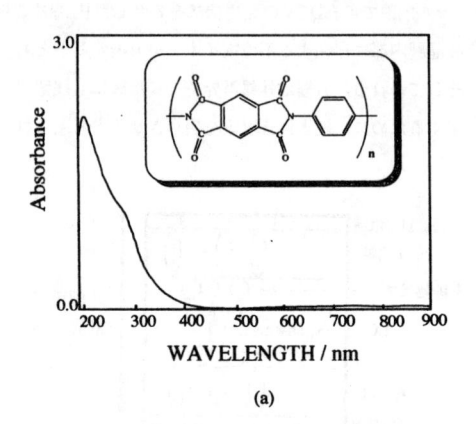

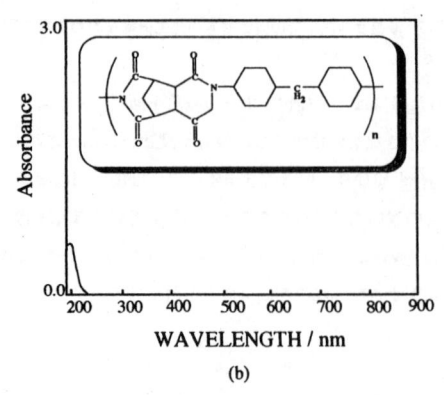

図16 典型的な全芳香族ポリイミド(a)と全脂肪族ポリイミド(b)の紫外可視吸収スペクトル

光透過性を示している。光透過性に関しては，π電子雲の存在しない脂肪族ポリイミドが有利であるものと考えられる。

6.7 おわりに

反射型LCDに用いられる種々の配向膜の要求性能とその分子設計指針について紹介した。配向膜への要求性能は反射型LCDの表示様式によっても多種多様であり，それぞれに対して適切な分子設計が必要とされる。反射型LCDの高性能化に寄与しうる高品位の配向膜の開発のためには，それぞれの表示様式における配向膜の役割を正確に理解するとともに，配向膜の化学構造と機能特性との相関を明らかにすることが必要不可欠と言えよう。液晶分子と配向膜高分子との界面での分子間相互作用など，今一度基礎的な現象の機構解明に努める必要も残っていよう。

文　献

1) 内田龍男，関秀廣，月刊LCD Intelligence, 4, 54 (1997)
2) 飯野聖一，月刊ディスプレイ, 1, 59 (1998)
3) 日本学術振興会情報科学用有機材料第142委員会液晶部会編：「液晶辞典」, p.91, 203, 培風館 (1989)
4) 液晶若手研究会編：「液晶ディスプレイの最先端」, p.54, 131, シグマ出版 (1996)
5) M.Nishikawa, Y.Tsuda and N.Bessho, *Display and Imaging*, 1, 217 (1993)
6) 中山雅仁，大阿久仁嗣，尾関正雄，高秀柱，中山豊，第17回液晶討論会予稿集, 52 (1991)；J.M.Geary, J.W.Goodby, A.R.Kmetz and J.S.Patel, *J. Appl. Phys.*, 62, 4100 (1987)
7) H.Fukuro, S.Kobayashi, *Mol. Cryst. Liq. Cryst.*, 163, 157 (1998)
8) M.Nishikawa, Y.Yokoyama, N.Bessho, D.-S.Seo, Y.Iimura and S.Kobayashi, *Jpn. J. Appl. Phys.*, 33, L810 (1994)
9) 西川通則，竹内安正，ディスプレイアンドイメージング, Vol.3, 353 (1995)
10) M.Gazardan, A.Zann and J.C.Dubois, *J. Appl. Phys.*, 47, 1270 (1976)
11) K.Okano, N.Matsuura and S.Kobayashi, *Jpn. J. Appl. Phys.*, 21, L109 (1982)；日本学術振興会情報科学用有機材料第142委員会液晶部会編：「液晶辞典」, p.186, 培風館 (1989)
12) 木村雅之，電子材料7月別冊, p.38 (1997)
13) H.Yokoyama, S.Kobayashi, H.Kamei, *Mol. Cryst. Liq. Cryst*, 99, 39(1983)
14) M.Kimura, K.Kuriyama, K.Yamamoto, N.Yanadori, Y.Matsuki, N.Bessho, *IDW*, 367 (1997)

15) 水嶋繁光, 嶋崎達夫, 峰崎茂平, 矢野耕三, 桝川正也, 第19回液晶討論会予稿集, 80 (1988)
16) 分元博文, 第二回ポリマー材料フォーラム講演要旨集, 6 (1993)
17) 分元博文, 石原將市, 横谷文子, 松尾嘉浩, 第13回液晶討論会予稿集, 16 (1987)
18) 望月昭宏, 本吉勝貞, 小林駿介, 第17回液晶討論会予稿集, 148 (1991)
19) M.Nishikawa, T.Suganuma, Y.Tsuda, N.Bessho, Y.Iimura and S.Kobayashi, *Jpn.J.Appl.Phys.*, 33, L1113 (1994)
20) Y.Nanno, Y.Mino, E.Takeda, S.Nagata, *SID90 DIGEST*, 404 (1990)
21) 菊地, 杉本, Japan Polyimide Conference '93, 91 (1993)
22) 二ノ宮利博, 福岡暢子, 岡本ますみ, 田中康晴, 羽藤仁, 第21回液晶討論会予稿集, 328 (1995)

7 高精度スペーサ

小柳嗣雄[*1]，中山和洋[*2]，石窪隆文[*3]

7.1 はじめに

液晶表示装置は，時代の要求に応じて表示品位，コスト的にも対応してきている。今後も時代の要求に応えられる表示装置であるように思われる。それは，液晶という特殊な材料とその界面の特殊な機能を利用したものであるためポテンシャルが高いことによる。界面を利用した産業技術分野は少なく，今後発展していくものと考えられる。LCDはこのような微妙な現象を利用するため，材料との関わり合いも深く材料メーカーにとっても依然，魅力的な産業分野である。スペーサは，液晶を閉じ込める均一な場をガラス板と一緒に形成するものであり，スペーサの性能がLCDの表示品質や収率に影響をもつ材料である。

シリカ系スペーサの特徴とその使用法について述べる。

7.2 スペーサの種類と要求特性

最近では通信ネットワークなどの進展に伴い，PDA等の高度携帯情報システムに強い関心が寄せられるようになった。これには超低電力のディスプレイが必要不可欠であり，高品位の反射カラーLCDの開発が切望されている。

現在，反射カラーLCDも様々な方式が検討されている。カラーフィルター（C.F.）の有無と偏光板の使用枚数で整理できる。

① C.F.無，偏光板2枚方式……従来のSTN方式の液晶セルの背面に反射板を置き，複屈折による干渉色を利用してカラー表示するもの。
② C.F.有，偏光板1枚方式……ＳＴＮ[1,2]，ＨＡＮ[3]，ホメオトロピック[4]，ホモジニアス[3]
③ C.F.有，偏光板無方式………ＰＣＧＨ[5,6]，ＰＤＬＣ型ＧＨ[7,8]
④ C.F.無，偏光板無方式………ＰＳＣＴ[9]，Ｃｈ[10]，ＨＰＤ[11]

現状は，偏光板1枚方式が有望モードであるが，さらに高い反射輝度を求めて開発が進んでいくものと思われる。従来からSTNセルは，狭セルギャップと均一ギャップが要求されてきた。上記反射カラーLCD方式もセル内部に散乱と反射の機能を有する層が存在する構造で色純度及び輝度角度依存性を出すため，セル内の光学的均一性に関連するセルギャップ均一性は更に重要

---

*1　Tsuguo Koyanagi　触媒化成工業㈱　ファイン研究所　新技術開発室
*2　Kazuhiro Nakayama　触媒化成工業㈱　ファイン研究所　第三研究室
*3　Takafumi Ishikubo　触媒化成工業㈱　ファイン研究所

になると思われる。

　スペーサはLCDセルの厚みを均一に保つためにLCDセルの内部および周辺シール部の2ヵ所で使用されている。周辺シール部は高温，高荷重がかかるため，無機系の高弾性率，耐熱性のあるシリカ系スペーサやグラスファイバーが使用される。セル内部にはプラスチックスペーサまたはシリカスペーサが使用されている。

　表1に反射カラーLCDに要求される特性を含めて，一般的なトレンドとスペーサ特性との関係を示す。LCDのセルギャップを狭めると表示品位の改良として高速応答性，視野角拡大，光透過率アップが改善される。この狭ギャップ化には，スペーサは当然小さな粒子径でかつ粒度分布の良いものでなければならない。さらにセルギャップの均一化は色ムラ減少や表示不良の減少に反映される。均一セルギャップに対応するスペーサとして粒子径が揃ったもの，すなわち標準偏差または変動係数（標準偏差／平均粒子径）の小さいものが要求される。さらに基板へのスペーサの均一な散布が重要である。散布法として湿式，乾式があり，散布機の性能だけでなくスペーサの表面特性などが散布性に影響する。このスペーサの基板との密着性も信頼性を含めて，均一分散性を維持することは重要である。

表1　LCDセルのトレンドとスペーサ特性との関連性

LCDセルのトレンド	改善項目	スペーサの特性
狭ギャップ化	高速応答性 視野角拡大 光透過率アップ	小粒子径 スペーサ個数低減
セルギャップ均一化	色ムラ減少 表示不良の減少	粒子径分布のシャープ 散布性向上 付着性アップ
均一光学特性	コントラストアップ	遮光性スペーサ スペーサ周辺部光抜け防止 スペーサ個数低減

表2　各種スペーサの特性一覧

	シリカ系（真絲球）	プラスチックスペーサ	グラスファイバー
粒子径（μm）	1～10	4～10	5～10
サイズピッチ（μm）	0.1	0.25	0.5
粒子径変動係数（%）	1	2～5	≦2
機械的強度（kg/mm^2）	270	130	54
圧縮変位（μm/g）	0.4	～2	0.17
圧縮弾性率（kg/mm^2）	5500	300～600	5800
熱膨張係数（/℃）	0.3×10^{-6}	$8 \sim 10 \times 10^{-5}$	5.6×10^{-6}
耐熱性（℃）	1000	250～350	600
比重	～2.2	1.17～1.19	2.57

スペーサは大きく無機とプラスチックに大別される。表2に各種スペーサの特性一覧を示す。プラスチックスペーサは弾性率が小さく柔かい。このため圧力の増加に従い圧縮されギャップをとるのに難しく色ムラが出やすい。しかし，圧力を一定にするとギャップ調製が可能になる。また，柔らかい性質のため低温気泡及び高温色ムラも起こしにくい性質を有している。

無機スペーサには，シリカとグラスファイバーがあり，弾性率，圧縮強度，及び耐熱性も高い

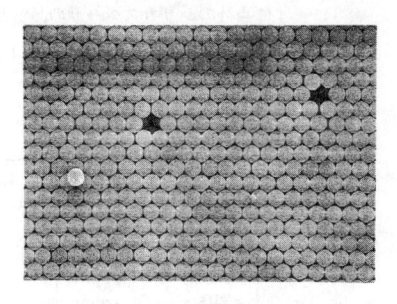

図1　シリカスペーサ
(真絲球-SW 7.0)のSEM写真

(図1参照)。図2にシリカスペーサとプラスチックスペーサの色々な粒子径での変動係数を示す。当社シリカスペーサのほうが，すべての粒子径に対してシャープな分布を有することがわかる。図3に各粒子径での圧縮強度を示す。シリカスペーサは，プラスチックスペーサに比較して，2～3倍強い。粒子径分布もシャープでかつ弾性率も高いためプラスチックに比べて1/4～1/5の散布個数で済むという経済的メリットがある。しかし，セルの温度変化による体積収縮にギャップ変形が追随しにくく低温気泡が発生しやすいといわれている。しかし，後で述べる散布数と散布バラツキをコントロールすることにより，プラスチックに比べ優れた表示品位のパネルが得られるが概して最適化範囲は狭い。

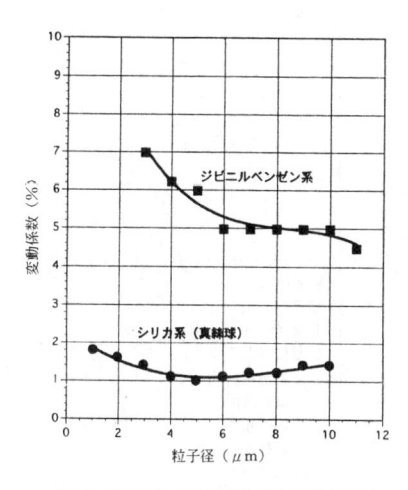

図2　粒子径とその粒子径変動係数の関係

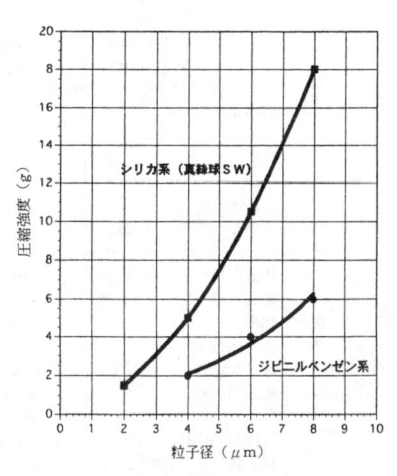

図3　シリカ系と樹脂系スペーサの圧縮強度の比較

表3，表4に当社のシリカスペーサの品質及び規格を示す。粒子径は1〜10μmの範囲でサイズピッチ0.1μmの91種類，変動係数2％以下で供給している[12]。

表3 真絲球の性状

	項目		代表値	備考
化学的性質	組成			
	SiO_2	(Wt%)	99.9	組成分析検査法による
	Al_2O_3	(ppm)	20	
	TiO_2	(ppm)	3	
	Fe_2O_3	(ppm)	30	
	NiO	(ppm)	0.001以下	
	Na_2O	(ppm)	100	
	K_2O	(ppm)	20	
	MgO	(ppm)	1	
	CaO	(ppm)	4	
	BaO	(ppm)	5	
	Cr_2O_3	(ppm)	1	
	CuO	(ppm)	2	
	As_2O_3	(ppm)	0.1以下	
	Cl	(%)	0.001以下	
	NO_3	(%)	0.01以下	
	SO_4	(%)	0.01以下	
性質	耐薬品性			粉末1g/溶剤100g
	0.1NHCl	(ppm)	30	25℃，1カ月静置
	アセトン	(ppm)	1以下	
	トルエン	(ppm)	1以下	
	フロンソルブ	(ppm)	1以下	
	エタノール	(ppm)	1以下	
	溶出量			粉末5g/純水100ml
	Na	(ppm)	5以下	95℃，1時間煮沸
	K	(ppm)	5以下	
	Cl	(%)	0.001以下	
	NO_3	(%)	0.01以下	
	SO_4	(%)	0.01以下	
物理的性質	比表面積	(m²/g)	10以下	窒素吸着法
	細孔容積	(ml/g)	0.01以下	窒素吸着法
	比重		2.2	ピクノメーター法
	膨張係数		$0.4×10^{-6}$	文献値（石英硝子）
	耐熱安定性	(℃)	1000以上	示差熱分析（空気中）
	結晶形		無定形	X-ray 回析
	形状		真球状	電子顕微鏡
	粒径変動係数	(%)	1.5	平均粒径に対して
	粒子強度	(mg/個・2μ)	300以上	圧縮破壊強度

表4 真絲球の平均粒子径と標準偏差

商品名	平均粒子径(μm)	標準偏差(μm)	商品名	平均粒子径(μm)	標準偏差(μm)
真絲球－SW 1.0	1.00 ±0.05	≦ 0.02	真絲球－SW 6.0	6.00 ±0.05	≦ 0.12
真絲球－SW 1.1	1.10 ±0.05	≦ 0.02	真絲球－SW 6.1	6.10 ±0.05	≦ 0.12
真絲球－SW 1.2	1.20 ±0.05	≦ 0.02	真絲球－SW 6.2	6.20 ±0.05	≦ 0.12
真絲球－SW 1.3	1.30 ±0.05	≦ 0.03	真絲球－SW 6.3	6.30 ±0.05	≦ 0.13
真絲球－SW 1.4	1.40 ±0.05	≦ 0.03	真絲球－SW 6.4	6.40 ±0.05	≦ 0.13
真絲球－SW 1.5	1.50 ±0.05	≦ 0.03	真絲球－SW 6.5	6.50 ±0.05	≦ 0.13
真絲球－SW 1.6	1.60 ±0.05	≦ 0.03	真絲球－SW 6.6	6.60 ±0.05	≦ 0.13
真絲球－SW 1.7	1.70 ±0.05	≦ 0.03	真絲球－SW 6.7	6.70 ±0.05	≦ 0.13
真絲球－SW 1.8	1.80 ±0.05	≦ 0.04	真絲球－SW 6.8	6.80 ±0.05	≦ 0.14
真絲球－SW 1.9	1.90 ±0.05	≦ 0.04	真絲球－SW 6.9	6.90 ±0.05	≦ 0.14
真絲球－SW 2.0	2.00 ±0.05	≦ 0.04	真絲球－SW 7.0	7.00 ±0.05	≦ 0.14
真絲球－SW 2.1	2.10 ±0.05	≦ 0.04	真絲球－SW 7.1	7.10 ±0.05	≦ 0.14
真絲球－SW 2.2	2.20 ±0.05	≦ 0.04	真絲球－SW 7.2	7.20 ±0.05	≦ 0.14
真絲球－SW 2.3	2.30 ±0.05	≦ 0.05	真絲球－SW 7.3	7.30 ±0.05	≦ 0.15
真絲球－SW 2.4	2.40 ±0.05	≦ 0.05	真絲球－SW 7.4	7.40 ±0.05	≦ 0.15
真絲球－SW 2.5	2.50 ±0.05	≦ 0.05	真絲球－SW 7.5	7.50 ±0.05	≦ 0.15
真絲球－SW 2.6	2.60 ±0.05	≦ 0.05	真絲球－SW 7.6	7.60 ±0.05	≦ 0.15
真絲球－SW 2.7	2.70 ±0.05	≦ 0.05	真絲球－SW 7.7	7.70 ±0.05	≦ 0.15
真絲球－SW 2.8	2.80 ±0.05	≦ 0.06	真絲球－SW 7.8	7.80 ±0.05	≦ 0.16
真絲球－SW 2.9	2.90 ±0.05	≦ 0.06	真絲球－SW 7.9	7.90 ±0.05	≦ 0.16
真絲球－SW 3.0	3.00 ±0.05	≦ 0.06	真絲球－SW 8.0	8.00 ±0.05	≦ 0.16
真絲球－SW 3.1	3.10 ±0.05	≦ 0.06	真絲球－SW 8.1	8.10 ±0.05	≦ 0.16
真絲球－SW 3.2	3.20 ±0.05	≦ 0.06	真絲球－SW 8.2	8.20 ±0.05	≦ 0.16
真絲球－SW 3.3	3.30 ±0.05	≦ 0.07	真絲球－SW 8.3	8.30 ±0.05	≦ 0.17
真絲球－SW 3.4	3.40 ±0.05	≦ 0.07	真絲球－SW 8.4	8.40 ±0.05	≦ 0.17
真絲球－SW 3.5	3.50 ±0.05	≦ 0.07	真絲球－SW 8.5	8.50 ±0.05	≦ 0.17
真絲球－SW 3.6	3.60 ±0.05	≦ 0.07	真絲球－SW 8.6	8.60 ±0.05	≦ 0.17
真絲球－SW 3.7	3.70 ±0.05	≦ 0.07	真絲球－SW 8.7	8.70 ±0.05	≦ 0.17
真絲球－SW 3.8	3.80 ±0.05	≦ 0.08	真絲球－SW 8.8	8.80 ±0.05	≦ 0.18
真絲球－SW 3.9	3.90 ±0.05	≦ 0.08	真絲球－SW 8.9	8.90 ±0.05	≦ 0.18
真絲球－SW 4.0	4.00 ±0.05	≦ 0.08	真絲球－SW 9.0	9.00 ±0.05	≦ 0.18
真絲球－SW 4.1	4.10 ±0.05	≦ 0.08	真絲球－SW 9.1	9.10 ±0.05	≦ 0.18
真絲球－SW 4.2	4.20 ±0.05	≦ 0.08	真絲球－SW 9.2	9.20 ±0.05	≦ 0.18
真絲球－SW 4.3	4.30 ±0.05	≦ 0.09	真絲球－SW 9.3	9.30 ±0.05	≦ 0.19
真絲球－SW 4.4	4.40 ±0.05	≦ 0.09	真絲球－SW 9.4	9.40 ±0.05	≦ 0.19
真絲球－SW 4.5	4.50 ±0.05	≦ 0.09	真絲球－SW 9.5	9.50 ±0.05	≦ 0.19
真絲球－SW 4.6	4.60 ±0.05	≦ 0.09	真絲球－SW 9.6	9.60 ±0.05	≦ 0.19
真絲球－SW 4.7	4.70 ±0.05	≦ 0.09	真絲球－SW 9.7	9.70 ±0.05	≦ 0.19
真絲球－SW 4.8	4.80 ±0.05	≦ 0.10	真絲球－SW 9.8	9.80 ±0.05	≦ 0.20
真絲球－SW 4.9	4.90 ±0.05	≦ 0.10	真絲球－SW 9.9	9.90 ±0.05	≦ 0.20
真絲球－SW 5.0	5.00 ±0.05	≦ 0.10	真絲球－SW10.0	10.00 ±0.05	≦ 0.20
真絲球－SW 5.1	5.10 ±0.05	≦ 0.10			
真絲球－SW 5.2	5.20 ±0.05	≦ 0.10			
真絲球－SW 5.3	5.30 ±0.05	≦ 0.11			
真絲球－SW 5.4	5.40 ±0.05	≦ 0.11			
真絲球－SW 5.5	5.50 ±0.05	≦ 0.11			
真絲球－SW 5.6	5.60 ±0.05	≦ 0.11			
真絲球－SW 5.7	5.70 ±0.05	≦ 0.11			
真絲球－SW 5.8	5.80 ±0.05	≦ 0.12			
真絲球－SW 5.9	5.90 ±0.05	≦ 0.12			

7.3 スペーサの使用法

配向膜付きガラス板上へスペーサを散布し，もう一方のガラス板にはスペーサを分散したシール剤を周辺部に印刷し，張合せて空セルを作りそのあと液晶を注入する。セルを加圧していくと，最初は硝子の大きなうねりが強制される，その後スペーサあるいは硝子の局部的な歪を発生しながらギャップの均一化が起きる。ギャップの均一さは，スペーサの散布個数，粒子径分布，凝集率によって大きく左右され[13,14]，散布方法は極めて重要な工程である。現在，散布方式は湿式散布と乾式散布の2通りがある。

① 湿式散布

当初は，フロン・アルコール溶液にスペーサを単分散させ，二流体ノズルで基板に噴霧していたがフロンが規制され，現在アルコール・純水系での噴霧が主流である。ノズルから溶媒に分散したスペーサを噴き出し散布機内は高温に保持され基板に達するまでには溶媒は揮発している。溶媒への分散性がスペーサの種類により異なる。シリカスペーサは水，アルコール系に優れた分散性を示す。湿式法での溶媒の使用は基板の汚れを起こしやすく，信頼性試験で問題になる場合があるため，注意が必要である。しかし，散布密度のバラツキは10%以内にすることが可能であり，大型STN用では欠かせない。

② 乾式散布

一般に粉体はファンデアワールツ力，液架橋力，及び，静電力などで凝集しているといわれている。スペーサ1個1個を分散させるのは難しく，各メーカーにより各種の工夫がある。これらを分散する方法として，高速気流法，静電気反発（帯電）方式が多い。このうち，スペーサの乾式散布としては，高速気流法，帯電法を利用したものが多い。一般に粉体の計量時や搬走時に帯電させ，高速気流を発生させ粉体と一緒にエジェクターへ散布する。この空気搬送タイプの乾式散布機は，当社によって最初に上市された[13,15]。このように，粉体をある程度帯電させることで散布後の再凝集を防止している。しかし，帯電があまりに大きいと散布される基板の状態の影響を大きく受ける場合がある。たとえば，基板の配線部とそれ以外の非導電部で散布個数が大きく異なる場合が多い。一般的には，負電荷の小さな粉体が均一な散布状態になりやすい。

7.4 スペーサの圧縮特性とセルギャップについて

スペーサの圧縮特性はセルギャップ値およびギャップ均一性に重要である。

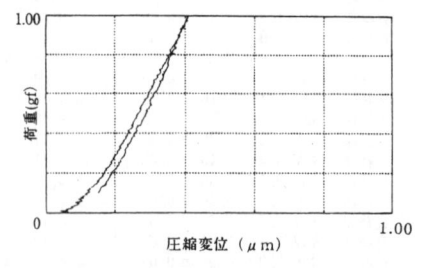

真絲球の圧縮した場合の圧縮荷重と変位微

図4 シリカスペーサ（真絲球SW）の負荷除荷特性

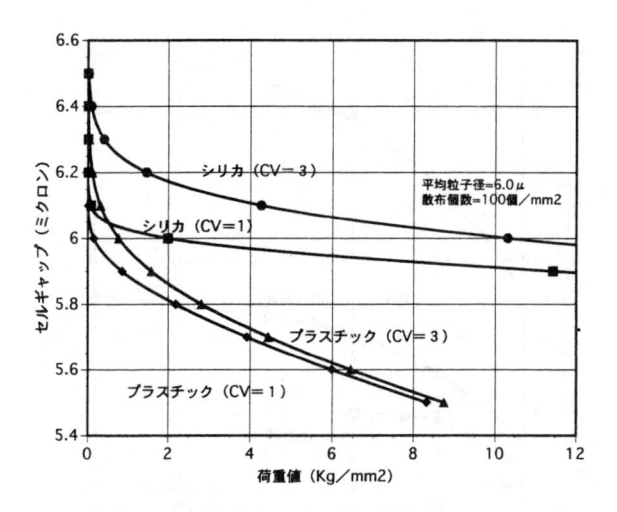

図5　各種スペーサの荷重とセルギャップの関係（シミュレーション）

小圧縮試験機（島津製作所）で測定した結果を図4に示す。一般に粒子を押圧したとき，圧縮力と変位の関係は次の近似式で表わすことができる[16]。

$$F = (\sqrt{2}/3 \cdot S^{1.5} \cdot \sqrt{R}) / (1-K^2)$$

S：圧縮変形量，K：粒子のポアソン比

E：粒子の圧縮弾性率，R：粒子半径，F：圧縮力

セルギャップをシミュレーションするためには，多数個の平均的な歪を計算する必要がある。ここでは，粒子分布がガウス分布に従うと仮定すると，次式より単位面積当たりの荷重Fと平均ギャップとの関係が求まる。

$$\Sigma F = \Sigma [\sqrt{2/3} \cdot S^{1.5} \cdot E \times \sqrt{(D/2)/(1-K^2)} \cdot N \cdot \exp\{-(D-\sigma)^2/2\sigma^2\} / (\sigma \times \sqrt{2\pi})]$$

D：粒子径，σ：粒子径標準偏差値

この式を用いてプラスチックスペーサ，シリカスペーサの荷重とセルギャップの関係を図5に示す。この図から分かるように弾性率が高く，粒子径分布がシャープ（CV値の小さい）なシリカスペーサを使用すると，低い荷重でセルギャップが一定になることが分かる。実際のセルにおいては，セルに注入される液晶の内圧との関係より，50〜100g／cm²の荷重が平衡時のスペーサにかかる荷重となる。この50g／cm²時の散布個数とセルギャップの関係を図6に示す。シリカ系スペーサが少ない散布個数でセルギャップが一定になることが分かる。

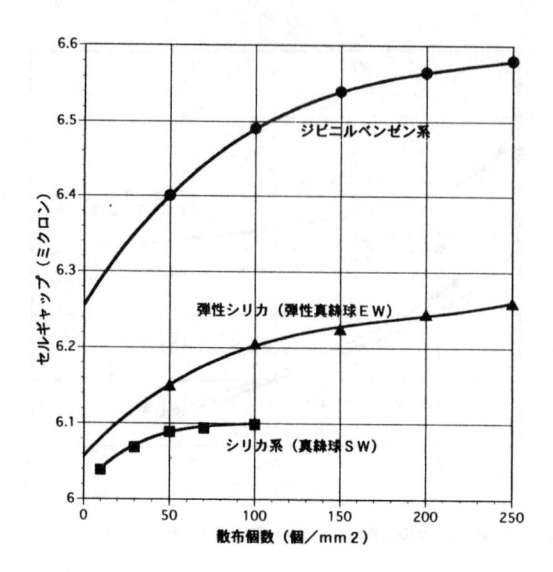

図6 散布個数とセルギャップの関係

7.5 低温気泡の力学計算

　低温気泡はLCDセルを低温に曝し，常温に戻した時にセル内気泡が残る現象である。これは低温時のセルの収縮率と液晶の収縮率の違いから生じる負圧による。この負圧も常温に戻せば消滅するものであるが，実際にはさまざまな材料からのガスが発生し，この気泡が常温に戻しても消滅しないことによる。一般に弾性率の関係からシリカ系に比べプラスチック系が低温特性でのマージンが広いと言われている。しかし，適切な個数と均一な分散状態で使用すればシリカ系スペーサも低温気泡の問題を解決出来る。

　低温気泡の力学計算は，液晶の低温時における体積収縮率とセルの収縮の体積差を計算することで検証することができる[17]。

$$N = P \cdot H / [Z\{(1-\alpha s \Delta t) - (1-\alpha L \Delta t)3/(1-\alpha G \Delta t)2\}]$$

　　　αG：線膨張係数，αS：スペーサ線膨張係数，αf：線膨張係数，Z：セル厚，
　　　P：大気圧，H：圧縮変位率，N：スペーサの散布個数

　カラーフィルターのない場合はHの値は，$0.4\,\mu/g$であるが，カラーフィルター自体が大きな圧縮変形率をもつ場合も多いので圧縮のマージンを広げることになり，Hの値は$3.4\,\mu/g$である。上式に数値を代入して計算を行うと表5のようになる。

　カラーフィルターがある場合はプラスチックスペーサと同一散布個数でも低温気泡が起こらな

表5 低温気泡計算結果

保存温度 (℃)	B/W STNまたはTN		カラーSTN(カラーフィルター有)	
	必要な圧縮変位 (μm)	補償出来る散布個数 (個/mm²)	必要な圧縮変位 (μm)	補償出来る散布個数 (個/mm²)
－20	0.17	24	0.068	532
－30	0.22	19	0.103	351
－40	0.26	16	0.137	264

いことが予想される。実際，10.4インチのSTNカラー液晶で確認されている。

7.6 高温色ムラについて

高温色ムラは，液晶セルを高温環境に暴露した場合に生じる液晶パネルの色ムラである。高温の液晶セルの影響はパネル構成材料の熱膨張係数の違いである。このなかで最大の影響は，液晶の熱膨張に伴うパネル内部の内圧の増加である。

液晶の体積V_{LC}，液晶の熱膨張係数α_{LC}，高温時の体積増加量をΔV_{LC}，温度tとする。

$$\Delta V_{LC} = V_{LC} \cdot \alpha_{LC} \cdot t$$

液晶の圧縮率をκとすると，圧力変化ΔPは次式になる。

$$\Delta P = \Delta V_{LC} / \kappa$$

この内圧ΔPの増加がスペーサに対するガラスからの荷重を低下させる。固定する内圧が維持できるかどうかに関わってくる。このガラスに対する均一なスペーサによる支持のない状態で色ムラが発生する。スペーサの熱膨張率が液晶と同一であれば，高温色ムラは発生しない。熱膨張率が異なる場合はスペーサの散布個数，粒度分布，弾性回復率が重要となる。すなわち，粒度分布が広くなると平均値より大きな粒子が多く存在することになり高温色ムラに対して効果的な粒子が増えることになる。

以上から高温色ムラは，平均粒子径とCV値の適切な範囲がありこの領域を維持することで，シリカスペーサも大型STNに使用されている。

7.7. 機能性スペーサ

当社の機能性スペーサの一覧を表6に示す。

7.7.1 接着性スペーサ（AW）

ガラス基板上に均一に散布できてもスペーサが移動すると，セルギャップが均一にならないという問題を発生する。また，組み立て工程中にスペーサの移動によって配向膜に傷がつくことに

表6　真絲球商品グレード一覧表

商品グレード	内容	特徴	用途
SW	標準タイプ 汎用タイプ	粒度分布がシャープ(CV値約1%) 圧縮強度が極めて高い（約10g/6μ） サイズバリエーションが豊富(1〜10μ, 0.1μ刻み) プラスチックビーズより散布個数低減可能	反射カラーSTN SSFLC 小〜大型B/W-STN シール部スペーサ
EW	低弾性率タイプ	弾性率がプラスチックとほぼ同等 弾性回復率が良好（塑性変形なし） 耐熱性が高い（〜450℃）	TFT 大型STNカラー 小〜大型B/W-STN
AW AEW	密着タイプ	熱可塑性樹脂をコーティング 加熱処理で基板に融着，移動防止 乾式，湿式散布に対応 融着温度の異なる4タイプ（80〜180℃）	大型B/W-STN フィルムTN，STN 車載用LCD,反射型LCD 大型STNカラー
NB	黒色タイプ	遮光性タイプ 経時脱色変化なし。耐環境性高い。 SWとほぼ同等の物性を有する。	カラーTV,D-STNカラー プロジェクションLCD
ANB	黒色密着タイプ	遮光性で密着性タイプ	大型STNカラー 車載LCD
SW-D NB-D	乾式散布機用 タイプ	粉体の流動性，表面電気特性改良	B/W-STN

より表示不良が発生する。とくに車載用などの振動の多いところでは，問題になることが多い。

移動防止には基板への付着力アップが必要であり，そのため接着スペーサが要求される。当社の接着性スペーサには2つのタイプがある。一つは熱可塑性樹脂をコートしたタイプともう一つはポリイミド膜と化学反応性を有するタイプである。熱可塑性樹脂コートタイプは加熱で熱可塑性樹脂を溶融させて密着させるものである。図7に接着性スペーサが基板に接着した状態を観察した電子顕微鏡写真を示す。

図7　真絲球AWの融着状態のSEM写真

強い接着強度が必要な場合は，熱可塑性樹脂コートタイプが多く用いられる場合が多い[18]。

7.7.2　弾性シリカスペーサ（EW）

ポリシロキサン結合の骨格を有するシリカ弾性スペーサである。シリカスペーサの大きな特徴

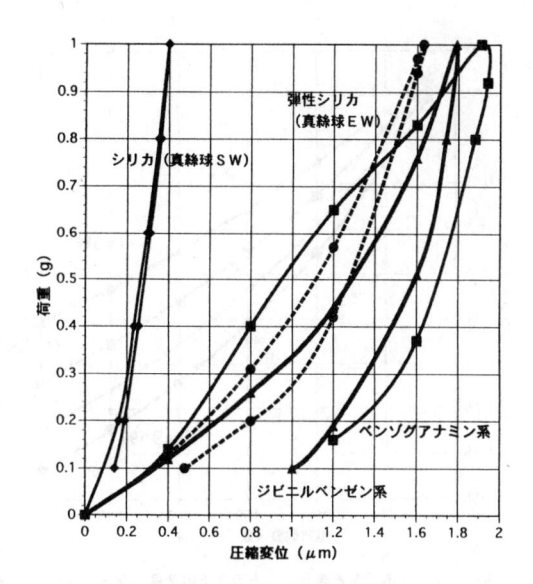

図8 各種スペーサの負荷除荷特性

である粒度分布がシャープでかつ耐熱性という特徴も兼ね備えている[19]。

図8に各種スペーサの荷重と圧縮変位の関係を示す。弾性真絲球EWはプラスチックスペーサと同等の圧縮変位を示すが，除荷特性において粒子が加圧の前の粒子の形に戻る弾性回復率が大きな粒子であることが分かる。

このスペーサは，従来の弾性率の高いシリカでは，TFT素子や配線を傷つけるという危惧を解消したものである。耐熱性，弾性回復率とも高いため，広い温度範囲でかつ高信頼性が要求されるLCDに利用できる。

7.7.3 遮光性スペーサ（NB）

スペーサ自体は，液晶セルの内部では異物であるためスペーサ自体及びその周りより光抜けを起こす。このため，スペーサ自体を黒くして光抜けのないものが遮光性スペーサである。このスペーサを利用したカラーLCDは高コントラストをもたらす。ノーマリブラック状態におけるコントラスト比の計算式は次のようになる[20]。

$$CR = (1 - Tt \cdot N \cdot \pi \cdot R^2) / \{(1/CR_0) + 2N\pi R\Theta + N\pi\Theta^2 + N\pi(1-Tt)R^2\}$$

Tt：スペーサの光透過率，R：粒子径，N：散布個数，Θ：光抜け厚み

この式を用いて，散布個数を変化させ，光透過性スペーサと遮光性スペーサを使用した場合のコントラストの違いを図9に示す。

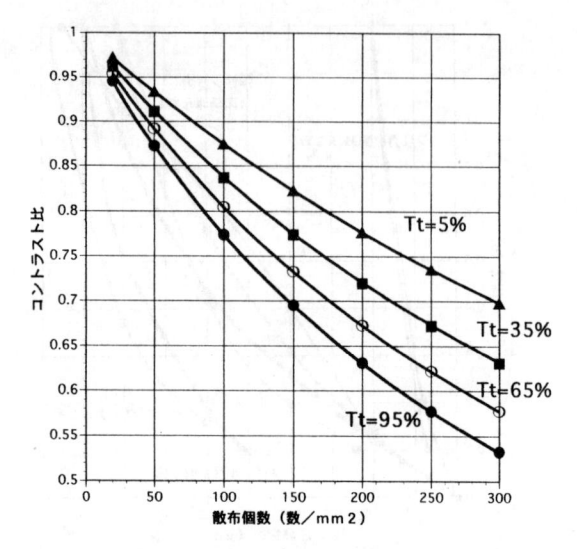

図9 スペーサの光透過率と表示コントラストの関係（シミュレーション）

大型カラーSTN-LCDにおいては，散布個数として150～300個/mm²である。この散布個数の場合は図8から分かるように約30%アップの高コントラストが得られることが分かる。

遮光性プラスチックの場合，染色タイプと顔料含有タイプがある。しかし，染料のマイグレーションによる信頼性の低下，また顔料含有による圧縮強度の低下などの問題を有している。当社の遮光性スペーサはシリカが主成分であり，いわゆるアモルファス石英の中にカーボンクラスターが内包されたものである。さらに粒子の表面に緻密なシリカ層を形成しカーボンのマイグレーションがなく，電気絶縁性も高い。1000℃の熱安定性があり，長期信頼性も高く，粒子径分布の変動係数も1.5%以下，圧縮強度も標準品SWと同等である[21]。

7.7.4 シール用スペーサ

カラーSTN用のシール材用スペーサはシリカスペーサのみが対応可能である。その理由は大型カラーSTNではシール部の面積が小さく，かつ表示エリアに近接した構造になり，シール部のギャップ不均一が表示エリアに大きく影響を及ぼしやすくなった。従来のガラスファイバーではカラーフィルターのオーバーコート材をエッチングしないと均一なセルギャップが得られなかった。しかし，真球状であるシリカスペーサは，ガラス繊維より均一な圧縮特性を示し，かつITO配線に対する悪影響も少ないためオーバーコート材をエッチングせずに使用可能となった（図10参照）。

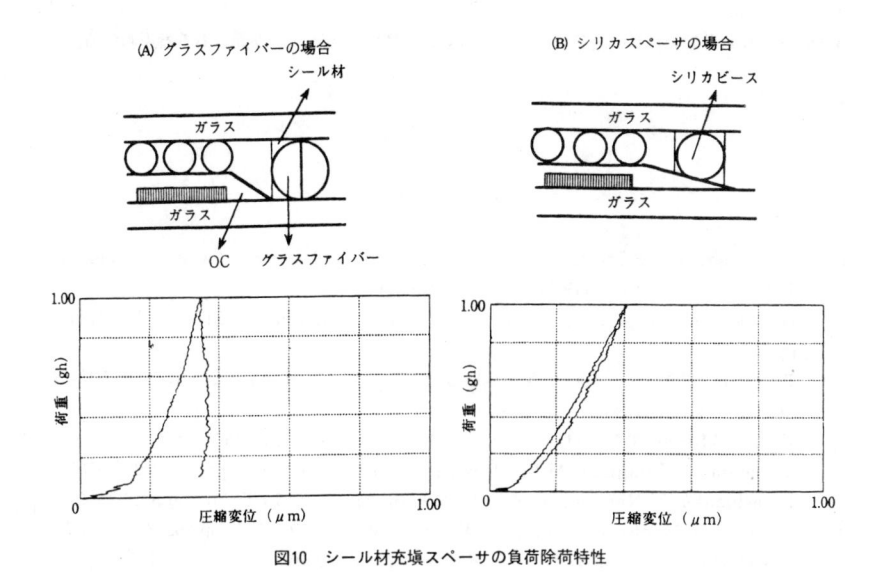

(A) グラスファイバーの場合　　　　(B) シリカスペーサの場合

図10　シール材充填スペーサの負荷除荷特性

　今後は，シール材の形成方法がスクリーン印刷からデスペンサー方式に変わることが予想されている。このデスペンサー方式にマッチしたスペーサは真球状シリカである。シール用スペーサは今後，シリカスペーサが主流になると思われる。

7.7.5　導電性スペーサ

　粒子径の揃った弾性率の高い真絲球SW及び弾性率が小さく弾性復元性の高い真絲球EWに無電解メッキで金，銀，ニッケルなどで被覆したものがある。セル上下電極間のトランスファー材，COG用材，TABの異方導電材に使用されている。近年，微細化につれて電極間が狭くなり異方導電材もより性能の向上が求められている。加圧後絶縁膜が壊れて導通する横導通のない異方導電材も業界ではじめて開発した[22]。

7.8　おわりに

　省エネルギー化時代に対応する表示装置として，反射カラーLCDは今後大きなマーケットに成長するものと思われる。ここで述べたスペーサは，液晶表示装置の表示品位と直接関わるものである。反射カラーLCDのみでなく一般にスペーサ自体はLCDセルにとってはゴミであり，出来るだけ使用個数を減少することが表示品位向上になる。さらに高速応答性や視野角増大のため狭ギャップ化が必須である。このため使用されるスペーサの粒子径はより小さく，粒子径精度向上，均一散布性向上，帯電特性及び粒子内外部の光抜け防止の重要度も増すものと思われる。

LCDのさらなる革新に伴い，今後スペーサもさらに高精度，多機能が課題であると思われる。

文　献

1) H.Yamaguchi, S.Fujita, N.Wakita, N.Naito, H.Mizuno, T.Otani, T.Sekine, T.Ogawa : SID '97 DIGEST, pp.647-650 (1997)
2) D.Itou, S.Komura, K.Kuwabara, K.Funahata, K.Kondo : SID '98 DIGEST, pp.766-769 (1998)
3) T.Uchida, T.Nakayama, T.Miyashita, M.Suzuki, T.Ishinabe : ASIA DISPLAY '95, pp.599-602 (1995)
4) H.Seki, M.Itoh, T.Uchida : Euro Display '96, pp.464-467 (1996)
5) T.Uchida, T.Katagishi, M.Onodera, Y.Shibata : IDRC '85, pp.235-239 (1985)
6) I.Washizuka, K.Nakamura, Y.Itoh, N.Kimura : AM-LCD '97, pp.9-12 (1997)
7) P.Jones, W.Montoya, G.Garza, S.Engler : SID'92 DIGEST, pp.762-765 (1992)
8) H.Takatsu, Y.Umezu, H.Hasebe, K.Takeuchi, K.Suzuki, Y.Iimura, S.Kobayashi ; SID '95 DIGEST, pp.699-702 (1995)
9) D.K.Yang, L.C.Chien, J.W.Doane : IDRC '91, pp.49-52 (1991)
10) K.Hashimoto, M.Okada, K.Nishiguchi, N.Masazumi, E.Yamakawa, T.Taniguchi : SID '98 DIGEST, pp. 897-900 (1998)
11) K.Tanaka, K.Kato, S.Tsuru, S.Sakai : Euro Display '93, pp.109-111 (1993)
12) 特許第1688999号（触媒化成工業㈱）
13) 田中喜凡，石窪隆文，'92液晶ディスプレイ産業年鑑，液晶ディスプレイ構成部品・材料の技術開発，p.176-187，シーエムシー（1993）
14) 小松通朗，小柳嗣雄，'95液晶ディスプレイ産業年鑑，液晶ディスプレイ構成部品・材料の技術開発，シーエムシー（1995）
15) 特開平3-153215（触媒化成工業㈱）
16) 液晶ハンドブック，p.259
17) 多賀玄治，電子材料，1991年11月，p.48〜52，工業調査会
18) 特公平7-82173（触媒化成工業㈱）
19) 特許出願中（触媒化成工業㈱）
20) 神吉和彦，ファインプロセステクノロジー・ジャパン'95講演資料
21) 特許第1771103号（触媒化成工業㈱）
22) 特許第2643712号（触媒化成工業㈱）

8 シール剤・封止剤

堀江賢一[*1]，赤坂秀文[*2]

8.1 はじめに

コンピューターをはじめとして，今やあらゆる製品に表示デバイスは欠くことのできない存在となっている。従来バックライトを使用する透過型LCDがノートパソコンを中心に使用されてきたが，PDAなどの携帯情報機器に反射型LCDが採用され始めた。反射型LCDの利点としては，消費電力，重量などが大きな特徴であったが，性能的にも透過型にせまる勢いで，反射型カラーLCDが開発されている。

液晶ディスプレイには，接着剤をはじめとして非常に多くの有機材料が使用されており，重要な役割を担っている。その中でもシール剤は，液晶材料と直接接触する重要な材料である。シール剤にはセル化の時に周辺部分をシールするメインシールと液晶注入後，封口部分をシールする封止剤に分けられる。

8.2 封止剤

多くの液晶パネルで，封止剤には紫外線硬化性樹脂が使用されている。これは塗布後，秒単位で速硬化できるという利点を生かして，液晶との相溶を最小限に抑えられるためである。しかし，近年液晶材料の開発とともにエンドシールに要求される項目も厳しくなり，メインシールと同様に各パネルメーカーでは再検討が行われている。各パネルメーカーの要求事項をまとめると，以下のようなエンドシールが必要になる。

① 低積算光量硬化：速硬化性1000mJ／cm^2
② 可視光硬化：400nm以上の可視光で硬化
③ 高信頼性：液晶との相溶性なし

①は生産向上の意味合いが強く，また，長時間紫外線暴露したくないという意味合いから，可能な限り低積算光量で硬化する樹脂が望まれている。

②では①よりもさらに紫外線暴露を嫌う液晶材料を用いる際に必要になる。紫外線暴露により，劣化する液晶材料の場合，秒単位の紫外線暴露でも配向に影響がでるため，可視光硬化性シール剤が望まれている。

③の場合は硬化条件などにはある程度自由度があるが，液晶材料と全く相溶しない樹脂，その結果として非常に高信頼性をうたえる樹脂を要望されている。

[*1] Kenichi Horie ㈱スリーボンド　開発部　電気事業開発課
[*2] Hidefumi Akasaka ㈱スリーボンド　開発部　電気事業開発課

以上のような3種類の要望を1種類の樹脂で対応できれば問題はないが，現在では3種類の樹脂で対応している。ここで，①の低積算光量硬化シール剤スリーボンド3026B（以下TB3026B）の性状及び物性を紹介する（表1）。

表1　TB3026Bの性状および物性

試験項目		単位	性状	試験方法	備考
外観			乳白色液状	3TS-201-01	
粘度		Pa·s [P]	10 [100]	3TS-210-02	25℃
比重			1.23	3TS-213-02	25℃

試験項目		単位	硬化物物性	試験方法	備考
硬度 JIS D			85	3TS-215-01	25℃
吸水率		%	2.5	3TS-233-03	25℃
透湿度		g／m·24h	40.0	JIS Z-0208	＊
ガラス転移温度		℃	78.7	3TS-501-01	
硬化収縮率		%	6.9	3TS-228-01	
イオン濃度	Cl	ppm	60.0	3TS-511-01	PCT×48h 抽出
	Na$^+$	ppm	3.0		
	K$^+$	ppm	1.0		

硬化条件：10kJ／m^2 [1000mJ／cm^2]
　　　　　4kW高圧水銀灯（オーク製作所製　HMW-244-11CM）
＊：条件　40℃×90%RH，試料厚み300μm

　TB3026Bは主成分がアクリレートであり，ラジカル重合によって重合硬化している。ここで簡単な重合メカニズムを示す（図1）。アクリレートを主成分とする樹脂の場合，紫外線照射によって光重合開始剤が分解し，ラジカル化する。このラジカルがアクリレートの2重結合にアタックし，連鎖的にラジカル重合する。このラジカル重合の特徴は高加速度が速いことがあげられる。液晶封止剤の場合，未硬化での接触時間を可能な限り短くした方が有利である。そのため，従来からこのアクリル系のUV樹脂が封止剤として利用されていると思われる。

　②の可視光封止剤は①で説明した光重合開始剤の吸収波長領域を長波長側にシフトさせた樹脂である（図2）。他の成分については従来の紫外線硬化性封止剤と大きな差はない。しかし，エネルギーとして弱い光で重合硬化させなければならないことから，さらに硬化性の良い材料の開発が必要である。

開始反応　　　I　$\xrightarrow{h\nu}$　I・
　　　　　　光重合開始剤　　ラジカル発生

成長反応
$$I\cdot + CH_2=\underset{X'}{\overset{X}{C}} \longrightarrow I-CH_2-\underset{X'}{\overset{X}{C}}\cdot$$

$$I-CH_2-\underset{X'}{\overset{X}{C}}\cdot + CH_2=\underset{X'}{\overset{X}{C}} \longrightarrow I-CH_2-\underset{X'}{\overset{X}{C}}-CH_2-\underset{X'}{\overset{X}{C}}\cdot$$

停止反応
$$I\text{-}(CH_2\text{-}\underset{X'}{\overset{X}{C}})_n\text{-}CH_2\text{-}\underset{X'}{\overset{X}{C}}\cdot + I\cdot \longrightarrow I\text{-}(CH_2\text{-}\underset{X'}{\overset{X}{C}})_{n+1}\text{-}I$$

図1　紫外線硬化樹脂の反応機構

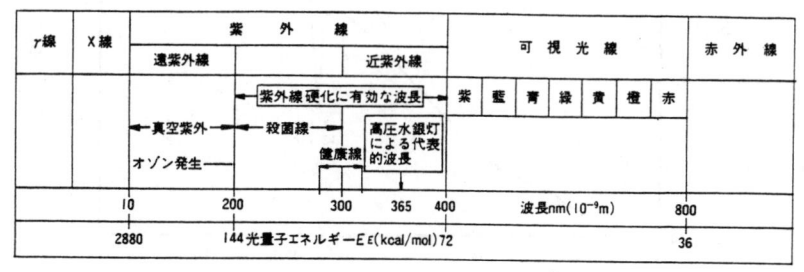

γ線	X線	紫　外　線		可　視　光　線	赤外線
		遠紫外線	近紫外線	紫　藍　青　緑　黄　橙　赤	

（波長区分：真空紫外／オゾン発生／殺菌線／健康線／紫外線硬化に有効な波長／高圧水銀灯による代表的波長）

　　10　　　　200　　　　300　365　400　　　　　　波長nm(10^{-9}m)　　800
　2880　　　　144　光量子エネルギー$E\varepsilon$(kcal/mol)　72　　　　　　　　　　36

$$\text{光量子エネルギー}E\varepsilon\text{(kcal/mol)} = Nh\nu = Nh\frac{C}{\lambda}$$

N：Avogadro数（6.0×10^{23}/mol）
h：Plank定数（6.6×10^{-27}erg）
C：光の速度（3.0×10^{10}cm/sec）
ν：周波数
λ：波長

図2　電磁波の分類図

　新規LCDの開発に伴い，液晶材料も必然的に新規材料へと移行している。そのため，従来の封止剤では液晶材料と相溶してしまい，表示不良等の原因となっている。そこで，封止剤と液晶材料との相溶性の評価方法が重要になっている。液晶材料はそれぞれ温度を上げていくと等方性液体になる温度（相転移温度）を持っている。これは液晶材料特有であり，液晶材料に他成分が混合すると液晶材料の特質も変わり，相転移温度も変化すると考えられる。また，液晶が相転移

する際，吸熱することが知られており，DSC（Differential Scaning Calorimeter）を用いることによって再現性良く確認することができる（図3）。

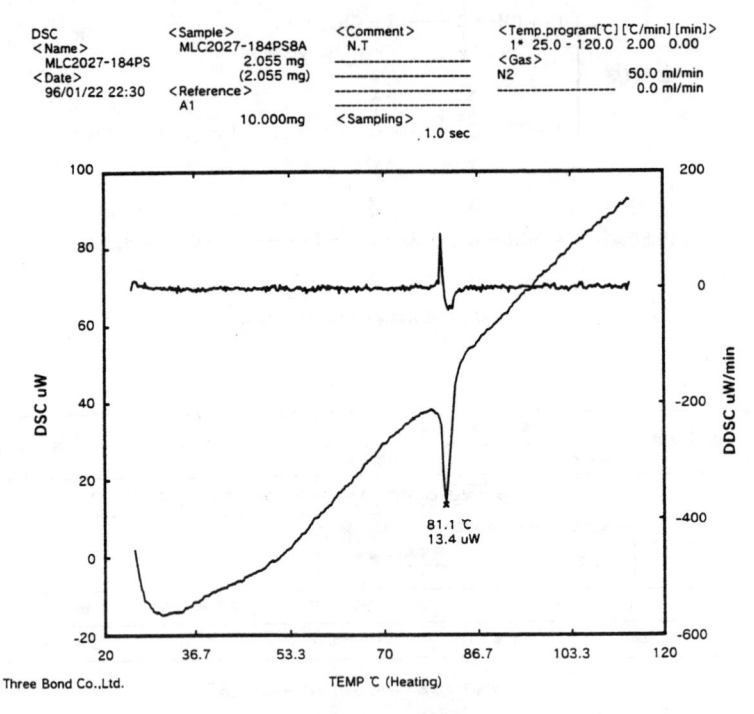

```
DSC              <Sample>              <Comment>        <Temp.program[℃] [℃/min] [min]>
<Name>           MLC2027-184PS8A       N.T              1*  25.0 - 120.0  2.00  0.00
 MLC2027-184PS      2.055 mg                            <Gas>
<Date>              (2.055 mg)                          N2              50.0 ml/min
 96/01/22 22:30  <Reference>                                             0.0 ml/min
                    A1
                    10.000mg          <Sampling>
                                         1.0 sec
```

81.1 ℃
13.4 uW

Three Bond Co.,Ltd.

図3　液晶材料のDSC測定結果

液晶材料が異種材料と接触したり，耐候性試験このDSC上の吸熱ピークは本来の位置と異なる位置にシフトする。つまり液晶材料と封止剤が相溶するとこの吸熱ピークがシフトすることになる。

紫外線硬化性樹脂は主成分によってアクリル，エポキシ，シリコーン系に分けることができる。シリコーンは透湿性などシール剤として使用するには不適切であることから，こ

表2　ラジカル重合とカチオン重合の比較

反応機構	ラジカル	カチオン
成分	アクリル	エポキシ
硬化性	速い	遅い
酸素阻害	あり	なし
硬化収縮	大きい	小さい
耐熱性	中位	良好
耐湿性	中位	良好

こでは検討からはずしている。また，表2にアクリルUVとエポキシUVの比較を示す。

図4にDSCによる相転移温度の測定結果を示す。液晶単体では81.17℃であった相転移温度が封止剤と接触することによって低温側にシフトしている。アクリルは照度による依存は少なく，ラインとして低照度照射しか不可の場合はアクリル系のUV封止剤が適当と思われる。また，エポキシは低照度の場合は液晶との相溶が激しいが，高照度照射が可能であれば，アクリルよりも相溶が抑えられる。したがって，高照度照射が可能であれば信頼性の面からも紫外線硬化性エポキシ封止剤が適当と思われる。このエポキシシール剤の物性を表3に示す。

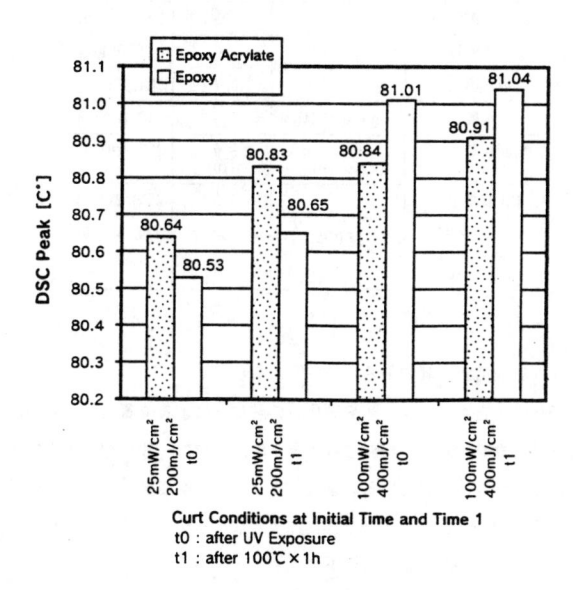

図4　DSC測定結果

8.3　メインシール

メインシールは従来，溶剤型熱硬化性のエポキシ樹脂が使用されてきた。これは長期信頼性などの部分で最も優れていると考えられるためである。熱硬化性エポキシシール剤の場合の工程は，スクリーン印刷→レベリング→貼り合わせ→アライメント→仮り止め→本硬化，という工程になっている。このような工程による熱硬化エポキシ樹脂の問題点を挙げる。

① 熱履歴がある：高温硬化のため，熱膨張による位置ズレなどが発生する。
② 装置等が大規模になる。

表3 紫外線硬化性エポキシ封止剤の性状及び物性

試験項目	単 位	試作品	測定方法
主成分		エポキシ	
硬化条件	kJ／m² {mJ／cm²}	40 {4000}	
外観		淡黄色液体	3TS-201-01
粘度	Pa・s {P}	8.0 {80}	3TS-210-02
比重		1.20	3TS-213-02
硬度 JIS D		85	3TS-215-01
ガラス転移点	℃	120	3TS-501-04
吸水率	%	0.7	3TS-233-01
透湿度	g／m²・24h	5.0	JIS Z-0208
剪断接着力	MPa {kgf／cm²}	6.9 {70}	3TS-301-13
硬化収縮率	%	3.8	3TS-228-01
イオン濃度 Cl⁻ Na⁺ K⁺	ppm	30 3 1	3TS-511-01

③ ディスペンサー対応が困難である。

近年では高精細化の動きから，シール剤硬化時の熱などによる位置ズレが問題になり，非加熱工程である紫外線硬化性シール剤が検討されてきた。最近では一部小型パネルで実用化され，今後大型パネルへの展開が期待されている。また，プラスチック液晶やフィルム液晶などにもこの非加熱工程である紫外線硬化性シール剤は非常に重要なアイテムであると思われる。

紫外線硬化性メインシール剤の特徴を以下に示す。

① 紫外線硬化である：非加熱工程であるため，熱による位置ズレなどの影響が少ない。
② 秒単位での硬化が可能である：インライン化，省スペース化が可能になる。
③ ディスペンサー対応が可能である。

しかし，従来検討されてきた紫外線硬化性液晶メインシールには以下のような問題点が指摘されてきた。

① 液晶に対するコンタミ

シール剤と液晶材料が相溶するために，シール剤周辺に配向ムラが発生する。

② 硬化条件：加熱併用，硬化時間がかかる

信頼性を実現するためにUV照射後，加熱する手法がとられたが，加熱硬化時に剥離が発生す

表4 紫外線硬化性シール剤の性状及び物性

試験項目	単位	ThreeBond 3025G	試験方法	備考
外観	—	乳褐色液状	3TS-201-01	
粘度	Pa・s [P]	45 [450]	3TS-210-02	25℃
比重	—	1.38	3TS-213-02	25℃

試験項目	単位	ThreeBond 3025G	試験方法	備考
硬度	—	90	3TS-215-01	JIS-D 25℃
ガラス転移点	℃	140	3TS-501-04	
吸水率	%	1.0	3TS-233-01	煮沸2h
透湿度	g/m^2・24h	5.0	JIS-Z-0208	40℃×95%RH
硬化収縮率	%	3.0	3TS-228-01	
引張り剥離接着強さ	MPa [kgf/cm^2]	0.93 [9.5]		コーニング社 7059
	MPa [kgf/cm^2]	0.62 [6.4]		コーニング社 7059 30ΩITO蒸着
イオン濃度				
Cl$^-$	ppm	25		
Na$^+$	ppm	1	3TS-511-01	PCT×48h抽出
K$^+$	ppm	1		

硬化条件:4kW高圧水銀灯(オーク社製 HMW-244-11CM)
照射距離:15cm, 積算光量:40kJ/m^2 (4000mJ/cm^2)

るなどの問題がある。また加熱が必要ない場合でもUV硬化に10,000mJ/cm^{2}以上の光量が必要であった。

③ 接着力不足

スクライブカット時の応力に耐えられず,剥離が発生する。

④ 耐湿性不足

透湿度が高いため,水分が液晶パネル内に浸透し,配向不良が発生する。

⑤ 耐熱性不足(低Tg)

Tgが低いため,等方性処理などの熱工程で剥離やギャップムラなどの不具合が発生する。

これらの問題を解決するために,エポキシ樹脂を紫外線硬化させることにより,以上の問題を解決した。封止剤の項でも説明したように,ある照度以上の硬化条件が得られれば,紫外線硬化

のエポキシ樹脂は液晶材料との相溶性も低く,また,エポキシ樹脂の信頼性も確保できる。以下に,紫外線硬化性エポキシシール剤スリーボンド3025Gの性状及び物性を示す。

また,剥離接着強さやガラス転移温度,弾性率などの耐熱性試験(120℃)及び耐湿性試験(85℃×90%RH)における変化を示す(図5～図8)。これらの結果からスリーボンド3025Gは,紫外線硬化性樹脂としては環境下における経時変化の非常に少ない樹脂であると言える。

引張り剥離接着強さ試験方法
1. 紫外線硬化性樹脂に,スペーサー剤を添加し下の図のように2枚のガラスで十字に挟み込む。
2. $100mW/cm^2 \times 40$秒照射し硬化させた。
3. ガラス下側を固定し,上側ガラス両端を引張り,剥離試験を行った。
4. 接着面積を算出し,単位面積当たりの強度を算出した。

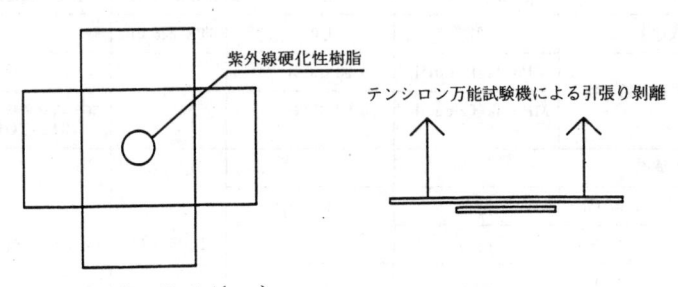

ガラスサイズ25×50×1.1(mm)

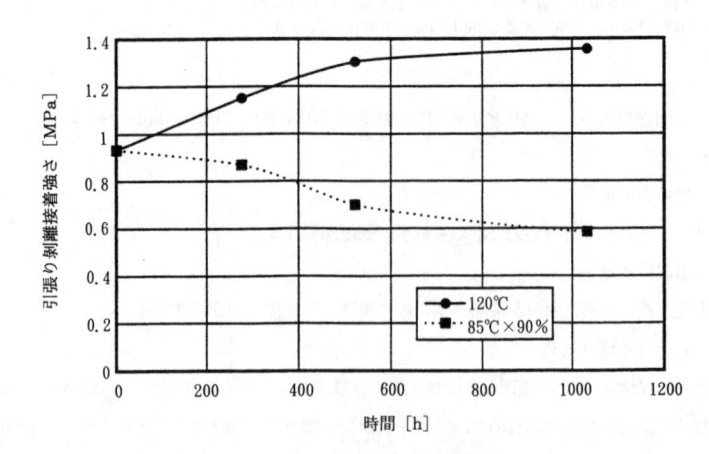

図5　引張り剥離接着強さ試験結果

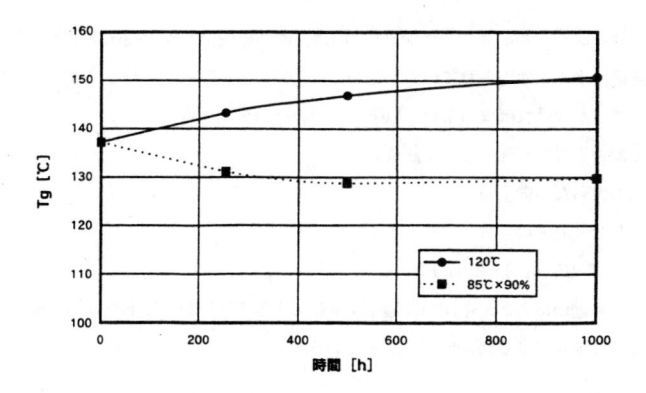

図6 ガラス転移温度経時変化

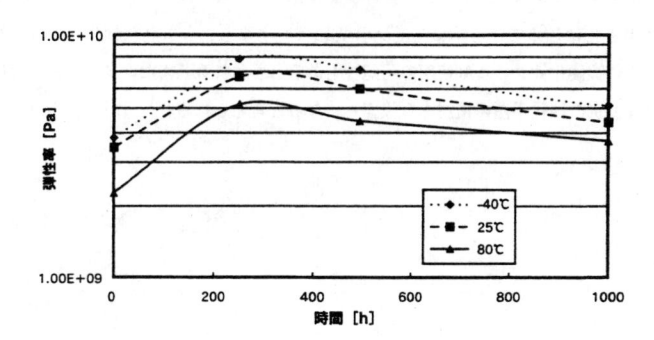

図7 120℃における弾性率経時変化

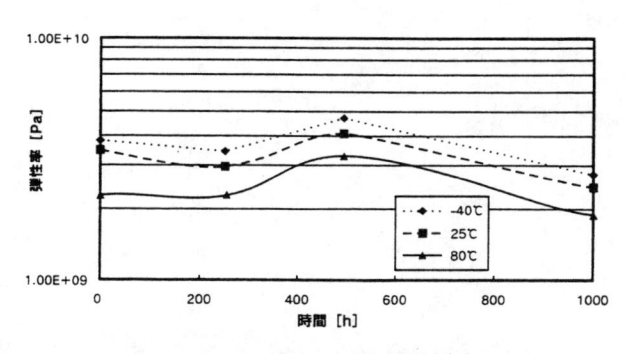

図8 85℃×90%RHにおける弾性率経時変化

紫外線硬化性液晶シール剤スリーボンド3025Gは，紫外線硬化のみで硬化するという利点を生かし，小型液晶パネルに使用されている。しかし，大型パネルに採用されるにはいくつかの問題点をクリアしていかなければならない。以下に今後の課題を上げる。

① アルミ配線下など影部の硬化手法検討
② 接着力のさらなる向上
③ 貼り合わせ装置とのマッチング
④ 狭ギャップ対応（1.0～2.0μm）

以上のような課題があるが，上記の課題はクリアできる方向性がでており，紫外線硬化性シール剤が大型基板に使用できる可能性が広がっている。

8.4 おわりに

液晶パネル用シール剤は，以上のように非加熱硬化である紫外線硬化性のシール剤が検討，また一部で使用されはじめている。また，反射型TFTパネルもさらに高精細化への方向性が示されており，紫外線硬化性シール剤使用の可能性もあると思われる。また，紫外線硬化だけでなく，可視光硬化など別の硬化手法の検討も今後盛んになると考えられる。

9 偏光板・位相差板・拡散板・反射板

岡田豊和*

9.1 はじめに

液晶ディスプレイ（LCD）はバックライトを装着した透過型LCDと外部光を利用した反射型LCDの二つの方式がある。これらのLCDに用いられる光学フィルムの例を図1に示す。LCDは他の電子ディスプレイと比較して，低電圧，低消費電力，薄型・軽量の特徴を有しており，LCD開発の当初からLCDにはモバイル性が大きな特徴のひとつに上げられていた。パーソナルコンピューターの表示装置に代表される現在主流の透過型LCDは，バックライトで電力の大半を消費していること，および大画面になってきたことなどのためにLCDのモバイル性は大幅に低下してきたといえる。

最近，LCDをモバイル機器に適用しようとの観点から，LCDの原点に立ち返って，視認性の良好なカラー反射型LCDの開発が積極的に進んでいる。低消費電力との観点から透過型LCDのバックライトを反射板に置き換えて反射型LCDとしただけでは，暗くてほとんど何も見えないということになるだろう。

LCDを反射型として利用するためには，LCDに反射機能と拡散機能を具備する必要がある。また反射型LCDにおいては，明るい表示にすることが視認性向上の第一歩であり，現在の透過型LCDで損失している光を復活させ，光の利用効率を上げることが重要である。光の損失とい

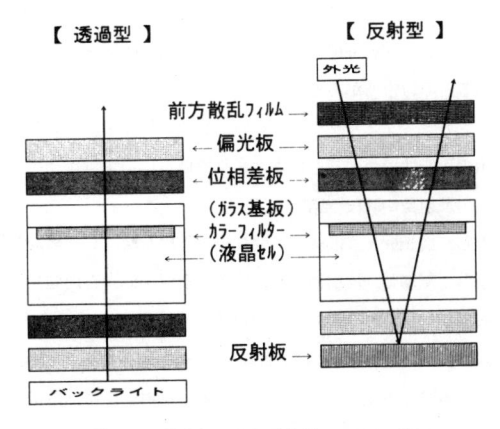

図1　LCDに用いられる光学フィルムの例

---

* Toyokazu Okada　住友化学工業㈱　メタアクリル・光学製品事業部　主席部員

う観点から見ると，開口率をあげるといったセル側の工夫は必須であり，LCD用光学フィルムの観点からみると，下記の3つの光学フィルムでの光の損失をいかにして低減するかということが重要である。

① 偏光板での光の損失

② カラーフィルターでの光の損失

③ 拡散性反射板での光の損失

ここでは反射型LCDの開発動向を念頭においたときに必要な光学フィルムの現状技術と今後の開発動向を，上記3項目の視点から概説する。

9.2 偏光板での光の損失低減のための反射型LCDと必要な光学フィルム

(1) 偏光板フリーの反射型LCDと光学フィルム

偏光板フリーの反射型LCDとして，二つの方式がある。偏光機能を液晶層に添加した二色性色素の電圧による分子配向制御に基づく吸光度の変化でコントラストをつける方式で，ゲストホスト液晶（GH），相転移型ゲストホスト液晶（PC-GH）として開発されている。明るい白表示であるが偏光板を用いた現行方式と比較して，コントラストが劣り現状では本命技術になっていない。

他の方式として，高分子フィルムの中に液晶分子を添加した高分子分散型液晶（PDLC）がある。電圧変化による散乱状態と透明状態のスイッチングで表示をするが，黒をきっちり出すことが難しく，直視型LCDに適用するにはこの点の工夫が必須であると思われる。PDLCの背面にプリズムシートと光吸収シートを併用することによって後方散乱を強くして反射率を2倍程度にすることが可能であるとの報告[1]がある。

一方，偏光板フリー，カラーフィルターフリーの状態で，数種類のコレステリック液晶を用いたマルチカラーの表示の可能性についても報告[2]されている。

(2) 偏光板1枚使用の反射型LCDと光学フィルム

偏光板を上側1枚とし，偏光板と液晶セルの間に位相差板を配置した構造が基本となる。液晶分子の配向を電圧によって制御し，反射面に到達する光を直線偏光と円偏光の間で変化させることによって明と暗を表示し，コントラストをつけるようにしたものである[3]。従来，反射型LCDの反射板はセルの外側に具備されるのが普通であったが，視角特性を改良し視認性を高めるためにセルの内側に装着する方式が有力視されている。反射板には拡散機能の付与されたものを適用する方式と後述する前方散乱フィルムと鏡面性反射板を用いて拡散・散乱機能を付与する方式がある。

この方式に用いる位相差板は円偏光を直線偏光に変換する機能が必要であり，1/4λ位相差

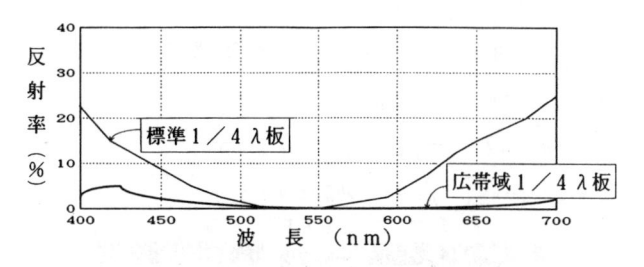

図2　異なる1/4λ板を用いた円偏光板の反射防止特性

板が適用される（いわゆる円偏光板である）。しかも可視光線の全波長域でこの機能が要求されるために広帯域性も必要となる。1枚の高分子フィルムでより広帯域性を出すためには材料の波長分散特性の小さなものを選定する必要がある。さらなる広帯域性のために，複数の高分子フィルム（例えば，1/2λ板と1/4λ板）の組合せからなる位相差板が有力である。アルミニウム（Al）の鏡面反射板の上に通常の1/4λ板と広帯域性の1/4λ板を用いて円偏光板としたときの反射特性（0度入射，0度反射）の比較を図2に示す。今後はより広帯域性と波長分散性を考慮した材料が経済性を加味して開発されることになるだろう。

(3) 反射型LCD用高透過偏光板

よう素等の二色性色素を用いた偏光板は，色素による吸収によって半分以上の光を損失している。偏光度を100％としたとき，偏光板の透過率は理論上46％が限界（表面反射で4％の損失）であり，現在44％品（住友化学のスミカラン®SRグレード）が量産されている。反射型用途には，偏光度を90～95％程度まで犠牲にして透過率を46～48％程度にまで高めたSRグレードの高透過品が，反射型LCDのコントラストを保ちつつLCDの輝度向上に有用である。これらの偏光板を用いたときの輝度向上効果を図3に示す。

これらの偏光板の表面に反射防止技術を施し，表面反射の低減を図ることによっても明るく視認性のよい反射型LCDにすることが可能である。特に光の干渉効果を利用したAR（無反射，アンチリフレクション）やLR（低反射，ローリフレクション）は反射型LCDにとっても必須の技術となるであろう。

(4) 反射型LCD用非吸収型偏光板

スリーエム社の開発したDBEF[4]は屈折率異方性の異なる2種類の高分子フィルムを

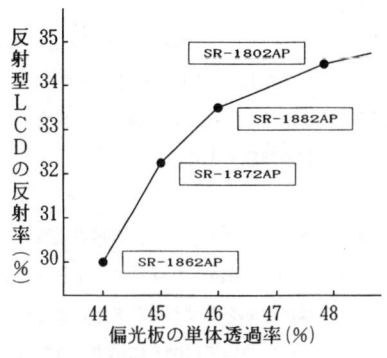

図3　高透過偏光板の反射輝度向上効果

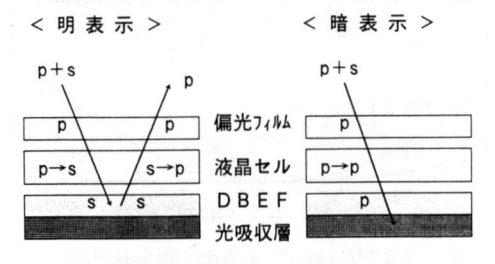

図4　DBEFを用いた反射型LCD

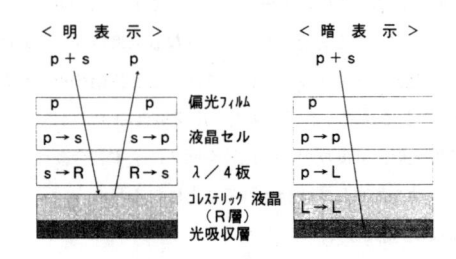

図5　コレステリック液晶を用いた反射型LCD

多数枚積層することで，偏光の反射特性を制御し，一方向の偏光成分のみを選択透過させる反射型偏光板である。このフィルムと黒色の吸収機能を有するコーティング層との併用で反射型LCDの下側偏光板とすることによって，明るさと視角を向上させることができる。図4にその原理を示す。

一方，コレステリック液晶と1/4λ位相差板の組合せからなるフィルム[5,6]も，DBEFと同様に，反射型LCDの下側偏光板とすることで明るさを向上させることができる。図5にその原理を示す。このフィルムを適用する場合，視角による色変化をいかにして低減するかが実用上の大きな技術課題である。

9.3　カラーフィルターでの光の損失低減のための反射型LCDと必要な光学フィルム

反射型LCDの場合，カラーフィルター層を光は2回通過するので，透過型のカラーフィルターよりは透過率を上げたものを用いることである程度は明るさを向上させることができる。カラー化の方法については図6に示すような方法がある。ここではカラーフィルターを除去してカラー表示を行う方法と必要な光学フィルムについて言及する。

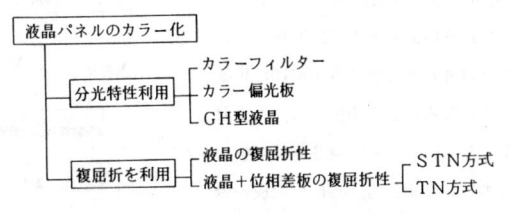

```
液晶パネルのカラー化 ─┬─ 分光特性利用 ─┬─ カラーフィルター
                    │              ├─ カラー偏光板
                    │              └─ GH型液晶
                    └─ 複屈折を利用 ─┬─ 液晶の複屈折性 ────── STN方式
                                   └─ 液晶+位相差板の複屈折性 ─ TN方式
```

図6 液晶パネルのカラー化の方法

(1) 染料系カラー偏光板

染料系のカラー偏光板を用いることで単色のカラー表示が可能である。表示容量の小さいインフォメーション用のディスプレイに適用される。

(2) ECB方式用高位相差板

STNセルと位相差板を用いて、電圧による液晶セルの複屈折の変化を利用してカラー表示を行うことができる。電子手帳等の携帯情報端末機等で5色程度のマルチカラー表示で実用化されている。この表示に用いる位相差板は通常のSTNセルの補償フィルムとして用いられる位相差板よりも大きなレターデーション値を有するものが必要である。カラーフィルターを用いたものよりも明るい表示となるが、コントラストや色純度が劣り表示色数にも限界があるので、適用範囲が限られている。

9.4 拡散性反射板での光の損失低減のための反射型LCDと必要な光学フィルム

前述のように、LCDを反射型として利用するためには、LCDに反射機能と拡散機能を具備する必要がある。そのため現在の反射型LCDに用いられている反射板は、表面がランダムな凹凸を有する高分子フィルム表面がAl等の高反射率、高屈折率物質で覆われた構造を有している。そのため反射板で反射した光は拡散性となりかつ屈折によって光が拡がるために、光量（反射率）が低下する[7]。反射率の低下を低減し、拡散性反射板を高性能化するため後述するような種々の方法が実用化に向けて検討され、一部実用化されている。

(1) 高性能拡散性反射板

反射率を向上し、白っぽい表示とするために反射板にもいろいろな工夫がなされている。一般的に用いられている反射板はマット処理したフィルムの表面にAlを蒸着処理したものである。蒸着物質をより反射率の高い銀（Ag）に変えることによって、反射率は約2％向上し、モノクロ表示においては白っぽい表示となり視認性が向上する。そのため最近ではAg反射板が多く用いられるようになってきた。

反射型LCDは反射板からの反射画像の最も明るい角度と表面からの写り込みの最も大きな角度が一致している。そのため我々は外光の写り込みを避けた角度で反射画像を見ることになる。この角度から見た反射画像は明るさの低下したものとなっている。反射板からの主反射が正反射方向からずれるように反射板を設計すれば，外光の写り込みを気にすることなく，反射画像を最も明るい角度で見ることが可能となる。このような高性能反射板の開発が急ピッチで進んでいる。図7にこの反射板の概念図を示す。カラー反射型LCDに有用と考えられる。このような高性能反射板が採用されれば，上偏光板のアンチグレア(AG)処理が不要となる可能性があり，反射型LCDの明るさ向上に一層貢献することになるだろう。

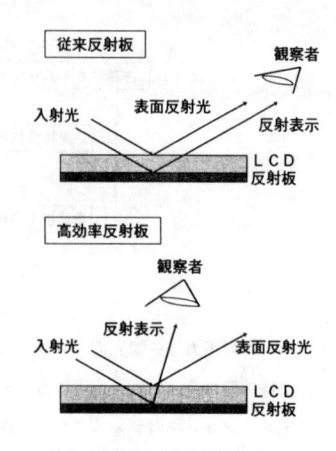

図7　高効率反射板の概念図

　一方，内田らは拡散性反射板からの反射光を最大限に利用するために，反射面の形状の最適化を図っている。一般的な反射板の表面はランダムな凹凸を有するマット処理が施されており，あらゆる方向に反射光が拡散するようになっている。これを特定の角度範囲に反射光が集光するようにして一定の明るさを有し，それ以外では反射率がほとんどゼロになるように表面形状を微細に設計した反射板[8]の提案を行っており，カラー反射型LCDへの搭載も一部始まっているようである。

　さらにポラロイド社はフォトポリマーを用いた透過型フォログラムと前述のAlを蒸着処理した反射板を組み合わせてなる白色フォログラム反射板[9,10]の開発を進めている。カラー反射型LCDに有用な反射板となる可能性がある。

　明るい半透過型反射板への要求も強い。反射特性を反射板にできるだけ近づけた上で，透過時にいかにして明るくするかとの観点から改良検討が進んでいる。住友化学はこの観点から改良検討を進め，反射率，透過率をともに高めた半透過反射板「AS-011」を開発した[11]。さらに反射率と透過率を変えたものや見た目の風合いの異なるグレードも開発しており[11]，パネル仕様に応じて任意に選択できるようになっている。図8に半透過反射型偏光板の光学特性の例を示す。今後新しい原理に基づいたより高効率な半透過反射板の開発が必要となるだろう。

(2)　鏡面性反射板を用いた反射型LCDに必須の前方散乱フィルム

　反射面をマット処理面から鏡面にすれば拡散によって損失する反射光が減少し，光の利用効率が大きくなる。大半の光が液晶セルの外側へ出射されることになり，反射率は大幅に向上し，明

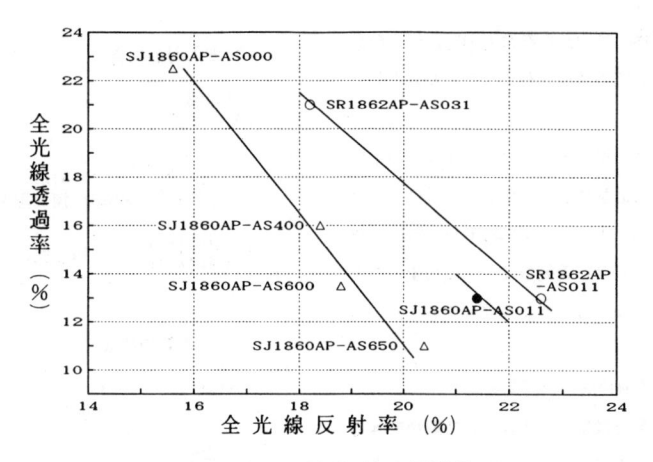

図8 半透過反射型偏光板の光学特性

るい反射型LCDが期待できる。しかしこの構造の反射型LCDでは外光の写り込みを防止することができず，視認性が著しく低下する。内田らはこの点を改良し明るい反射型LCDとして，反射板を鏡面構造にして反射輝度を高め，反射型LCDに拡散機能を付与するために液晶セルの前面に後方散乱の生じない前方散乱フィルムを配置した新しい方式の反射型LCDを提案した[12]。入射光は前方散乱フィルムを二度通過することになり，広い散乱角度が得られると同時に，前述の1枚偏光板方式の反射型LCDと組み合わせれば，高性能な明るいカラー反射型LCDとなる。現在，開発が積極的に進んでいる。

この種の反射型LCDに適用可能な前方散乱フィルムとしては，高分子フィルムの表面にエンボス加工等で凹凸を形成した拡散フィルム，屈折率の異なる球状の微粒子を充填したハードコート層を高分子フィルムの表面に形成した拡散フィルム，高分子フィルムの中に屈折率の異なる球状の微粒子を充填した拡散フィルム等をあげることができる。これらの拡散フィルムによる拡散出射光は直進出射方向に対してガウス状に散乱出射する。球状粒子を用いた拡散フィルムによる散乱特性はMieの散乱理論を用いて定量的に評価することができる[13]。前方散乱フィルムとして使用するためには，散乱効率を大きくする必要があり，そのためには表面の凹凸を多数形成することや充填粒子の径や量および基材との屈折率差を大きくすることが必要となる。その場合散乱角度特性が広がり後方散乱も強くなって，光の利用効率が悪くなる結果，透過率（反射型LCDに適用した場合は反射率）が低下するので好ましくない。また画像のボケも問題となるだろう。前方散乱フィルムとして適用するためには，充填粒子そのものの構造や径，量および基材との屈折率差を最適化することが必要である。大日本印刷のIDS (Internal Diffusing Sheet) はこれ

らの点を考慮して設計されたもので，前方散乱フィルムとしての機能を有したフィルムとして有用である。

これら球状の微粒子は高分子フィルムの中に充填して前方散乱機能を発現する以外に，偏光板や位相差板といった反射型LCDに用いられる光学フィルムの粘着剤のなかに充填することによっても，前方散乱機能を発現することが可能である。

その他，GRINS（屈折率変調ビーズ）分散型シートも前方散乱フィルムとして期待できるが，量産品は市場になく表示画像のボケも考えられるので，現時点での採用は困難である。

一方，プライバシーフィルターやLCDの視野角拡大フィルム[14〜16]として採用されている住友化学の光制御板，ルミスティー®（LCF）は，前方散乱フィルム[17]として有用である。

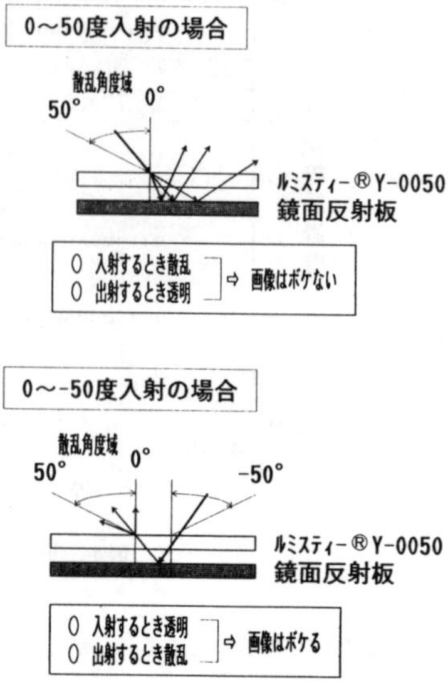

図9 ルミスティー®Y-0050の反射型LCD用前方散乱フィルムとしての使用例

LCFはその特異な構造から，ある角度域（散乱角度域）からの入射光に対しては散乱透過，それ以外の角度域からの入射光に対しては直進透過するという性質を有している。LCF（Y-0050, 散乱角度域は0〜50度）を鏡面性反射板と一体とし，LCFの散乱角度域から光を入射した場合の反射散乱の出光は，LCFの有する前方散乱効果によって正反射（鏡面反射）のみではなく，

写真1 鏡面性Al反射板を用いた反射型LCDにおけるルミスティーの効果

表1 前方散乱フィルムの比較

	散乱出射光の角度分布	散乱効率	偏光性／施光性への影響	画像のボケ
拡散フィルム (1)高分子フィルム表面に凹凸形成 (2)高分子フィルム内／表面に微粒子添加	直進出射方向に対してガウス分布状に散乱出射	小 〜 中 (充填粒子等の最適化要) ⇩ 大きくすれば全光線透過率低下	大 〜 小 (基材の選定による) ⇩ 偏光素子との一体使用に制限がある	有 〜 小 (充填粒子等の最適化要) ⇩ 視認性が低下する
ルミスティーフィルム	(Bragg回折近似の散乱) 散乱角度域のみ散乱 他は透明領域 散乱の異方性大	大 回折現象利用 角度依存性有	小 位相差なし 偏光素子間使用可	無

広い角度範囲で散乱出射する。この出射光はLCFを再び透過するときには散乱が起こらないので，この方向に視点をおけば，写り込みがなく，明るくボケのない反射画像を見ることができる。反対に散乱しない角度（例えば，0〜-50度）から入射させて，散乱角度域に視点をおいた場合は，出射光がLCFを通過するときに散乱がおこるために，反射画像はボケて見えることになる。この現象を模試的に図9に示す。また鏡面性Al反射板の上にOHPシートをおき，その上にLCFをおいた場合と無い場合を目視したときの状態を写真1に示す。LCFがある場合はくっきりと表示が見えるが，ない場合は表示が見づらいことが明らかであろう。LCFの有する構造上の特徴からLCFを透過した散乱出射光は楕円の捩じれた光となり，その結果広い散乱角度域が得られることになる。

　これらの前方散乱フィルムの比較を表1に示す。実用化にあたっては，これらの技術を組み合わせて使用することも必要となるであろう。

9.5　おわりに

　カラー反射型LCDの開発動向を念頭において必要とされる光学フィルムの現状技術と今後の動向につき概説した。モバイル機器と省エネ時代の到来に対応して，視認性（特に明るさ）の改良されたカラー反射型LCDの開発が急務である。それを目指して，液晶セル自体の改良・開発

に加えて，特性の向上した偏光板，反射板，半透過反射板，位相差板や拡散板といった光学部材の開発と同時に，導光板を用いたフロントライトシステムの開発も急ピッチで進むものと思われる。

文　　献

1) 中村ら，第20回液晶討論会，3 G405, 342 (1994)
2) K.D.Hoke et al., IDRC'97 Digest, 242 (1997)
3) 日経マイクロデバイス，10月号, 134 (1997)
4) D.L.Wortman, IDRC'97 Digest M-98 (1997)
5) D.Coates et al., SID'96 Application Digest, 67 (1996)
6) D.Coates et al., IDW'96 Digest, 309 (1996)
7) 内田，関，月刊LCD Intelligence, 4月号, 54 (1997)
8) N.Sugiura and T.Uchida:Digest of 1st Intl. Workshop on AM-LCD, 153 (1995)
9) M.Wenyon et al., SID'97 Digest, 691 (1997)
10) 内田，月刊ディスプレイ 3月号, 93 (1998)
11) 住友化学光学機能性フィルム・カタログ
12) T.Uchida, T.Ishinabe, M.Suzuki, SID'96 Symp.Digest, 618 (1996)
13) 石鍋，中山，鈴木，内田，信学技報，2月号, 125 (1996)
14) M.Honda, S.Hozumi and S.Kitayama:Progress in Pacific Polymer Science, 3, 159 (1996)
15) 本田，HWT, 6月号, 25 (1997)
16) 岡田，月刊ディスプレイ，3月号, 46 (1998)
17) M.Honda, S.Takemura and Y.Yasunori:IDW'97 Digest, 307 (1997)

10 反射板

内田輝男*

10.1 はじめに

バックライトが固定されている透過型LCDと比較して，反射型LCDは外光の形状，入射方向，輝度など入射光の条件が使用環境により大きく変わるため，その反射板の設計を困難にしている。反射板は反射型カラーLCDの視認性を向上させるためのキーとも言える部材であるが，その困難さゆえ，現在の反射板は，反射輝度，反射特性など十分満足できるレベルには達していない。

本節では，反射板および反射材料の現状についていくつか例を挙げて紹介する。

10.2 液晶セル外部反射板

反射型カラーLCDを反射板の位置について分類した場合，大きく分けて2方式ある。一つは，反射板を液晶セルの外側に置く「液晶セル外部反射板」方式，もう一つは反射板を液晶セルの内側に置く「液晶セル内部反射板」方式である（図1）。

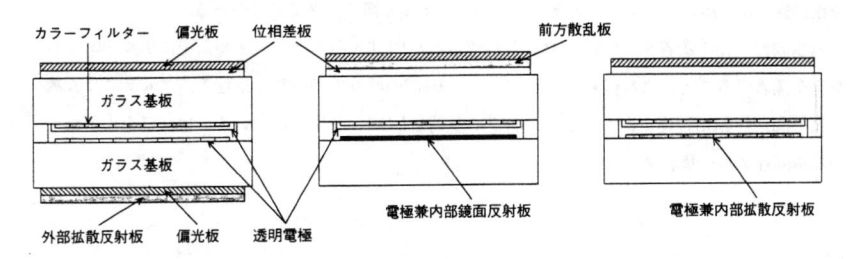

図1 液晶セル外部反射板および液晶セル内部反射板

液晶セル外部反射板方式は液晶セルガラスの外側に反射板を貼り付ける方式で，液晶層と反射板の間にガラス基板が存在するため視差によって表示色が濁るといった問題があるが（図2），従来のLCD製造工程と既存の反射板が利用できる利点がある。まず，これらについて以下に紹介する。

---

* Teruo Uchida 日本ポラロイド㈱ 新規事業部 電子材料課 主事

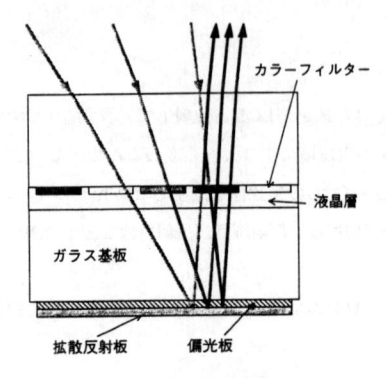

図2 視差による表示色の濁り

10.2.1 アルミ反射板

70年代に液晶時計や電卓に搭載された反射型LCDに利用され，現在でも電子手帳，リモコン，ゲーム機器等多くの反射型LCDに利用されているのがアルミ反射板である。アルミ反射板には，無指向性アルミ蒸着タイプ，ヘアラインタイプ，アルミ箔接着タイプ等がある。

無指向性アルミ蒸着タイプは，マット処理されたPET等のベースフィルム上にアルミニウムを真空蒸着することにより得られる（図3a）。PETの厚みで25～50μm程度，アルミニウム蒸着層で50～100nm程度である。現在モノクロ反射型LCDに使用されているのは，ほとんどがこの無指向性アルミ蒸着タイプである。

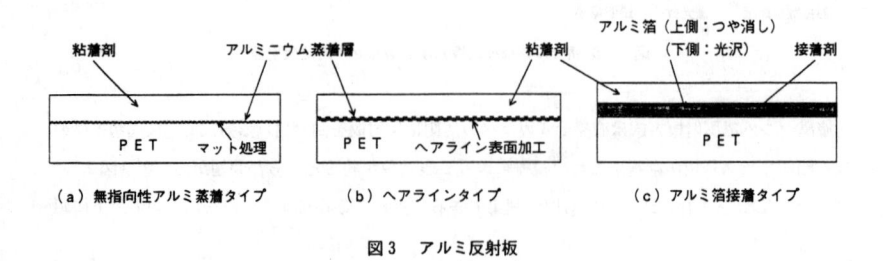

図3 アルミ反射板

ヘアラインタイプは，ヘアライン表面加工されたPET等のベースフィルム上にアルミニウムを真空蒸着することにより得られる（図3b）。このタイプは，反射強度の分布に指向性があり，ヘアラインを含む面内よりもヘアラインに垂直な面内での拡散性が高い（図4）。

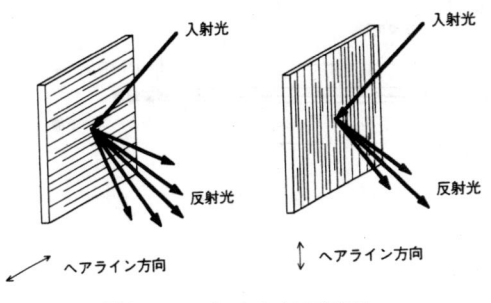

図4 ヘアラインタイプの反射特性

アルミ箔接着タイプは，PET等のベースフィルムにアルミ箔の光沢面側を接着剤で貼り合わせることにより得られる（図3c）。ヘアライン有のアルミ箔も反射強度分布に指向性がある。

10.2.2 銀反射板

　低消費電力が要求される携帯用電子機器の普及に伴い反射型LCDの需要は伸び続け，ユーザーからは高輝度の反射板を要求されるようになった。そこでアルミニウムの代わりに銀を用いた反射板が検討された。参考のために，いくつかの金属蒸着膜の垂直反射スペクトルを図5に示す。銀は表面の酸化による反射率低下の度合いがアルミニウムの場合と比較して大きいため，銀反射板の実用化はアルミニウムほど容易ではない。現在銀反射板として製品化されているものは，銀蒸着表面へのオーバーコートやベースフィルム上へのアンカーコート等により表面酸化および端部からの浸食が抑えられるよう工夫されている（図6）。銀反射板による反射輝度の向上は，アルミ反射板のほぼ10～20％程度である。

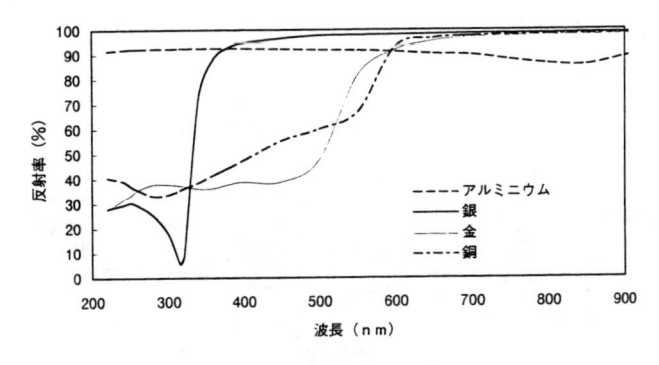

図5 金属蒸着膜の垂直反射特性

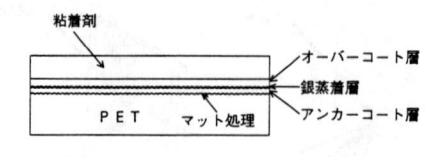

図6　銀反射板

10.2.3 半透過反射板

アルミ反射板や銀反射板の場合，薄暗い環境下ではLCDの文字情報を認識するのが困難である。半透過反射板は反射および透過両方の機能を持つ反射板で，昼間は反射板として働き，薄暗い環境ではバックライトを点灯することによりLCDの文字情報を認識させることができる。反射重視のものや透過重視のもの，表面光沢の違いなどいくつか商品化されており，透過率は10～35％程度である。携帯電話，ページャー等の反射型LCDは，夜間でも認識できるようバックライトを搭載しており，半透過反射板が利用されている。半透過反射板は，反射率を犠牲にして透過機能を持たせている点から，画質よりもむしろ機能性を重視した製品と言えるであろう。

半透過反射板には，反射材料として真珠光沢（パール）顔料と呼ばれる雲母（Mica）／二酸化チタン系顔料がよく利用されている。低屈折率（1.5～1.6）の雲母を薄片状とし，その表面に高屈折率（2.5～2.7）の二酸化チタンが形成されている。これが反射／透過／拡散3つの機能を持っている。二酸化チタンには3つの結晶構造が存在することが知られ，そのうちルチル（Rutile）型およびアナターゼ（Anatase）型は，白色顔料として化粧品，自動車用塗料など多方面に利用されている。これを利用した半透過反射板の代表的な層構成を図7に示す。耐候性処理剤はSiO_2，ZrO_2等の含水酸化物で，酸化チタンを触媒とした紫外線吸収による特性劣化反応を抑制する。分散処理剤とは高分子可塑剤および界面活性剤で，粘着剤中への良好な分散性を得る。

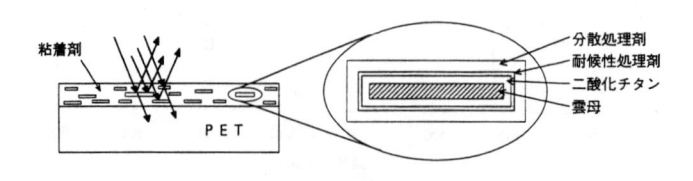

図7　半透過反射板の一例

10.2.4 ホログラムを利用した反射板

1995年,Motorola社は,Polaroid社との共同開発によりホログラムを利用した反射／半透過型LCDを発表している[1]。これは,従来の反射板もしくは半透過反射板の代わりにホログラムフィルムを利用したものでLCDの輝度を2～3倍,コントラストを約2倍に向上させる働きがある。ホログラムは,立体的な情報を記録する観賞用やバーコードリーダー等の光学素子としてよく知られているが,ここでは,LCDへの入射光を表面反射から避けた方向にしかも一定視野角内に拡散反射させる働きがある。ただし,ここで発表されているのは反射型体積ホログラム（Volume Hologram）で,白色光のうちある特定波長領域の光のみ反射させるため背景色が緑色や黄緑色等に着色して見える。そのため,このフィルムを利用できるのはモノクロの反射／半透過型LCDに限られ,反射型カラーLCDには対応できない。反射型で白色のホログラムフィルムは,3層（赤色,緑色および青色）のホログラムを重ね合わせることにより作製することが可能ではあるが,量産時のコストや歩留りの点から商品化には至っていない。

その後Polaroid社は,透過型ホログラムを応用することにより白色ホログラム反射フィルムを発表している[2]。これはホログラム1層だけからなり,1回のレーザー露光により作製することができる。反射光の波長選択性が低く白色入射光を偏ることなく反射させるため,白色の背景色が得られる。表面反射を避けられる点および一定視野角内に拡散反射できる点では,反射型の着色タイプと同様の効果が得られる。白色ホログラム反射フィルムにはこの時発表した表面ホログラム（Surface Relief Hologram）型および開発中の体積ホログラム型の2種類がある。

図8aは,表面ホログラム型の断面構造を示す。ホログラムの基材にはPETが利用され,その表面にホログラムの回折格子を形成するプラスチック樹脂層がある。この回折格子自身は透過型ホログラムであるため,これを反射板として利用するためにアルミニウムが蒸着してある。入射光はアルミ層で反射する。回折格子の深さは200nm程度,ピッチは,1.6μm程度である。アルミ層は,アクリル系粘着剤を介し下側偏光板に貼られる。

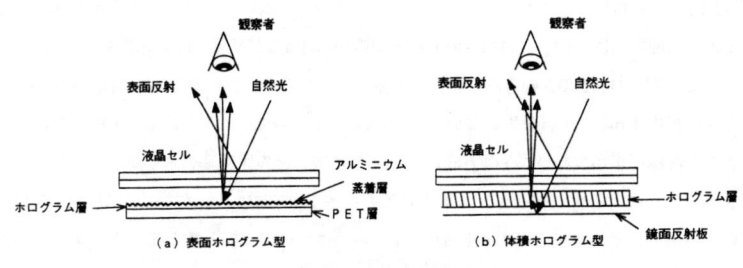

図8 白色ホログラム反射フィルム

図8bは，体積ホログラム型の断面構造を示す。ホログラムの回折格子は，LCDの鉛直方向に対してやや傾斜したブラインド状に高屈折率と低屈折率のポリマー層の繰り返しとしてポリマー層の内部に形成されている。ホログラム層の下部には鏡面反射板を置く。この図に示されるように，ホログラムの再生光が入射する時の角度（ブラッグ角）から大きく異なる方向からディスプレイに入射した自然光は，回折されずにそのままホログラムを透過し鏡面反射板で正反射する。反射光は丁度ブラッグ角に一致する方向から再度ホログラムに入射するため，回折して進む。体積ホログラムは理論的に回折効率が表面ホログラムより高いため，高反射輝度が期待できる。

10.2.5 反射偏光子を利用した反射板

反射偏光子とは，特定の偏光成分を反射しその他の偏光成分を透過させる機能を持つ偏光子である。Philips社が開発したコレステリック液晶フィルムや3M社が開発した屈折率の異なる2種類のポリマーを数百枚積層したフィルム等がある。前者は円偏光を利用した反射板，後者は直線偏光を利用した反射板である。これらの反射板は，最初バックライトの光を有効に利用する目的で開発されたものであるが，後者の反射偏光子を反射型LCDの反射板または半透過反射板として利用する応用例，RDF（Reflective Display Film）が開発されているのでここに紹介する。

高屈折率n_Hの$\lambda/4$膜Hと低屈折率n_Lの$\lambda/4$膜Lを交互に積層した多層膜$(HL)^m H$は，波長λ，$\lambda/3$，$\lambda/5$，‥‥に対する高反射率のミラーとなることが知られており，その最大反射率は，入射側の媒質の屈折率をn_0，基板の屈折率をn_sとして，

$$Rm \fallingdotseq 1 - 4\left(\frac{n_L}{n_H}\right)^{2m}\frac{n_0 n_s}{n_H^2}, \quad m：HL層の数$$

で概算できる。例えば，ZnS（$n_H=2.35/550nm$）とMgF$_2$（$n_L=1.38/550nm$）の組み合わせでは13層で99.5%の反射率が得られる。この式より，n_Lとn_Hの差が小さくても，数多く積層すれば高反射率が得られることがわかる。

RDFの反射偏光子部は，二種類の高分子材料（AおよびB）を交互に数百枚積層した後，一方向（X方向）に延伸することによって作製される。ここで材料Aとしてポリエチレンナフタレート（PEN），材料Bとしてナフタレート：テレフタレート（＝7：3）共重合ポリエステルを用いると，X軸方向に延伸した材料AのX軸方向の屈折率n_{AX}がY軸方向の屈折率n_{AY}に比較して大きくなる一方，材料BのX軸方向の屈折率に変化がないため，材料BはX軸方向の屈折率n_{BX}とY軸方向の屈折率n_{BY}に違いが生じない（$n_{AX}>n_{AY}=n_{BX}=n_{BY}$）。この結果，X軸方向については各層ごとに屈折率が異なり，Y軸方向については各層ごとの屈折率の違いが生じないフィルムができる。さらに，各層の厚みを$\lambda/4$に調節するとX軸方向に入射する偏光は反射しY軸方向に入射する偏光は透過する。これをRGB各々の波長について作製し重ねることにより，ほぼ全可視領域に対する反射偏光子が完成する（図9）。

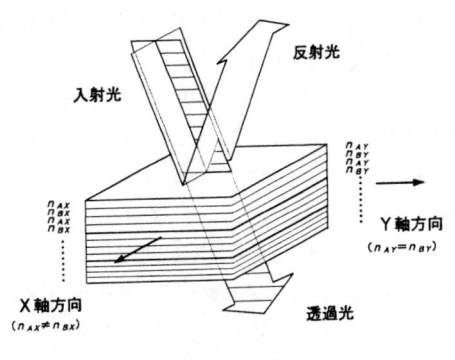

図9 反射偏光子

　この反射偏光子の最大の利点は，下側偏光板を必要としないため明るい反射型LCDを実現できるということにある。反射偏光子自身は鏡面反射特性を持ち，そのまま反射板として利用できないので，この上に白色拡散剤を塗布し反射光に散乱性を持たせている。正反射方向を中心とした30度視野角内に80％以上の光が反射される散乱特性を持たせることにより，良好な表示が得られるとされている[3]。

　RDFを完全反射型LCD（バックライトなし）の反射板として利用する場合，反射偏光子の裏面（光が入射する面と反対の面）に光吸収層を置く。半透過半射板として利用する場合，これは必要ない。ただし，例えばノーマリーホワイトモードにRDFを利用した場合，明所では白色の背景が得られるが，暗所でバックライトを点灯した時は反転表示となる問題がある。これはバックライト点灯時には入力データの変換をすることによって解決できるが，薄暗い環境でバックライト点灯時の輝度と非点灯時の背景輝度がほぼ同じ場合には表示画面が見にくくなるという問題がある。

10.3 液晶セル内部反射板

　液晶セル内部反射板方式は，液晶セルガラスの内側に反射板を形成する方式で，鏡面反射板に前方散乱板や透過型拡散ホログラムを組み合わせる方式[4,5]と内面拡散反射板方式がある。いずれの方式も反射板に導電性金属を用いることにより電極も兼ねることができる。前方散乱板を使用する場合，これと反射板の間にガラス基板が存在することによる視差の問題や入射光の後方散乱によるコントラスト低下の問題がある。回折の原理を用いた異方性散乱フィルムもあるが，散乱機能があるのは特定の入射角度に制限されている。透過型拡散ホログラムについても同様に入射角度の制限がある。

液晶セル内部拡散反射板方式は製造工程が複雑となるが，液晶セル外部反射板方式や前方散乱板方式等で問題となる視差を解決し，表示色が鮮やかになるといった利点がある。アクティブマトリクスの反射型カラーLCDの多くは，この方式を採用している。拡散反射板を得るには，反射板としての金属薄膜に凹凸を持たせることが必要であるが，その方式としては，①加熱やサンドブラスト等により金属薄膜の表面を荒らす方法，②金属と熱膨張率の異なる有機薄膜を加熱しながら金属薄膜を形成することにより微細な凹凸（シワ）を得る方法[6]，③SiO_2等の無機薄膜に凹凸状のテーパーエッチングを施し，その上に金属薄膜を形成する方法，④感光性樹脂等を用い凹凸形状を有する絶縁層を作製し，その上に金属薄膜を形成する方法等多数提案されている。①は，TFTやMIM等のスイッチング素子を破壊するため好ましくない。②は，加熱条件により凹凸形状が大きく左右される可能性がある。③は凹凸形状の制御がある程度可能であるが，④は，さらに③に比べてなだらかな凹凸断面が得られ，凹凸形状の制御もしやすいとされている[7]。

　④の方式の一例を図10に示す。円形状凸部パターンは，感光性樹脂をスピンコートし，円形のパターン孔を持つフォトマスクを用いて露光，現像することにより得られる。その後，パターン上端角部を加熱することにより軟化させ丸みを持たせる。さらに同じ感光性樹脂を円形状凸部パターン上にスピンコートし，ドレイン電極上にコンタクトホールを形成する。その上にアルミニウムを蒸着することにより，液晶セル内部拡散反射板が得られる。

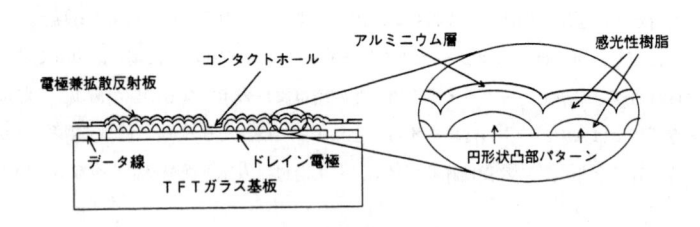

図10　液晶セル内部拡散反射板の一例

10.4　おわりに

　ここに一枚の白紙がある。部屋の照明でも十分明るく反射している。「ペーパーホワイト」の反射板が理想的と言われるが，なぜ紙が反射板に利用できないのか。答えは簡単で，例えば，偏光板を一枚その上に置いて見れば明らかである。暗くて使い物にならない。さらに，カラーフィルターも利用するのであるから，反射型カラーLCDにおいては紙の2倍程度の反射輝度でも反射板としては不十分であろう。LCDに入射する外光量は決められているのであるから，それを有効に反射できる反射板が求められる。反射型LCDにあらゆる方向から入射する自然光全てを

視野角内に集光かつ反射できる反射板があれば理想的であるが，そのような夢の反射板が開発されるのはいつであろうか。

文　　献

1) A.G.Chen *et al.*, *Proc.SID*, 3/4, 159 (1995)
2) M.Wenyon *et al.*, *SID Application Digest*, 28, 691 (1997)
3) 奥村治ら，特開平10-3078
4) T.Uchida *et al.*, Digest of AM-LCD '95, 27 (1995)
5) G.T.Valliath *et al.*, SID 98 Digest, 44.5, 1139 (1998)
6) 今井秀一，特開平5-80327
7) 島田康憲ら，特開平9-152597

11 異方導電フィルム

渡辺伊津夫*

11.1 はじめに

異方導電フィルム（ACF：Anisotropically Conductive Film）は，金属粒子や金属コートプラスチック粒子を分散した接着フィルムであり，その異方導電性及び接着性を利用して，液晶ディスプレイ（LCD: Liquid Crystal Display）では駆動用ICを実装するための接続材料として重要な役割を果たしている。ACFは1980年代のLCD技術の発展と共に狭ピッチ接続性及び接続信頼性が向上したことから，LCDパネルとTCP（Tape Carrier Package）あるいはTCPとプリント基板（PWB:Printed Wiring Board），さらに，ICチップとLCDパネルの電気的接続に広く用いられている。

ここでは，ACFの接続原理，構成材料，電気特性及びACFを用いたLCDでの実装例について述べる。

11.2 接続原理

ACFは，熱可塑性樹脂や熱硬化性樹脂の接着剤に導電粒子を分散させて導電性を付与した接着フィルムである。異方性は，Agペーストのような等方性導電接着剤に比べて導電粒子の充填量を著しく少なくし，体積分率で0.5〜10Vol%に制御することによって付与している[1]。

そのACFの接続原理を図1に示す。加熱，加圧によってマトリックスである接着剤が溶融し，分散されている導電粒子が電極間に捕捉され，フィルム膜厚方向で高い導電性を示す。一方，フィルム面内方向では導電粒子の充填量が少ないため導電粒子同士の接触による隣接電極間の短絡発生がなく，結果として高い絶縁性を示す。導電粒子と接続電極間の接続信頼性は，接着剤の硬化収縮力と高い接着強度，機械的圧力によって弾性変形した導電粒子の復元力によって保持されている。したがって，接着剤の性能及び導電粒子の機械的特性がACFの接続信頼性に大きな影響を及ぼすことになる。

ACFが対応できる接続ピッチは，1984年では200μm程度であったが，接着剤の材料開発と導電粒子の分散技術などの向上によって1990年以降は100μm

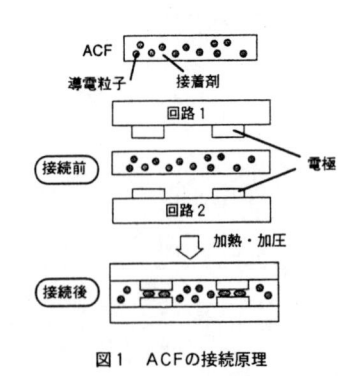

図1 ACFの接続原理

---

* Itsuo Watanabe 日立化成工業㈱ 筑波開発研究所

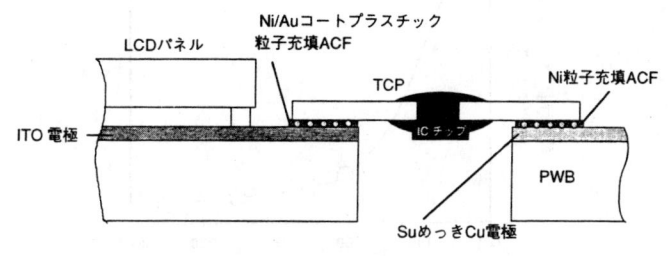

図2　ACFによるTCP接続

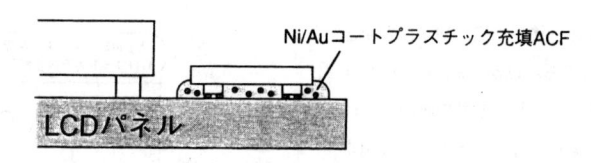

図3　ACFによるCOG接続

以下まで進み，12.6項で述べるようにLCDパネルのTCP接続（図2参照）やCOG接続（図3参照）の狭ピッチ接続材料として実用化されている。

11.3　ACFに用いられる接着剤

ACFの開発当初は，接着剤としてスチレン系ブロック共重合体（スチレン・ブタジエン・スチレン，スチレン・エチレンブチレン・スチレン）などの熱可塑性樹脂が用いられていた。熱可塑性樹脂は熱的に可逆的であり汎用溶媒に可溶であるため，リワーク性に優れるという特長を有している。その反面，耐熱性に劣る，溶融粘度が高く後述するような接続抵抗が高いなどの欠点がある。一方，エポキシ樹脂などの熱硬化性樹脂は，出発材料が反応性のモノマやオ

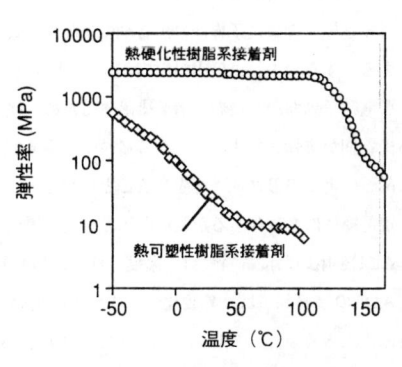

図4　ACFの動的粘弾性

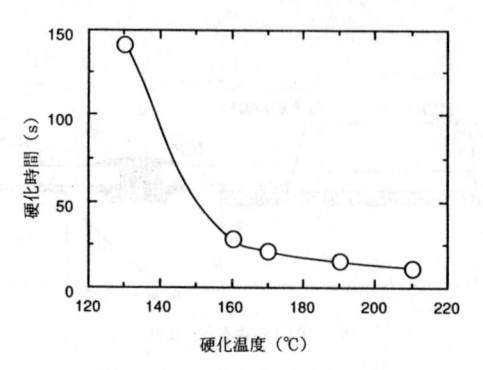

図5 ACFの硬化温度と硬化時間の関係

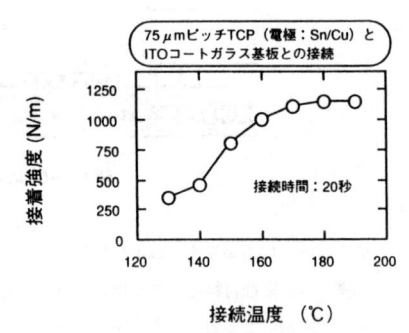

図6 ACFの接続温度と接着強度の関係
接続電極：ITO/TCP(Sn)

リゴマなどであり接着の際，様々な表面との反応が可能であるほか，3次元の橋かけ反応を生じるため，熱可塑性樹脂のように高温域での急激な弾性率低下がなく（図4参照），接着強度及び耐熱性の点で優れている。このため最近では信頼性向上という観点からエポキシ系の熱硬化性樹脂がACFの接着剤として主に用いられている[2]。

また，熱硬化性樹脂は，出発材料として比較的低分子量の反応性材料を用いるため，接続時の溶融粘度が低い。このため，接続部での電極／導電粒子界面の接着剤の排除性に優れており，結果として高い導電性を得ることができる。すなわち，ACF接続では12.2項で述べたように加熱，加圧して接着剤を溶融して電極／導電粒子界面から接着剤層を排除するため，接着剤の溶融粘度が高いと電極／導電粒子界面から接着剤が排除されず，たとえ導電粒子が電極間に捕捉されても電極／導電粒子界面の絶縁性接着剤層によって導通疎外を生じることになる。一方，接着剤の溶融粘度が低い場合，接続抵抗は接続電極種にも依存するが電極同士の接続の場合，10mΩ以下の低抵抗を示す。

ACFを用いた接続特性は，温度，圧力，接続時間のようなプロセス条件に影響を受ける。現在ACFの接着剤には，熱硬化性樹脂が主に用いられているため，硬化反応性は硬化温度や硬化時間に大きく依存している。図5に現在実用化されているエポキシ樹脂系ACFの硬化温度と硬化時間の関係を示す。このACFでは，約170℃以上の加熱をすれば20秒以下の硬化時間で充分な

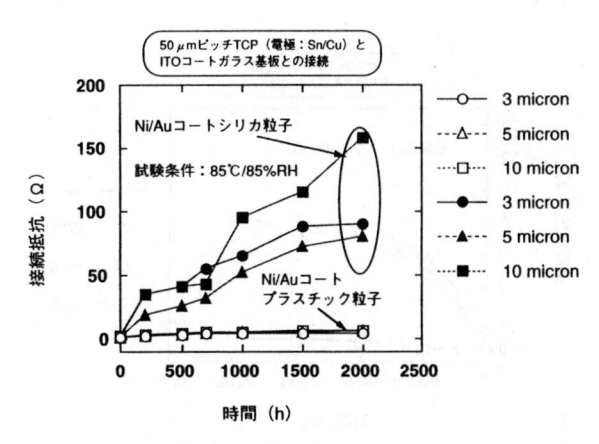

図7 高温・高湿試験後のACFの導電粒子のコア材種と接続抵抗の関係

硬化反応を進めることができる。図6に接着強度の接続温度依存性を示す。硬化反応が充分に進む接続時間20秒，160℃の接続温度以上で1000N／mの高い接着強度が得られる。

11.4 ACFに用いられる導電粒子

11.4.1 金属コートプラスチック粒子

現在，狭ピッチ接続にはACFの導電粒子として直径3〜10μmの球状プラスチック粒子上にNi薄膜を無電解めっき法によって形成した後，Au薄膜を最外層に置換めっきによって形成した導電粒子が用いられている。このような金属コート導電粒子は，加熱・加圧によって弾性変形するため接触面積が増大し，高信頼性の接着剤と組合わせた場合，各種環境下においても安定な接続特性を得ることができる[3]。図7にACFの接続信頼性に及ぼす金属コート導電粒子のコア材の影響を調べるためにシリカ粒子とプラスチック粒子をそれぞれ用い，50μmピッチTCP［電極：SnめっきCu電極（Sn／Cu）］とITOコートガラス基板を接続した時の高温・高湿試験（85℃／85％RH）後の接続抵抗変化を測定した結果を示す。コア材としてシリカ粒子を用いた場合，高温・高湿試験後の接続抵抗は，放置時間とともに増大するが，弾性変形可能なプラスチック粒子をコア材として用いた場合，高温・高湿試験後の接続抵抗変化はほとんどなく，良好な接続信頼性が確保されていることが分かる。図8には50μmピッチTCP（電極：Sn／Cu）とITOコートガラス基板を金属コートプラスチック粒子分散ACFで接続した際の金属コートプラスチック粒子の変形量と接続信頼性の関係を示す。金属コートプラスチック粒子の変形量の増大とともに接続抵抗変化の上昇が抑制され，接続部での導電粒子の変形による接触面積の増大が高

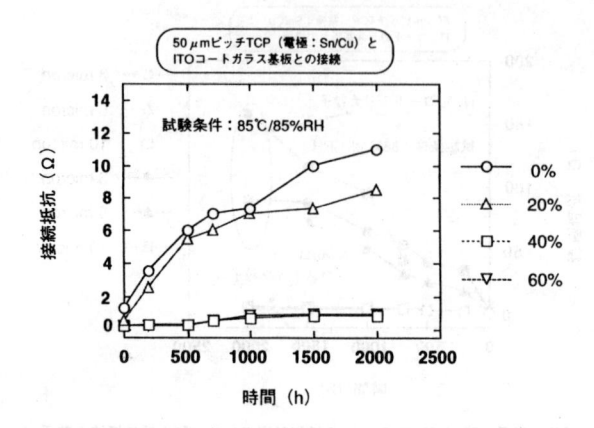

図8 高温・高湿試験後のACFの金属コートプラスチック粒子の変形量と接続抵抗の関係

接続信頼性に寄与していることが分かる。

　金属コートプラスチック粒子は，粒子径のばらつきが小さく，分散性に優れ，後述するように50〜60ミクロンピッチの微細接続においても短絡の発生がなく，現在液晶パネルの出力側の微細接続に実用化されている。

11.4.2 Ni粒子

　Ni粒子は金属コートプラスチック粒子のような変形は生じないが，電極表面に酸化物層を形成しやすい金属電極同士を接続する際に金属酸化物層を突き破るため，安定で接続抵抗の低い接続特性を得るのに有効である。図9にACFに用いられるNi粒子の電子顕微鏡写真を示す。用いられているNi粒子はいがぐり状であり，金属酸化物層を破壊するのに適している形状を持っている。

　図10にAl電極とNi／AuめっきCu電極をACFで接続した際の高温・高湿試験後の接続抵抗を示す。Ni粒子を用いた場合，高温・高湿試験後の接続抵抗変化は金属コートプラスチック粒子に比べ著しく抑えられていることが分かる。Al電極にはXPS測定の結果約40Åの酸化皮膜の形成を確認しており，Ni粒子がAl酸化皮膜を突き破ることによって良好な接続信頼性を示したと考えられる。このように，接続する電極の種類によって金属コートプラスチック粒子とNi粒子を適宜使い分け，良好な接続信頼性を確保できる。12.6項で記述するように，現在金属コートプラスチック粒子はLCDパネルとTCPあるいはICチップとLCDパネル間，Ni粒子はTCPとPWB間の接続に実用化されている。

図9　Ni粒子の電子顕微鏡写真

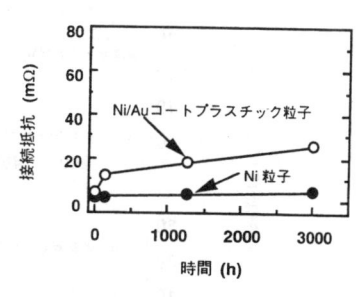

図10　Al電極とNi/AuめっきCu電極をACF接続したときの接続信頼性試験（85℃/85%RH）

11.5　接続特性に及ぼす導電粒子数の影響

接続電極間でのACFの接続抵抗は，ACF中の導電粒子の充填量に大きく依存する。図11に50μmピッチTCP（電極：Sn／Cu）とITOコートガラス基板をACFで接続した際のプレッシャクッカー試験（PCT:121℃／2気圧／180h）後の接続抵抗変化に及ぼす接続電極上の導電粒子（金属コートプラスチック粒子）数の影響を示す。図11から導電粒子数が5個以上で接続抵抗が安定化する。また，50μmピッチTCP（電極：Sn／Cu）とITOコートガラス基板の接続における接続電極上への導電粒子捕捉数及び隣接電極間の短絡発生に及ぼすACF中の導電粒子充填量

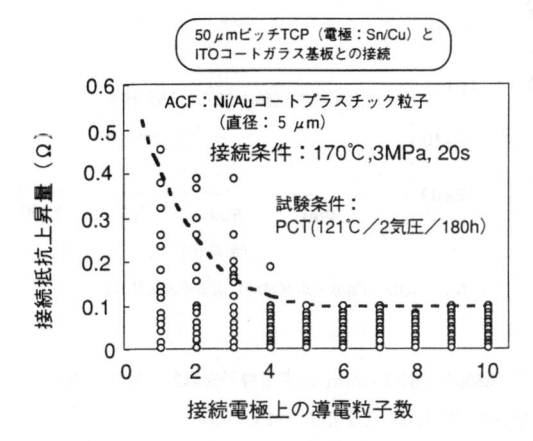

図11　ACFの接続信頼性に及ぼす導電粒子数の影響

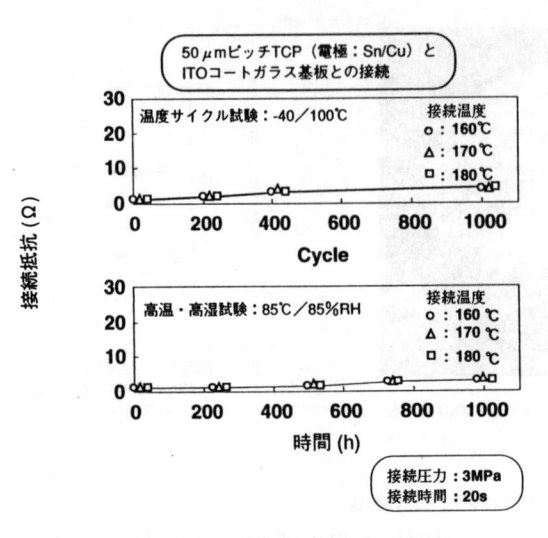

図12 ACFの信頼性試験による接続抵抗変化

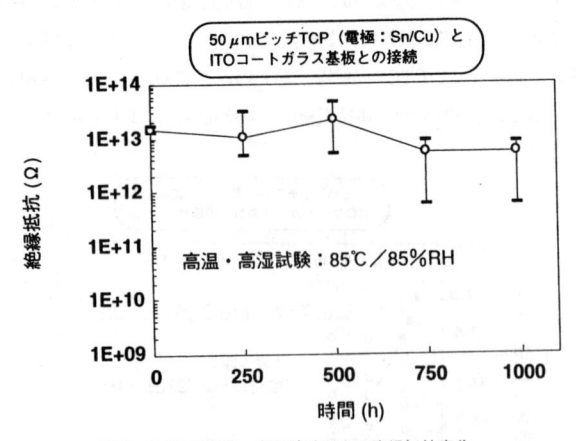

図13 ACFの高温・高湿試験による絶縁抵抗変化

の影響を調べた結果，3500〜5000個／mm²の導電粒子充填量の場合，50μmピッチの微細接続で信頼性の良好なACFが得られることが報告されている[4]。

図12及び図13には導電粒子充填量が4000個／mm²のエポキシ樹脂系ACFを用い，50μmピッ

チのTCP（電極：Sn／Cu）とITOコートガラス基板を接続した際の信頼性試験後の接続抵抗及び絶縁抵抗変化をそれぞれ示す。温度サイクル試験（-40℃／100℃，1000サイクル）と高温・高湿試験（85℃／85％RH，1000h）による接続抵抗変化はいずれも小さく安定している。また，高温・高湿試験（85℃／85％RH，1000h）後の絶縁抵抗は10^{11}Ω以上を保持しており50μmピッチの微細接続に対応できることが分かる。

11.6 ACFを用いたLCDでの実装例

11.6.1 ACFによるTCP接続

(1) LCDパネルとTCPの接続

LCDは，10.4型VGA（640×RGB×480）からSVGA（800×RGB×600）へさらに12.1型XGA（1024×RGB×768）へと大型化，高精細化，狭額縁化（表示部の拡大化）が進んでおり，LCDパネルとTCPの接続（出力側接続）では接続ピッチの微細化が要求されている。現在LCDメーカーでは，前述した微細接続用ACFを用いることに加え，TCPのピッチ精度，実装装置の位置合わせ精度や接続精度の向上など実装技術の向上によって，LCDモジュールのACFによる出力側接続は，60～70μm程度まで実用化が進んでいる。図14にLCDパネルとTCPをACFで接続した際の接続部の断面写真を示す。

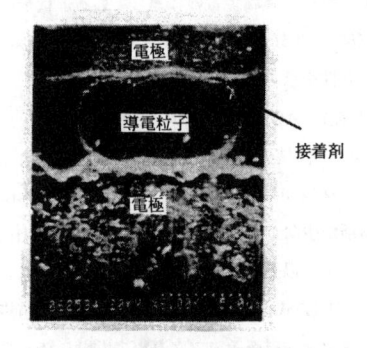

図14 ACF接続部断面の電子顕微鏡写真

ACFによる出力側接続では，このような微細接続化のほかLCDパネルの表示画面の大型化に伴い，パネル周囲の縮小化，すなわち，狭額縁化が進行し，ACFによる出力側接続領域の縮小化が進んでいる。1990年代初めは約5mm程度あった接続領域は，現在約2mmとなり，今後，さらに，接続領域の縮小化が進むと言われている[5]。TCP接続領域の縮小化は，ACFの接着面積が減少するため，接続信頼性を確保するために，さらなる接着強度の向上が重要である。

(2) TCPとPWBの接続

従来，TCPとPWBとの接続（入力側接続）にははんだが用いられていたが，TCPの狭ピッチ化が進み，はんだ接続では対応が困難（0.4mmが限界と言われている）[6]になってきている。はんだ接続でのTCPの接続電極は，基材のポリイミドフィルムが除去されたSnめっきCu電極のみであるが，ACF接続では出力側と同様SnめっきCu電極がポリイミドフィルムで保護されている（ポリイミドフィルムが基材として存在）ことから，接続時の接続電極への熱応力を低減する上で有効である。また，鉛フリーであり，フラックス洗浄が不要であることから，環境にやさしい

という特長があり，入力側接続においてもはんだからACFによる接続へ移行している[7]。

入力側接続では，出力側接続の場合に比べて微細接続性は要求されない（200～400μmピッチ）が，低接続抵抗で大きい電流容量が要求される。この接続用途では，導電粒子として前述したような金属電極間の接続に有効なNi粒子を分散したACFが用いられている。このNi粒子は金属コートプラスチック粒子のような変形は生じないが，電極表面に酸化物層を形成しやすい金属電極同士を接続する際に金属酸化物層を突き破るため，安定で接続抵抗の低い接続を確保するのに有効である。既に，図9に示したように，用いられているNi粒子はいがぐり状であり，金属酸化物層を破壊するのに適している形状を持っており，100mA通電下，高温・高湿信頼性試験（85℃／85％RH，1000h）後の接続抵抗変化は，通電の有無にかかわらず小さく，良好な接続信頼性を示すことが明らかにされている[8]。

11.6.2 ACFによるCOG接続

LCD実装分野では，低コスト化・高精細化に対応した新しい実装形態としてICチップを直接LCDパネルに搭載するCOG接続が注目されている[9]。COG接続は，実装の構成部品数や接続個所が少なく，信号ケーブルの基板への自由度が大きいことからコンパクトな実装が可能であり，主に中型以下のパネルへ適用されている。

COG方式として当初は等方性導電接着剤を介して電気的接続を確保し，エポキシ樹脂系のアンダフィル材をチップ／基板の間隙に注入する方式が検討されていたが[10]，現在は異方導電性と封止機能を有するACFが，プロセス簡易性という観点から主流になっており，実用化が始まっている。

COG接続ではチップのバンプを接続電極としているためTCP接続に比べて接続面積が小さくなることから，微小接続電極上に導通を確保するのに充分な数の導電粒子をいかに捕捉するかが高い接続信頼性を得る上で重要である。

COG接続用ACFとしては，導電粒子（Ni／Auコートプラスチック粒子）を分散した接着剤層（導電粒子層）と接着剤のみの層（接着剤層）を積層した二層構成にすることによって，ICチップと基板間の接着とICチップ電極間の絶縁機能は接着剤層に，導電機能は導電粒子層に持たせた機能分離型のACFが開発されている（図15参照）[11～13]。このACFは，従来の単層構成

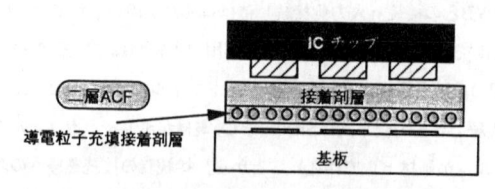

図15 機能分離型二層構成ACFの断面概略図

に比べバンプ上に効率良く導電粒子を捕捉させることができる（図16参照）ため，微小バンプへの適用性，狭ピッチでの接続性に優れているという特徴を有している。

以前，ACFによるCOG接続は，検査，リペア，信頼性などの技術課題が指摘されていたが，現在ではACFの高信頼性化，接続装置を含めた実装プロセス技術の向上が進み，小型から中型のTFT-LCD，例えば，3～6インチクラスのビデオカメラやカーナビ用モニタに実用化されている。

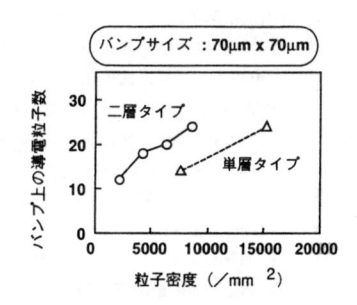

図16 ACF中の導電粒子密度とチップバンプ上の導電粒子数の関係

11.7 おわりに

以上述べたようにACFは，金属コートプラスチック粒子やNi粒子などの導電粒子と接着性高分子の組み合わせという簡単な構成にもかかわらず，フィルム膜厚方向での高い導電性，フィルム面内での高い絶縁性及び接着の3つの機能を有したユニークな実装材料である。これまで，ACFはその機能を活かしてLCD実装分野で重要な役割を果たしてきたが，今後はプラズマディスプレイやフィールドエミッションディスプレイなど他のフラットパネルディスプレイの実装材料への展開が期待されている。

文　　献

1) 山口ら，サーキットテクノロジー，4, 362 (1989)
2) 塚越ら，日立化成テクニカルレポート，No.22, 13 (1994)
3) N.Shiozawa, K. Isaka and T. Ohta, "Electronic Properties of Connections by AnisotropicConductive Film" J. Electronics Manufacturing, vol. 5, No.1, pp.33-37 (1995)
4) 後藤泰史，渡辺伊津夫，小林宏治："微細接続用異方導電フィルム"，ディスプレイ，Vol.2, No.8 (1996) 38-42.
5) 嘉田守宏，千川保憲："狭額縁化と低コスト化を目指すTCPの最新動向と実装技術"，表面実装技術,Vol.6, No.10 (1996) 12-16.
6) 竹内政雄，"TAB半田付装置及びACF接合装置の動向"，月刊ディスプレイ，Vol.2, No.8 (1996)

50-55.
7) 川口久雄,"シャープの狭ピッチ実装,ドライバICとプリント基板をACFで接続",日経マイクロデバイス, No.106 (1995) 137-149.
8) 太田共久,"異方性導電フィルム",プリント回路学会先進実装部会報告 (1993.7) 59-62.
9) H.M. van Noort, M. J. H. Kloos and H. E. A.Schafer, "nisotropic Conductive Adhesives for Chip on Glass and Other Flip Chip Applications", Adhesives in Electronics '94 (1994)
10) 富樫清吾:"液晶テレビのLCDモジュール実装技術",表面実装技術, Vol.6, No.10 (1996) 41-44.
11) H. Hirosawa, I. Tsukagoshi, H. Matsuoka, I. Watanabe, K. Takemura, N.Shiozawa and T. Ohta, "Double-layer Anisotropic Conductive Adhesive Films", 1995 Display Manufacturing Technology Conference, Digest of Technical Papers, 2 (1995) 17-18.
12) 渡辺伊津夫,竹村賢三,塩沢直行,渡辺治,小島和良,広沢幸寿:"二層構成異方導電フィルムの開発",日立化成テクニカルレポート, No.26 (1996) 13-16.
13) I. Watanabe, K. Takemura, N. Shiozawa and T. Ohta :"Flip Chip Interconnection Technology Using Anisotropic Conductive Adhesive Films" in John H. Lau, Flip Chip Technology, Chapter 9, McGraw Hill (1996) 301-315.

《CMC テクニカルライブラリー》発行にあたって

弊社は、1961年創立以来、多くの技術レポートを発行してまいりました。これらの多くは、その時代の最先端情報を企業や研究機関などの法人に提供することを目的としたもので、価格も一般の理工書に比べて遙かに高価なものでした。

一方、ある時代に最先端であった技術も、実用化され、応用展開されるにあたって普及期、成熟期を迎えていきます。ところが、最先端の時代に一流の研究者によって書かれたレポートの内容は、時代を経ても当該技術を学ぶ技術書、理工書としていささかも遜色のないことを、多くの方々が指摘されています。

弊社では過去に発行した技術レポートを個人向けの廉価な普及版《CMC テクニカルライブラリー》として発行することとしました。このシリーズが、21世紀の科学技術の発展にいささかでも貢献できれば幸いです。

2000年12月

株式会社 シーエムシー出版

反射型カラー液晶ディスプレイ技術　　(B736)

1999年 3月 1日 初 版 第1刷発行
2004年11月26日 普及版 第1刷発行

監　修　　内田 龍男　　　　　　Printed in Korea
発行者　　島 健太郎
発行所　　株式会社 シーエムシー出版
　　　　　東京都千代田区内神田 1-13-1
　　　　　電話 03（3293）2061

〔印刷〕 株式会社高成 HI-TECH　　　　© T. Uchida, 2004

定価は表紙に表示してあります。
落丁・乱丁本はお取替えいたします。

ISBN4-88231-843-1　C3054　¥4200 E

☆本書の無断転載・複写複製（コピー）による配布は、著者および出版社の権利の侵害になりますので、小社あて事前に承諾を求めて下さい。

CMCテクニカルライブラリーのご案内

ポリマーバッテリー
監修／小山 昇
ISBN4-88231-838-5　　　　　　B731
A5判・232頁　本体3,500円＋税　（〒380円）
初版1998年7月　普及版2004年8月

構成および内容：ポリマーバッテリーの開発課題と展望／ポリマー負極材料（炭素材料／ポリアセン系材料）／ポリマー正極材料（導電性高分子／有機硫黄系化合物 他）／ポリマー電解質（ポリマー電解質の応用と実用化／PEO系／PAN系ゲル状電解質の機能特性 他）／セパレーター／リチウムイオン二次電池におけるポリマーバインダー／他
執筆者：小山昇／髙見則雄／矢田静邦 他22名

ハイブリッドマイクロエレクトロニクス技術
監修／
ISBN4-88231-835-0　　　　　　B728
A5判・327頁　本体3,900円＋税　（〒380円）
初版1985年9月　普及版2004年7月

構成および内容：［総論編］ハイブリッドマイクロエレクトロニクス技術とその関連材料［基板技術・材料編］新SiCセラミック基板・材料 他［膜形成技術編］厚膜ペースト材料と膜形成技術 他［パターン加工技術編］スクリーン印刷技術 他［後処理プロセス・実装技術編］ガラス，セラミックス封止技術と材料 他［信頼性・評価編］ 他
執筆者：二瓶公志／浦 満／内海和明 他30名

電気化学キャパシタの開発と応用
監修／西野 敦・直井勝彦
ISBN4-88231-830-X　　　　　　B723
A5判・170頁　本体2,700円＋税　（〒380円）
初版1998年10月　普及版2004年6月

構成および内容：［総論編］序章／電気化学的な電荷貯蔵現象／電気二層キャパシタ（EDLC）の原理 他［技術・材料編］コイン型，円筒型キャパシタの構造と製造方法／水溶液系電気二重層キャパシタ／分極性カーボン材料／電解質材料 他［応用編］電気二重層キャパシタの用途／電気二重層キャパシタの電力応用 他
執筆者：西野敦／直井勝彦／末松俊造 他5名

電磁シールド技術と材料
監修／関 康雄
ISBN4-88231-814-8　　　　　　B707
A5判・192頁　本体2,800円＋税　（〒380円）
初版1998年9月　普及版2003年12月

構成および内容：EMC規格・規制の最新動向／電磁シールド材料（無電解メッキと材料・イオンプレーティングと材料 他）／電波吸収体（電波吸収理論・電波吸収体の評価法・軟磁性金属を使用した吸収体 他）／電磁シールド対策の実際（銅ペーストを用いたEMI対策プリント配線板・コンピュータ機器の実施例）／他
執筆者：渋谷昇／平戸昌利／德田正滿 他15名

半導体セラミックスの応用技術
監修／塩﨑 忠
ISBN4-88231-800-8　　　　　　B693
A5判・223頁　本体2,800円＋税　（〒380円）
初版1985年2月　普及版2003年6月

構成および内容：［材料編］酸化物電子伝導体／イオン伝導体／アモルファス半導体／［応用編］NTCサーミスタ／PTCサーミスタ／CTRサーミスタ／$SrTiO_3$系半導体セラミックスコンデンサ／チタン酸バリウム系半導体コンデンサ／バリスタ／ガスセンサ／固体電解質応用センサ／セラミック湿度センサ／光起電力素子 他
執筆者：塩﨑忠／宮内克己／仁田昌二 他15名

エレクトロニクスパッケージ技術
編著／英 一太
ISBN4-88231-796-6　　　　　　B689
A5判・242頁　本体3,600円＋税　（〒380円）
初版1998年5月　普及版2003年4月

構成および内容：まだまだ続くICの高密度化・大型化・多ピン化／ICパッケージング技術の変遷／半導体封止技術（エポキシ樹脂の硬化触媒・低応力化のためのエポキシ樹脂の可撓性付与技術／CTBNによるエポキシ樹脂の低応力化と低収縮化／ポップコーン現象／層間剥離 他）／プリント配線用材料／マルチチップモジュール／次世代の実装技術と実用材料／次世代のソルダーマスク技術

非接触ICカードの技術と応用
監修／宮村雅隆・中崎泰貴
ISBN4-88231-788-5　　　　　　B681
A5判・257頁　本体3,600円＋税　（〒380円）
初版1998年3月　普及版2003年2月

構成および内容：［総論編］非接触ICカード事業の展開／RFIDのLSIと通信システム／［応用編］テレホンカード／CLカードによるキャッシュレス／保健・医療／乗車券システム／ゲートレス運賃徴収システム／高速道路システム／RFIDセキュリティシステム 他［材料・技術編］カード用フィルム・シート材料／アンテナコイル 他
執筆者：石上圭太郎／西下一久／中崎泰貴 他28名

フォトポリマーの基礎と応用
監修／山岡亜夫
ISBN4-88231-787-7　　　　　　B680
A5判・336頁　本体4,300円＋税　（〒380円）
初版1997年1月　普及版2003年3月

構成および内容：フォトポリマーの基礎／光機能材料を支えるフォトケミストリー［レジストの最新応用技術］金属エッチング用／フォトファブリケーション用／リソグラフィ／製版材／レーザー露光用 他［ディスプレイとフォトポリマー］ カラーフィルター／LCD／表面光反応と表面機能化／電着レジスト／ヒートモード記録の発展 他
執筆者：山岡亜夫／唐津孝／青合利明 他15名

※ 書籍をご購入の際は、最寄りの書店にご注文いただくか、
㈱シーエムシー出版のホームページ（http://www.cmcbooks.co.jp/）にてお申し込み下さい。

CMCテクニカルライブラリーのご案内

人工格子の基礎
監修／權田俊一
ISBN4-88231-786-9　　　　　　B679
A5判・204頁　本体3,000円＋税（〒380円）
初版1985年3月　普及版2003年2月

構成および内容：総論（電気的性質・光学的性質・磁気的性質）／半導体人工格子（設計と物性・作製技術・応用）／アモルファス半導体人工格子（デバイス応用）／磁性人工格子／金属人工格子／有機人工格子／その他（グラファイト・インターカレーション，その他のインターカレーション化合物）
執筆者：權田俊一／八百隆文／佐野直克　他10名

光機能と高分子材料
監修／市村國宏
ISBN4-88231-785-0　　　　　　B678
A5判・273頁　本体3,800円＋税（〒380円）
初版1996年5月　普及版2003年1月

構成および内容：［基礎編］新たな光技術材料／光機能素材／［応用編］メソフェーズと光機能／光化学反応と光機能（超微細加工用レジスト・可視光重合開始剤・光硬化性オリゴマー　他）／光の波動性と光機能／偏光特性高分子フィルム・非線形光学高分子とフォトポリマー・高分子光学材料／新しい光源と光機能化（エキシマレーザー　他）
執筆者：市村國宏／堀江一之／森野慎也　他20名

圧電材料とその応用
監修／塩嵜忠
ISBN4-88231-777-X　　　　　　B670
A5判・293頁　本体4,000円＋税（〒380円）
初版1987年12月　普及版2002年11月

構成および内容：圧電材料の製造法／圧電セラミックス／高分子・複合圧電材料／セラミック圧電材料・電歪材料／弾性表面波フィルタ／水晶振動子／狭帯域二重モードSAWフィルタ／圧力・加速度センサ・超音波センサ／超音波診断装置／超音波顕微鏡／走査型トンネル顕微鏡／赤外撮像デバイス／圧電アクチュエータ　他
執筆者：塩嵜忠／佐藤弘明／川島宏文　他14名

多層薄膜と材料開発
編集／山本良一
ISBN4-88231-774-5　　　　　　B667
A5判・238頁　本体3,200円＋税（〒380円）
初版1986年7月　普及版2002年10月

構成および内容：積層化によって実現される材料機能／層状物質…自然界にある積層構造（インタカレーション効果・各種セパレータ）／金属多層膜（非晶質人工格子・多層構造の配線材料）／セラミック多層膜／半導体超格子一多層膜（バンド構造の制御・超周期効果）／有機多層膜（電子機能・光機能性材料・化学機能材料）他
執筆者：山本良一／吉川明静／山本寛　他13名

二次電池の開発と材料
ISBN4-88231-754-0　　　　　　B647
A5判・257頁　本体3,400円＋税（〒380円）
初版1994年3月　普及版2002年3月

構成および内容：電池反応の基本／高性能二次電池設計のポイント／ニッケル-水素電池／リチウム系二次電池／ニカド蓄電池／鉛蓄電池／ナトリウム-硫黄電池／亜鉛-臭素電池／有機電解液系電気二重層コンデンサ／太陽電池システム／二次電池回収システムとリサイクルの現状　他
執筆者：高村勉／神田基／山木準一　他16名

強誘電性液晶ディスプレイと材料
監修／福田敦夫
ISBN4-88231-741-9　　　　　　B634
A5判・350頁　木体3,500円＋税（〒380円）
初版1992年4月　普及版2001年9月

構成および内容：次世代液晶とディスプレイ／高精細・大画面ディスプレイ／テクスチャーチェンジパネルの開発／反強誘電性液晶の強誘電性液晶への応用／次世代液晶化合物の開発／強誘電性液晶材料／ジキラル型強誘電性液晶化合物／スパッタ法による低抵抗ITO透明導電膜　他
◆**執筆者**：李robust／神辺純一郎／鈴木康　他36名

イオンビーム技術の開発
編集／イオンビーム応用技術編集委員会
ISBN4-88231-730-3　　　　　　B623
A5判・437頁　本体4,700円＋税（〒380円）
初版1989年4月　普及版2001年6月

構成および内容：イオンビームと個体との相互作用／発生と輸送／装置／イオン注入による表面改質技術／イオンミキシングによる表面改質技術／薄膜形成表面被覆技術／表面除去加工技術／分析評価技術／各国の研究状況／日本の公立研究機関での研究状況　他
◆**執筆者**：藤本文範／石川順三／上條栄治　他27名

半導体封止技術と材料
著者／英一太
ISBN4-88231-724-9　　　　　　B617
A5判・232頁　本体3,400円＋税（〒380円）
初版1987年4月　普及版2001年7月

構成および内容：〈封止技術の動向〉ICパッケージ／ポストモールドとプレモールド方式／表面実装〈材料〉エポキシ樹脂の変性／硬化／低応力化／高信頼性VLSIセラミックパッケージ／プラスチックチップキャリア／構造／加工／リード／信頼性試験〈GaAs〉高速論理素子／GaAsダイ／MCV〈接合技術と材料〉TAB技術／ダイアタッチ　他

※書籍をご購入の際は、最寄りの書店にご注文いただくか、
㈱シーエムシー出版のホームページ（http://www.cmcbooks.co.jp/）にてお申し込み下さい。

CMCテクニカルライブラリーのご案内

高分子制振材料と応用製品
監修／西澤 仁
ISBN4-88231-823-7　　　　　　　B716
A5判・286頁　本体4,300円＋税（〒380円）
初版1997年9月　普及版2004年4月

構成および内容：振動と騒音の規制について／振動制振技術に関する最新の動向／代表的制振材料の特性［素材編］ゴム・エストラマー／ポリノルボルネン系制振材料／振動・衝撃吸収材の開発 他［材料編］制振塗料の特徴 他／各産業分野における制振材料の応用（家電・OA製品／自動車／建築 他）／薄板のダンピング試験
執筆者：大野進一・長松昭男・西澤仁 他26名

複合材料とフィラー
編集／フィラー研究会
ISBN4-88231-822-9　　　　　　　B715
A5判・279頁　本体4,200円＋税（〒380円）
初版1994年1月　普及版2004年4月

構成および内容：［総括編］フィラーと先端複合材料［基礎編］フィラー概論／フィラーの界面制御／フィラーの形状制御／フィラーの補強理論 他［技術編］複合加工技術／反応射出成形技術／表面処理技術 他［応用編］高強度複合材料／導電，EMC材料／記録材料 他［リサイクル編］プラスチック材料のリサイクル動向 他
執筆者：中尾一宗・森田幹郎・相馬勲 他21名

環境保全と膜分離技術
編著／桑原和夫
ISBN4-88231-821-0　　　　　　　B714
A5判・204頁　本体3,100円＋税（〒380円）
初版1999年11月　普及版2004年3月

構成および内容：環境保全及び省エネ・省資源に対する社会的要請／環境保全及び省エネ・省資源に関する法規制の現状と今後の動向／水関連の膜利用技術の現状と今後の動向（水関連の膜処理技術の全体概要 他）／気体分離関連の膜処理技術の現状と今後の動向（気体分離関連の膜処理技術の概要）／各種機関の活動及び研究開発動向／各社の製品及び開発動向／特許からみた各社の開発動向

高分子微粒子の技術と応用
監修／尾見信三・佐藤壽彌・川瀬 進
ISBN4-88231-827-X　　　　　　　B720
A5判・336頁　本体4,700円＋税（〒380円）
初版1997年8月　普及版2004年2月

構成および内容：序論［高分子微粒子合成技術］懸濁重合法／乳化重合法／非水系重合粒子／均一径微粒子の作成／スプレードライ法／複合エマルジョン／微粒子凝集法／マイクロカプセル化／高分子粒子の粉砕 他［高分子微粒子の応用］塗料／コーティング材／エマルション粘着剤／土木・建築／診断薬担体／医療と微粒子／化粧品 他
執筆者：川瀬 進・上山雅文・田中眞人 他33名

ファインセラミックスの製造技術
監修／山本博孝・尾崎義治
ISBN4-88231-826-1　　　　　　　B719
A5判・285頁　本体3,400円＋税（〒380円）
初版1985年4月　普及版2004年2月

構成および内容：［基礎論］セラミックスのファイン化技術（ファイン化セラミックスの応用 他）［各論A（材料技術）］超微粒子技術／多孔体技術／単結晶技術［各論B（マイクロ材料技術）］気相薄膜技術／ハイブリット技術／粒界制御技術［各論C（製造技術）］超急冷技術／接合技術／HP・HIP技術 他
執筆者：山本博孝・尾崎義治・松村雄介 他32名

建設分野の繊維強化複合材料
監修／中辻照幸
ISBN4-88231-818-0　　　　　　　B711
A5判・164頁　本体2,400円＋税（〒380円）
初版1998年8月　普及版2004年1月

構成および内容：建設分野での繊維強化複合材料の開発の経緯／複合材料に用いられる材料と一般的な成形方法／コンクリート補強用連続繊維筋／既存コンクリート構造物の補修・補強用繊維強化複合材料／鉄骨代替用繊維強化複合材料／繊維強化コンクリート／繊維強化複合材料の将来展望 他
執筆者：中辻照幸・竹田敏和・角田敦 他9名

医療用高分子材料の展開
監修／中林宣男
ISBN4-88231-813-X　　　　　　　B706
A5判・268頁　本体4,000円＋税（〒380円）
初版1998年3月　普及版2003年12月

構成および内容：医療用高分子材料の現状と展望（高分子材料の臨床検査への応用 他）／ディスポーザブル製品の開発と応用／医療用膜用高分子材料／ドラッグデリバリー用高分子の新展開／生分解性高分子の医療への応用／組織工学を利用したハイブリッド人工臓器／生体・医療用接着剤の開発／医療用高分子の安全性評価／他
執筆者：中林宣男・岩崎泰彦・保坂俊太郎 他25名

超高温利用セラミックス製造技術
ISBN4-88231-816-4　　　　　　　B709
A5判・275頁　本体3,500円＋税（〒380円）
初版1985年11月　普及版2003年11月

構成および内容：超高温技術を応用したファインセラミックス製造技術の現状と展望／ファインセラミックス創成の基礎／レーザーによるセラミックス合成と育成技術／レーザーCVD法による新機能膜創成技術／電子ビーム，レーザおよびアーク熱源による超微粒子製造技術／セラミックスの結晶構造解析法とその高温利用技術／他
執筆者：佐多敏之・中村哲朗・奥冨宏 他8名

※ 書籍をご購入の際は、最寄りの書店にご注文いただくか、
㈱シーエムシー出版のホームページ（http://www.cmcbooks.co.jp/）にてお申し込み下さい。

CMCテクニカルライブラリー のご案内

プラスチック成形加工による高機能化
監修／伊澤槇一
ISBN4-88231-812-1　　　　　　B705
A5判・275頁　本体3,800円＋税（〒380円）
初版1997年9月　普及版2003年11月

構成および内容：総論（成形加工複合化の流れ／自由空間での構造形成を伴う成形加工）／コンパウンドと成形の一体化／成形技術の複合化／複合成形機械／新素材・ポリマーアロイと組み合わせる成形加工の高度化／成形と二次加工との一体化による高度化（IMC（インモールドコーティング）技術の開発／異形断面製品の押出成形法 他）
執筆者：伊澤槇一／小山清人／森脇毅 他23名

機能性超分子
監修／緒方直哉／寺尾 稔／由井伸彦
ISBN4-88231-806-7　　　　　　B699
A5判・263頁　本体3,400円＋税（〒380円）
初版1998年6月　普及版2003年10月

構成および内容：機能性超分子の設計と将来展望／超分子の合成（光機能性デンドリマー／シュガーボール／カテナン 他）／超分子の構造（分子凝集設計と分子イメージング／水溶液中のナノ構造体 他）／機能性超分子の設計と応用展望（リン脂質高分子表面／星型ポリマー塗料／生体内分解性超分子 他）／特許からみた超分子のR＆D／他
執筆者：緒方直哉／相田卓三／柿本雅明 他42名

プラスチックメタライジング技術
著者／英 一太
ISBN4-88231-809-1　　　　　　B702
A5判・290頁　本体3,700円＋税（〒380円）
初版1985年11月　普及版2003年10月

構成および内容：プラスチックメッキ製品の設計／メタライジング用プラスチック材料／電気メッキしたプラスチック製品の規格／メタライジングの方法／メタライジングのための表面処理／プラスチックメッキの装置の最近の動向／プラスチックメッキのプリント配線板への応用／電磁波シールドのプラスチックメタライジング技術の応用／メタライズドプラスチックの回路加工技術／他

絶縁・誘電セラミックスの応用技術
監修／塩﨑 忠
ISBN4-88231-808-3　　　　　　B701
A5判・262頁　本体2,700円＋税（〒380円）
初版1985年8月　普及版2003年8月

構成および内容：［基礎編］電気絶縁性と伝導性／誘電性と強誘電性［材料編］絶縁性セラミックス／誘電性セラミックス［応用編］厚膜回路基板／薄膜回路基板／多層回路基板／セラミック・パッケージ／サージアブソーバ／マイクロ波用誘電体基板と導波路／マイクロ波用誘電体立体回路／温度補償用セラミックコンデンサ／他
執筆者：塩﨑忠／吉田真／篠崎和夫 他18名

炭化ケイ素材料
監修／岡村清人
ISBN4-88231-803-2　　　　　　B696
A5判・209頁　本体2,700円＋税（〒380円）
初版1985年9月　普及版2003年9月

構成および内容：［基礎編］"有機金属ポリマーからセラミックスへの転換"の発展過程／特徴／セラミックスの前駆体としての有機ケイ素ポリマー／有機ケイ素ポリマーの熱分解過程／炭化ケイ素繊維の機械的特性／［応用編］炭化ケイ素繊維／Si-Ti-C-O系繊維の開発／SiC ミニイグナイター／複合反応焼結体／耐熱電線・耐熱塗料／他
執筆者：岡村清人／長谷川良雄／石川敏功 他7名

ポリマーアロイの開発と応用
監修／秋山三郎・伊澤槇一
ISBN4-88231-795-8　　　　　　B688
A5判・302頁　本体4,200円＋税（〒380円）
初版1997年4月　普及版2003年4月

構成および内容：［総論］構造制御／ポリマーの相溶化／リサイクル／［材料編］ポリプロピレン系／ポリスチレン系／ABS系／PMMA系／ポリフェニレンエーテル系他［応用編］自動車材料／塗料／接着剤／家電・OA機器ハウジング／EMIシールド材料／電池材料／光ディスク／プリント配線板用樹脂／包装材料／弾性体／医用材料／他
執筆者：野島修一／秋山三郎／伊澤槇一 他33名

プラスチックリサイクルの基本と応用
監修／大柳 康
ISBN4-88231-794-X　　　　　　B687
A5判・398頁　本体4,900円＋税（〒380円）
初版1997年3月　普及版2003年4月

構成および内容：ケミカルリサイクル／サーマルリサイクル／複合再生とアロイ／添加剤／［動向］欧米／国内／関連法規／［各論］ポリオレフィン／ポリスチレン他／産業別／自動車／家電製品／廃パソコン他［技術］分離・分別技術／高炉原料化／油化・ガス化装置／［製品設計・法規制・メンテナンス］PLと品質保証／LCA 他
執筆者：大柳康／三宅彰／稲谷稔宏 他30名

透明導電性フィルム
監修／田畑三郎
ISBN4-88231-780-X　　　　　　B673
A5判・277頁　本体3,800円＋税（〒380円）
初版1986年8月　普及版2002年12月

構成および内容：透明導電性フィルム・ガラス概論／［材料編］ポリエステル／ポリカーボネート／PES／ポリロール／ガラス／金属蒸着フィルム／［応用編］液晶表示素子／エレクトロルミネッセンス／タッチパネル／自動預金支払機／圧力センサ／電子機器包装／LCD／エレクトロクロミック素子／プラズマディスプレイ 他
執筆者：田畑三郎／光׾雄二／磯松則夫 他25名

※書籍をご購入の際は、最寄りの書店にご注文いただくか、㈱シーエムシー出版のホームページ(http://www.cmcbooks.co.jp/)にてお申し込み下さい。

CMCテクニカルライブラリーのご案内

高分子の難燃化技術
監修／西沢 仁
ISBN4-88231-779-6　　　　　B672
A5判・427頁　本体4,800円＋税（〒380円）
初版1996年7月　普及版2002年11月

構成および内容：各産業分野における難燃規制と難燃製品の動向（電気・電子部品／鉄道車両／電線・ケーブル／建築分野における難燃化／自動車・航空機・船舶／繊維製品等）／有機材料の難燃現象の理論／各種難燃剤の種類、特徴と特性（臭素系・塩素系・リン系・酸化アンチモン系・水酸化アルミニウム・水酸化マグネシウム 他）
執筆者：西沢仁・冠木公明・吉川高雄 他15名

ポリマーセメントコンクリート／ポリマーコンクリート
著者／大濱嘉彦・出口克宣
ISBN4-88231-770-2　　　　　B663
A5判・275頁　本体3,200円＋税（〒380円）
初版1984年2月　普及版2002年9月

構成および内容：コンクリート・ポリマー複合体（定義・沿革）／ポリマーセメントコンクリート（セメント・セメント混和用ポリマー・消泡剤・骨材・その他の材料）／ポリマーコンクリート（結合材・充てん剤・骨材・補強剤）／ポリマー含浸コンクリート（防水性および耐凍結融解性・耐薬品性・耐摩耗性および耐衝撃性・耐熱性および耐火性・難燃性・耐候性 他）／参考資料 他

繊維強化複合金属の基礎
監修／大蔵明光・著者／香川 豊
ISBN4-88231-769-9　　　　　B662
A5判・287頁　本体3,800円＋税（〒380円）
初版1985年7月　普及版2002年8月

構成および内容：繊維強化金属とは／概論／構成材料の力学特性（変形と破壊・定義と記述方法）／強化繊維とマトリックス（強さと統計・確率論）／強化機構／複合材料の強さを支配する要因／新しい強さの基準／評価方法／現状と将来動向（炭素繊維強化金属・ボロン繊維強化金属・SiC繊維強化金属・アルミナ繊維強化金属・ウイスカー強化金属）他

ハイブリッド複合材料
監修／植村益次・福田 博
ISBN4-88231-768-0　　　　　B661
A5判・334頁　本体4,300円＋税（〒380円）
初版1986年5月　普及版2002年8月

構成および内容：ハイブリッド材の種類／ハイブリッド化の意義とその応用／ハイブリッド基材（強化材・マトリックス）／成形と加工／ハイブリッドの力学／諸特性／応用（宇宙機器・航空機・スポーツ・レジャー）／金属基ハイブリッドとスーパーハイブリッド／軟質軽量心材をもつサンドイッチ材の力学／展望と課題 他
執筆者：植村益次／福田博／金原勲 他10名

光成形シートの製造と応用
著者／赤松 清・藤本健郎
ISBN4-88231-767-2　　　　　B660
A5判・199頁　本体2,900円＋税（〒380円）
初版1989年10月　普及版2002年8月

構成および内容：光成形シートの加工機械・作製方法／加工の特徴／高分子フィルム・シートの製造方法（セロファン・ニトロセルロース・硬質塩化ビニル）／製造方法の開発（紫外線硬化キャスティング法）／感光性樹脂（構造・配合・比重と屈折率・開始剤）／特性および応用／関連特許／実験試作法 他

高分子のエネルギービーム加工
監修／田附重夫／長田義仁／嘉悦 勲
ISBN4-88231-764-8　　　　　B657
A5判・305頁　本体3,900円＋税（〒380円）
初版1986年4月　普及版2002年7月

構成および内容：反応性エネルギー源としての光・プラズマ・放射線／光による高分子反応・加工（光重合反応・高分子の光崩壊反応・高分子表面の光改質法・光硬化性塗料およびインキ・光硬化接着剤・フォトレジスト材料・光計測 他）プラズマによる高分子反応・加工／放射線による高分子反応・加工（放射線照射装置 他）
執筆者：田附重夫／長田義仁／嘉悦勲 他35名

ハニカム構造材料の応用
監修／先端材料技術協会・編集／佐藤 孝
ISBN4-88231-756-7　　　　　B649
A5判・447頁　本体4,600円＋税（〒380円）
初版1995年1月　普及版2002年4月

構成および内容：ハニカムコアの基本・種類・主な機能・製造方法／ハニカムサンドイッチパネルの基本設計・製造・応用／航空機／宇宙機器／自動車における防音材料／鉄道車両／建築マーケットにおける利用／ハニカム溶接構造物の設計と構造解析、およびその実施例 他
執筆者：佐藤孝／野口元／田所真人／中谷隆 他12名

水素吸蔵合金の応用技術
監修／大西敬三
ISBN4-88231-751-6　　　　　B644
A5判・270頁　本体3,800円＋税（〒380円）
初版1994年1月　普及版2002年1月

構成および内容：開発の現状と将来展望／標準化の動向／応用事例（余剰電力の貯蔵／冷凍システム／冷暖房／水素の精製・回収システム／Ni・MH二次電池／燃料電池／水素の動力利用技術／アクチュエーター／水素同位体の精製・回収／合成触媒）
執筆者：太田時男／兜森俊樹／田村英雄 他15名

※書籍をご購入の際は、最寄りの書店にご注文いただくか、㈱シーエムシー出版のホームページ(http://www.cmcbooks.co.jp/)にてお申し込み下さい。

CMCテクニカルライブラリー のご案内

メタロセン触媒と次世代ポリマーの展望
編集／曽我和雄
ISBN4-88231-750-8　　　　　　　　B643
A5判・256頁　本体 3,500円＋税（〒380円）
初版 1993年8月　普及版 2001年12月

構成および内容：メタロセン触媒の展開（発見の経緯／カミンスキー触媒の修飾・担持・特徴）／次世代ポリマーの展望（ポリエチレン／共重合体／ポリプロピレン）／特許からみた各企業の研究開発動向　他
◆執筆者：柏典夫／潮村哲之助／植木聰　他4名

生分解性プラスチックの実際技術
ISBN4-88231-746-X　　　　　　　　B639
A5判・204頁　本体 2,500円＋税（〒380円）
初版 1992年6月　普及版 2001年11月

構成および内容：総論／開発展望（バイオポリエステル／キチン・キトサン／ポリアミノ酸／セルロース／ポリカプロラクトン／アルギン酸／PVA／脂肪族ポリエステル／糖類／ポリエーテル／プラスチック化木材／油脂の崩壊性／界面活性剤）／現状と今後の対策　他
◆執筆者：赤松清／持田晃一／藤井昭治　他12名

有機非線形光学材料の開発と応用
編集／中西八郎・小林孝嘉
　　　中村新男・梅垣真祐
ISBN4-88231-739-7　　　　　　　　B632
A5判・558頁　本体 4,900円＋税（〒380円）
初版 1991年10月　普及版 2001年8月

構成および内容：〈材料編〉現状と展望／有機材料／非線形光学特性／無機系材料／超微粒子系材料／薄膜,バルク,半導体系材料〈基礎編〉理論・設計／測定／機構〈デバイス開発編〉波長変換／EO変調／光ニュートラルネットワーク／光パルス圧縮／光ソリトン伝送／光スイッチ　他
◆執筆者：上宮崇文／野上隆／小谷正博　他88名

炭素応用技術
ISBN4-88231-736-2　　　　　　　　B629
A5判・300頁　本体 3,500円＋税（〒380円）
初版 1988年10月　普及版 2001年7月

構成および内容：炭素繊維／カーボンブラック／導電性付与剤／グラファイト化合物／ダイヤモンド／複合材料／航空機・船舶用CFRP／人工歯根材／導電性インキ・塗料／電池・電極材料／光応答／金属炭化物／炭窒化チタン系複合セラミックス／SiC・SiC-W　他
◆執筆者：嶋崎勝乗／遠藤守信／池上繁　他32名

分離機能膜の開発と応用
編集／仲川　勤
ISBN4-88231-718-4　　　　　　　　B611
A5判・335頁　本体 3,500円＋税（〒380円）
初版 1987年12月　普及版 2001年3月

構成および内容：〈機能と応用〉気体分離膜／イオン交換膜／透析膜／精密濾過膜〈キャリア輸送膜の開発〉固体電解質／液膜／モザイク荷電膜／機能性カプセル膜〈装置化と応用〉酸素富化膜／水素分離膜／浸透気化法による有機混合物の分離／人工腎臓／人工肺　他
◆執筆者：山田純男／佐田俊勝／西田治　他20名

クリーンルームと機器・材料
ISBN4-88231-714-1　　　　　　　　B607
A5判・284頁　本体 3,800円＋税（〒380円）
初版 1990年12月　普及版 2001年2月

構成および内容：〈構造材料〉床材・壁材・天井材／ユニット式〈設備機器〉空気清浄／温湿度制御／空調機器／排気処理機器材料／微生物制御〈清浄度測定評価（応用別）〉医薬（GMP）／医療／半導体〈今後の動向〉自動化／防災システムの動向／省エネルギ／清掃（維持管理）　他
◆執筆者：依田行夫／一和田眞次／鈴木正身　他21名

快適性新素材の開発と応用
ISBN4-88231-706-0　　　　　　　　B599
A5判・179頁　本体 2,800円＋税（〒380円）
初版 1992年1月　普及版 2000年12月

構成および内容：〈繊維編〉高風合ポリエステル繊維（ニューシルキー素材）／ピーチスキン素材／ストレッチ素材／太陽光蓄熱保温繊維素材／抗菌・消臭繊維／森林浴効果のある繊維〈住宅編,その他〉セラミック系人造木材／圧電・導電複合材料による制振新素材／調光窓ガラス　他
◆執筆者：吉田敬一／井上裕光／原田隆司　他18名

高純度金属の製造と応用
ISBN4-88231-705-2　　　　　　　　B598
A5判・220頁　本体 2,600円＋税（〒380円）
初版 1992年11月　普及版 2000年12月

構成および内容：〈金属の高純度化プロセスと物性〉高純度化法の概要／純度表〈高純度金属の成形・加工技術〉高純度金属の複合化／粉体成形による高純度金属の利用／高純度銅の線材化／単結晶化・非晶化／薄膜形成〈応用展開の可能性〉高耐食性鋼材および鉄材／超電導材料／新合金／固体触媒〈高純度金属に関する特許一覧〉　他

※ 書籍をご購入の際は、最寄りの書店にご注文いただくか、㈱シーエムシー出版のホームページ（http://www.cmcbooks.co.jp/）にてお申し込み下さい。

CMCテクニカルライブラリーのご案内

プリント配線板の製造技術
著者／英　一太
ISBN4-88231-717-6
A5判・315頁　本体 4,000円＋税（〒380円）　B610
初版 1987年12月　普及版 2001年4月

構成および内容：〈プリント配線板の原材料〉〈プリント配線基板の製造技術〉硬質プリント配線板／フレキシブルプリント配線板〈プリント回路加工技術〉フォトレジストとフォト印刷／スクリーン印刷〈多層プリント配線板〉構造／製造法／多層成型〈廃水処理と災害環境管理〉高濃度有害物質の廃棄処理　他

レーザ加工技術
監修／川澄博通
ISBN4-88231-712-5
A5判・249頁　本体 3,800円＋税（〒380円）　B605
初版 1989年5月　普及版 2001年2月

構成および内容：〈総論〉レーザ加工技術の基礎事項〈加工用レーザ発振器〉CO2レーザ〈高エネルギービーム加工〉レーザによる材料の表面改質技術〈レーザ化学加工・生物加工〉レーザ光化学反応による有機合成〈レーザ加工周辺技術〉〈レーザ加工の将来〉他
◆執筆者：川澄博通／永井治彦／末永直行　他13名

カラーPDP技術
ISBN4-88231-708-7
A5判・208頁　本体 3,200円＋税（〒380円）　B601
初版 1996年7月　普及版 2001年1月

構成および内容：〈総論〉電子ディスプレイの現状〈パネル〉AC型カラーPDP／パルスメモリー方式DC型カラーPDP〈部品加工・装置〉パネル製造技術とスクリーン印刷／フォトプロセス／露光装置／PDP用ローラーハース式連続焼成炉〈材料〉ガラス基板／蛍光体／透明電極材料　他
◆執筆者：小島健博／村上宏／大塚晃／山本敏裕　他14名

電磁波材料技術とその応用
監修／大森豊明
ISBN4-88231-100-3
A5判・290頁　本体 3,400円＋税（〒380円）　B597
初版 1992年5月　普及版 2000年12月

構成および内容：〈無機系電磁波材料〉マイクロ波誘電体セラミックス／光ファイバ〈有機系電磁波材料〉ゴム／アクリルナイロン繊維〈様々な分野への応用〉医療／食品／コンクリート構造物診断／半導体製造／施設園芸／電磁波接着・シーリング材／電磁波防護服　他
◆執筆者：白崎信一／山田朗／月岡正至　他24名

ハイブリッド回路用厚膜材料の開発
著者／英　一太
ISBN4-88231-069-4
A5判・274頁　本体3,400円＋税（〒380円）　B566
初版 1988年5月　普及版 2000年5月

◆構成および内容：〈サーメット系厚膜回路用材料〉〈厚膜回路におけるエレクトロマイグレーション〉〈厚膜ペーストのスクリーン印刷技術〉〈ハイブリッドマイクロ回路の設計と信頼性〉〈ポリマー厚膜材料のプリント回路への応用〉〈導電性接着剤、塗料への応用〉ダイアタッチ用接着剤／導電性エポキシ樹脂接着剤によるSMT他

導電性樹脂の実際技術
監修／赤松　清
ISBN4-88231-065-1
A5判・206頁　本体 2,400円＋税（〒380円）　B562
初版 1988年3月　普及版 2000年4月

◆構成および内容：染色加工技術による導電性の付与／透明導電膜／導電性プラスチック／導電性塗料／導電性ゴム／面発熱体／低比重高導電プラスチック／繊維の帯電防止／エレクトロニクスにおける遮蔽技術／プラスチックハウジングの電磁遮蔽／微生物と導電性／他
◆執筆者：奥田昌宏／南忠男／三谷雄二／斉藤信夫他8名

最新二次電池材料の技術
監修／小久見　善八
ISBN4-88231-041-4
A5版・248頁　本体3,600円＋税（〒380円）　B539
初版 1997年3月　普及版 1999年9月

◆構成および内容：〈リチウム二次電池〉正極・負極材料／セパレーター材料／電解質〈ニッケル・金属水素化物電池〉正極と電解液〈電気二重層キャパシタ〉EDLCの基本構成と動作原理〈二次電池の安全性〉他
◆執筆者：菅野了次／脇原將孝／逢坂哲彌／稲葉稔／豊口吉徳／丹治博司／森田昌行／井土秀一他12名

※書籍をご購入の際は、最寄りの書店にご注文いただくか、㈱シーエムシー出版のホームページ（http://www.cmcbooks.co.jp）にてお申し込み下さい。